智能系统与技术丛书

Learning OpenCV 4 Computer Vision with Python 3
Third Edition

OpenCV 4计算机视觉

Python语言实现

（原书第3版）

[加] 约瑟夫·豪斯（Joseph Howse）
[爱] 乔·米尼奇诺（Joe Minichino） 著
刘冰 高博 译

机械工业出版社
CHINA MACHINE PRESS

图书在版编目（CIP）数据

OpenCV 4 计算机视觉：Python 语言实现：原书第 3 版 /（加）约瑟夫·豪斯（Joseph Howse），（爱尔兰）乔·米尼奇诺（Joe Minichino）著；刘冰，高博译 . -- 北京：机械工业出版社，2021.8（2023.8 重印）
（智能系统与技术丛书）
书名原文：Learning OpenCV 4 Computer Vision with Python 3, Third Edition
ISBN 978-7-111-68948-5

I. ① O… II. ① 约… ② 乔… ③ 刘… ④ 高… III. ① 图像处理软件 IV. ① TP391.413

中国版本图书馆 CIP 数据核字（2021）第 162633 号

北京市版权局著作权合同登记 图字：01-2020-6455 号。

Joseph Howse, Joe Minichino: *Learning OpenCV 4 Computer Vision with Python 3, Third Edition* (ISBN: 978-1-78953-161-9).

OpenCV 4 计算机视觉

Python 语言实现（原书第 3 版）

出版发行：机械工业出版社（北京市西城区百万庄大街 22 号 邮政编码：100037）

责任编辑：王春华 李忠明	责任校对：殷 虹
印 刷：北京建宏印刷有限公司	版 次：2023 年 8 月第 1 版第 4 次印刷
开 本：186mm×240mm 1/16	印 张：15.75
书 号：ISBN 978-7-111-68948-5	定 价：99.00 元

客服电话：（010）88361066 68326294

THE TRANSLATOR'S WORDS

译者序

计算机视觉是利用计算机模拟人类视觉，利用镜头和计算机代替人眼，使计算机拥有人类视觉的能力，对图像和视频中的目标进行分割、分类、识别、跟踪、判别、决策等。计算机视觉是一门交叉学科，涉及的领域包括计算机科学（图形、算法、理论、系统、体系结构）、数学（机器学习、信息检索）、工程学（机器人、语音、自然语言处理、图像处理）、物理学（光学）、生物学（神经科学）和心理学（认知科学）等。计算机视觉的目标是对环境的表达和理解，核心问题是研究如何对输入的图像信息进行组织以及如何对物体和场景进行识别，进而对图像内容进行解释。常见的应用领域包括图像检索和分类、人脸检测和识别、物体跟踪、视频监控、生物识别技术、游戏和控制等。人工神经网络和深度学习的最新研究进展极大地推动了计算机视觉技术的发展。

本书通过大量编程实践案例，全面系统地介绍了计算机视觉及其相关领域的核心内容。全书共10章，包括基于Python 3在各种平台上安装OpenCV 4、文件、OpenCV的I/O功能、摄像头及图形用户界面处理、基于OpenCV的图像处理、深度估计与分割、人脸检测和识别、利用图像描述符进行图像检索和搜索、构建自定义物体检测器、物体跟踪、摄像头模型和增强现实，以及基于OpenCV的神经网络导论等内容。

为了便于读者学习，作者在GitHub上提供了相关案例的完整源代码，供读者下载使用。通过书中提供的案例代码，读者可以快速熟悉和掌握计算机视觉领域的相关知识。本书既适合那些想要从事计算机视觉及其相关领域研发的初学者阅读，也适合那些致力于计算机视觉研究、希望扩展和更新技能的高阶读者阅读。但是对于初次接触计算机视觉及其相关领域的人员来说，在阅读本书前，建议先阅读一下OpenCV 4和Python 3等编程书籍，或者事先学习一下有关OpenCV 4和Python 3编程的在线教程。

本书由重庆邮电大学教师刘冰博士和高级工程师高博历时四个多月的时间翻译完成，同时本书获得了重庆邮电大学博士启动基金（E012A2020215）的支持。为了能够准确地翻译本书，译者查阅了大量有关OpenCV 4、Python 3以及计算机视觉等方面的中外文资料。

但因水平有限，译文中难免存在不当之处，恳请读者批评指正。

感谢机械工业出版社的编辑们，是他们的严格要求，才使本书得以高质量出版。

刘冰

liubing@cqupt.edu.cn

2021年3月

PREFACE

前　　言

本书内容是关于 OpenCV 的 Python 绑定的。从经典技术到先进技术，从几何知识到机器学习，读者将学习大量的技术和算法。在构建良好应用程序的过程中，这些内容都有助于解决实际的计算机视觉问题。在使用 OpenCV 4 和 Python 3 的过程中，我们所采用的方法既适用于计算机视觉新手，又适用于希望扩展和更新技能的专家。

首先，我们将介绍 OpenCV 4，并解释如何基于 Python 3 在各种平台上安装、设置 OpenCV 4。接着将介绍如何执行读取、写入、操纵和显示静态图像、视频以及摄像头回传信号等基本操作。还将介绍图像处理和视频分析，以及深度估计和分割，通过构建简单的 GUI 应用程序，让读者获得实践技能。接下来，将处理两类主流问题：人脸检测和人脸识别。

随着学习的深入，我们将探索物体分类和机器学习的概念，使读者能够创建和使用物体检测器及分类器，甚至跟踪电影或者摄像头回传信号中的物体。随后我们将工作扩展到 3D 跟踪和增强现实。最后，在开发识别手写数字的应用程序并对人的性别和年龄进行分类时，我们将学习人工神经网络（Artificial Neural Network，ANN）和深度神经网络（Deep Neural Network，DNN）。

读完本书，你将获得正确的知识和技能，以着手实际的计算机视觉项目。

目标读者

本书是为那些对计算机视觉、机器学习以及 OpenCV 在真实场景中的应用感兴趣的读者编写的，无论是计算机视觉新手，还是那些希望跟进 OpenCV 4 和 Python 3 的专家，都非常适合阅读本书。读者应该熟悉基本的 Python 编程知识，但是不需要具备图像处理、计算机视觉或机器学习的先验知识。

本书内容

第 1 章解释如何基于 Python 3 在各种平台上安装 OpenCV 4。本章还提供了常见问题的处理步骤。

第 2 章介绍 OpenCV 的 I/O 功能。本章还讨论了 GUI 项目的面向对象设计，我们将在其他章节中对该 GUI 项目进一步开发。

第 3 章介绍一些转换图像所需的技术，如颜色处理、图像锐化、物体轮廓标记以及几何形状检测。

第 4 章展示如何使用来自深度摄像头的数据识别前景和背景区域，以将效果限制在前景或背景。

第 5 章介绍基于 OpenCV 的一些人脸检测和识别功能，以及定义特定类型的可检测物体的数据文件。

第 6 章展示如何在 OpenCV 的帮助下描述图像的特征，以及如何利用特征进行图像匹配和搜索。

第 7 章结合计算机视觉和机器学习算法来定位和分类图像中的物体。本章还展示了如何使用 OpenCV 实现这种算法组合。

第 8 章演示跟踪和预测视频或实时摄像头中人和物体运动的方法。

第 9 章将构建一个增强现实应用程序，使用摄像头、物体和运动的信息，实时地将 3D 图形叠加到跟踪的物体上。

第 10 章介绍 OpenCV 中的人工神经网络和深度神经网络，并说明这些内容在实际应用中的用法。

附录描述颜色曲线的概念以及利用 SciPy 对其进行的实现。

最佳配置

读者至少要熟练掌握 Python 编程语言的基本知识。推荐使用 Windows、macOS 或 Linux 开发机。你可以参考第 1 章中关于安装 OpenCV 4、Python 3 以及其他依赖项的说明。

本书采用实践教学方法，包括 77 个示例脚本以及示例数据。阅读本书的时候，这些示例将有助于强化概念。

本书的代码是在 BSD 3 条款开放源码许可下发布的，这与 OpenCV 本身所使用的许可相同。鼓励读者使用、修改、改进示例程序，甚至发布对这些示例程序的更改。

下载示例代码及彩色图像

本书的示例代码文件及截图、样图和视频文件，可以从 http://www.packtpub.com 通过个人账号下载，也可以访问 http://www.hzbook.com 下载。

本书的代码包也托管在 GitHub 的 https://github.com/PackPublishing/Learning-opencv-4-Computer-Vision-with-Python-Third-Edition 处。如果代码有更新，其上代码也会随之更新。

本书约定

文本中的代码体：指示文本中的代码字、数据库表名、文件夹名、文件名、文件扩展名、路径名、用户输入和 Twitter 句柄。例如“OpenCV 提供了 `VideoCapture` 和 `VideoWriter` 类，它们支持各种视频文件格式”。

代码块示例：

```
import cv2

grayImage = cv2.imread('MyPic.png', cv2.IMREAD_GRAYSCALE)
cv2.imwrite('MyPicGray.png', grayImage)
```

代码块中需关注的部分加粗表示：

```
import cv2

cameraCapture = cv2.VideoCapture(0)
fps = 30  # An assumption
size = (int(cameraCapture.get(cv2.CAP_PROP_FRAME_WIDTH)),
        int(cameraCapture.get(cv2.CAP_PROP_FRAME_HEIGHT)))
videoWriter = cv2.VideoWriter(
    'MyOutputVid.avi', cv2.VideoWriter_fourcc('M','J','P','G'), fps, size)
```

通常，命令行输入或输出这样表示：

`$ pip install opencv-contrib-python`

对于 Windows 系统，命令行输入或输出这样表示：

`> pip install opencv-contrib-python`

表示警告或重要注意点。

表示提示和技巧。

ABOUT THE AUTHORS

作者简介

约瑟夫·豪斯（Joseph Howse）和他的四只猫生活在加拿大的一个渔村。一般的猫喜欢吃鱼，可是这四只猫更喜欢吃鸡肉。

约瑟夫通过他的公司 Nummist Media 提供计算机视觉专业知识。他的著作包括 Packt 出版社出版的 *OpenCV 4 for Secret Agents*、*Learning OpenCV 4 Computer Vision with Python 3*、*OpenCV 3 Blueprints*、*Android Application Programming with OpenCV 3*、*iOS Application Development with OpenCV 3* 以及 *Python Game Programming by Example*。

感谢所有为本书三个版本做出贡献的人：读者、合著者乔·米尼奇诺，以及编辑、技术审校者和营销团队的成员。尤其感谢我的家人对我的工作的支持，因此我要把这本书献给我的家人。

乔·米尼奇诺（Joe Minichino）是 Teamwork 研发实验室的一名工程师。他是一名富有激情的程序员，对编程语言和技术充满好奇，并不断地进行实验。他在意大利伦巴第的瓦雷兹出生和长大，有着哲学方面的人文背景（米兰大学，Milan's Università Statale）。自 2004 年以来，乔生活在爱尔兰的科克郡。他毕业于科克理工学院的计算机科学专业。

ABOUT THE REVIEWER

审校者简介

Sri Manikanta Palakollu 本科毕业于 JNTUH 计算机科学与工程专业，他也是该学校 Open Stack 开发者社区的创始人之一。他作为有竞争力的程序员开启了自己的职业生涯，喜欢解决与数据科学领域相关的问题。他的兴趣包括数据科学、应用程序开发、Web 开发、网络安全和技术写作。他在 *Hacker Noon*、*freeCodeCamp*、*Towards Data Science* 和 *DDI* 等出版物上发表了许多关于数据科学、机器学习、编程和网络安全的文章。

非常高兴有机会审校这本书。我要向我的父亲 Basaveswara Rao 和母亲 Vijaya Lakshmi 表达我最深切的感谢，感谢他们为我所做的一切。特别感谢我的朋友和支持者们对我的支持，感谢 Packt 出版社给我机会对这本书进行审校。

CONTENTS

目录

CHAPTER 1

第1章 安装 OpenCV

拿起这本书的时候，你可能就已经对 OpenCV 有所了解了。你也许在科幻小说中看到过其中的一些功能，比如训练人工智能模型来识别它通过摄像头看到的所有东西。如果这是你的兴趣，那你就不会失望！ OpenCV 是开源计算机视觉（Open Source Computer Vision）的缩写。这是一个免费计算机视觉库，允许你操作图像和视频来完成各种任务，从显示网络摄像头的视频帧到教机器人识别真实物体。

通过本书，你将学会基于 Python 编程语言来利用 OpenCV 的巨大潜力。Python 是一种优雅的语言，学习曲线相对较浅，但功能却非常强大。本章是关于如何安装 Python 3、OpenCV 4 及其依赖项的快速指南。作为 OpenCV 的一部分，我们将安装 `opencv_contrib` 模块，这些模块提供了由 OpenCV 社区（而不是核心开发团队）维护的附加功能。安装完成后，我们还将浏览一下 OpenCV 的 Python 示例脚本和文档。

本章将介绍以下相关库：

- NumPy：这个库是 OpenCV 的 Python 绑定的一个依赖项。它提供了包括高效数组在内的数值计算功能。
- SciPy：这个库是一个科学计算库，与 NumPy 密切相关。OpenCV 不需要这个库，但是如果你希望操作 OpenCV 图像中的数据，那么这个库非常有用。
- OpenNI 2：这个库是 OpenCV 的一个可选依赖项。添加了对某些深度摄像头（如华硕的 Xtion PRO）的支持。

> OpenCV 4 已经放弃了对 OpenNI 1 以及所有 OpenNI 1 模块的支持，比如 SensorKinect。这一变化意味着在 OpenCV 4 中可能不再支持像微软 Kinect 的 Xbox 版本之类的一些老式深度摄像头。

就本书而言，可以认为 OpenNI 2 是可选的。该内容只贯穿于第 4 章，在其他章节或附录中并没有用到 OpenNI 2。

> 本书重点关注当前 OpenCV 库的最新版本 OpenCV 4。有关 OpenCV 的更多信息

可以在 http://opencv.org 中找到，官方文档可以在 http://docs.opencv.org/master 中找到。

本章将介绍以下主题：

- OpenCV 4 有哪些新特性。
- 选择和使用合适的安装工具。
- 运行示例。
- 查找文档、帮助和更新。

1.1 技术需求

本章假设你正在使用下列操作系统中的一种：

- Windows 7 SP1 或者更高版本。
- macOS 10.7（Lion）或者更高版本。
- Debian Jessie 或者更高版本，或者类似于下面的衍生版本：
    - Ubuntu 14.04 或者更高版本。
    - Linux Mint 17 或者更高版本。

为了编辑 Python 脚本或者其他文本文件，本书作者只是建议：你应该有一个好的文本编辑器。例如：

- Windows 的 Notepad++。
- macOS 的 BBEdit（免费版）。
- Linux 上 GNOME 桌面环境的 GEdit。
- Linux 上 KDE Plasma 桌面环境的 Kate。

除了操作系统之外，本章没有其他先决条件。

1.2 OpenCV 4 有哪些新特性

如果你是一名资深 OpenCV 使用者，那么在决定安装 OpenCV 4 之前，你可能想了解更多有关 OpenCV 4 的变化。下面是其中的一些亮点：

- 已经将 OpenCV 的 C++ 实现更新到 C++11。OpenCV 的 Python 绑定封装了 C++ 实现，因此对于 Python 用户而言，即使不直接使用 C++，也可以从这次更新中获得一些性能优势。
- 移除了 OpenCV 已弃用的 C 实现以及 C 实现已弃用的 Python 绑定。
- 实现了许多新的优化。现有的 OpenCV 3 项目除了更新 OpenCV 版本之外，无须进一步更改就可以利用这些优化。对于 OpenCV C++ 项目，可用名为 G-API 的全新优化管道，但是 OpenCV 的 Python 绑定目前并不支持这个优化管道。
- OpenCV 的 DNN 模块提供了许多新的机器学习模型。
- 移除了用于训练 Haar 级联和 LBP 级联（检测自定义对象）的工具。有人提议在 OpenCV 4 的未来更新中重新实现这些工具，并支持其他模型。
- 支持 KinectFusion 算法（使用微软 Kinect 2 摄像头进行三维重建）。
- 新增了稠密光流的 DIS 算法。
- 新增了一个二维码检测和解码模块。

无论你是否使用过 OpenCV 之前的版本，本书都将作为 OpenCV 4 的通用指南，在后续章节中将会特别关注其中的一些新特性。

1.3 选择和使用合适的安装工具

根据操作系统以及想要的配置，我们可以自由选择各种安装工具。

无论选择哪种操作系统，Python 都提供了对安装开发环境非常有用的一些内置工具，包括名为 `pip` 的包管理器以及名为 `venv` 的虚拟环境管理器。本章的一些说明主要针对 `pip`，如果想了解 `venv`，请参考 https://docs.python.org/3/library/venv.html 处的官方 Python 文档。

> TIP 如果你打算维护多个可能具有冲突依赖关系的 Python 项目，那么应该考虑使用 `venv`——例如，依赖于 OpenCV 不同版本的项目。`venv` 的每个虚拟环境都有自己的一套安装库，我们可以在这些环境之间切换，无须重新安装任何东西。在给定的虚拟环境中，可以使用 `pip` 安装库，在某些情况下也可以使用其他工具安装库。

我们来对可用于 Windows、macOS、Ubuntu 以及其他类 UNIX 系统的安装工具进行概述。

1.3.1 在 Windows 上安装

Windows 没有预先安装 Python。但是，Python 提供了一个安装向导和一个名为 `pip` 的包管理器，可以让我们轻松安装现成的 NumPy、SciPy 和 OpenCV。或者，我们可以从源代码构建 OpenCV，以便启用非标准特性，比如通过 OpenNI 2 支持深度摄像头。OpenCV 的构建系统使用 CMake 来配置系统并使用 Visual Studio 进行编译。

在做其他事情之前，首先来安装 Python。访问 https://www.python.org/getit/ 下载并运行 Python 3.8 安装程序。尽管 OpenCV 也可以使用 32 位的 Python，但是你可能想要 64 位的 Python 安装程序。

一旦安装了 Python，就可以使用 `pip` 安装 NumPy 和 SciPy 了。打开命令提示符，运行下面的命令：

```
> pip install numpy scipy
```

现在，我们必须确定我们是需要一个现成的 OpenCV（不支持深度摄像头）还是需要一个自定义 OpenCV（支持深度摄像头）。接下来将介绍这些备选方案。

1. 使用现成的 OpenCV 包

OpenCV 包含 opencv_contrib 模块，可以作为一个 pip 包来安装。这和运行以下命令一样简单：

```
> pip install opencv-contrib-python
```

如果希望 OpenCV 安装包含非免费的内容（如专利算法），那么可以运行以下命令：

```
> pip install opencv-contrib-python-nonfree
```

> 如果打算发布依赖于 OpenCV 非免费内容的软件，你应该自己调研适用于特定国家和特定用例的专利和许可问题。OpenCV 的非免费内容包括专利 SIFT 和 SURF 算法的实现，这些内容将在第 6 章中进行介绍。

你可能会发现其中一个 pip 包提供了你目前想要的所有 OpenCV 特性。另外，如果你打算使用深度摄像头，或者想要了解 OpenCV 自定义构建的一般过程，那么不应该安装 OpenCV 的 pip 包，而应该从源代码构建 OpenCV。

2. 从源代码构建 OpenCV

如果希望支持深度摄像头，那么还应该安装 OpenNI 2，它是带有安装向导的一组预编译二进制文件。然后，我们必须使用 CMake 和 Visual Studio 从源代码构建 OpenCV。

要获取 OpenNI 2，请访问 https://structure.io/openni，并根据 Windows 和系统架构（x64 或者 x86）下载最新版本的压缩文件。将其解压，得到一个安装程序文件，如 OpenNI-Windows-x64-2.2.msi。运行安装程序。

现在，我们来安装 Visual Studio。要构建 OpenCV 4，我们需要 Visual Studio 2015 或者更高版本。如果还没有合适的版本，可访问 https://visualstudio.microsoft.com/downloads/，下载并运行下面列出的安装程序之一：

- 免费的 Visual Studio 2019 社区版。
- Visual Studio 2019 付费版，试用期为 30 天。

在安装过程中，确保勾选所有可选的 C++ 组件。安装完成后，重新启动。

对于 OpenCV 4，构建配置过程需要 CMake 3 或以上版本。访问 https://cmake.org/download/，下载并安装适用于自己的架构（x64 或 x86）的 CMake 最新版本的安装程序，然后运行它。在安装过程中，选择“Add CMake to the system PATH for all users”或者“Add CMake to the system PATH for current user”。

在这个阶段，我们已经为 OpenCV 自定义构建安装了依赖项并建立了环境。现在，我们需要获取 OpenCV 源代码，配置并构建它。

这可以通过以下步骤来完成：

（1）访问 https://opencv.org/releases/，获取 Windows 的最新 OpenCV 下载程序。它是一个自解压的压缩文件。运行它，在出现命令提示符时，输入任意目标文件夹，我们将其命名为 <opencv_unzip_destination>。在解压过程中，会在 <opencv_unzip_destination>\opencv 中创建一个子文件夹。

（2）访问 https://github.com/opencv/opencv_contrib/releases，下载 opencv_contrib 模块的最新压缩文件。把这个文件解压到任意目标文件夹，我们将其命名为 <opencv_contrib_unzip_destination>。

（3）打开命令提示符，运行以下命令，生成构建文件将放入的另一个文件夹：

```
> mkdir <build_folder>
```

把目录更改为 build 文件夹：

```
> cd <build_folder>
```

（4）现在，我们已经准备好使用 CMake 的命令行界面来配置构建了。要理解所有的选项，可以阅读 <opencv_unzip_destination>\opencv\CMakeLists.txt 中的代码。但是，就本书而言，我们只需要使用一些选项，这些选项将赋予我们带有 Python 绑定、opencv_contrib 模块、非免费内容，并通过 OpenNI 2 支持深度摄像头的一个发布构建。根据 Visual Studio 版本和目标架构（x64 或 x86），一些选项稍有不同。要创建适用于 Visual Studio 2019 的 64 位（x64）解决方案，运行以下命令（但是请用实际路径替代 <opencv_contrib_unzip_destination> 和 <opencv_unzip_destination>）：

```
> cmake -DCMAKE_BUILD_TYPE=RELEASE -DOPENCV_SKIP_PYTHON_LOADER=ON
-DPYTHON3_LIBRARY=C:/Python37/libs/python37.lib
-DPYTHON3_INCLUDE_DIR=C:/Python37/include -DWITH_OPENNI2=ON
-DOPENCV_EXTRA_MODULES_PATH="<opencv_contrib_unzip_destination>
/modules" -DOPENCV_ENABLE_NONFREE=ON -G "Visual Studio 16 2019" -A
x64 "<opencv_unzip_destination>/opencv/sources"
```

要创建适用于 Visual Studio 2019 的 32 位（x86）解决方案，运行以下命令（但是请用实际路径替代 <opencv_contrib_unzip_destination> 和 <opencv_unzip_destination>）：

```
> cmake -DCMAKE_BUILD_TYPE=RELEASE -DOPENCV_SKIP_PYTHON_LOADER=ON
-DPYTHON3_LIBRARY=C:/Python37/libs/python37.lib
-DPYTHON3_INCLUDE_DIR=C:/Python37/include -DWITH_OPENNI2=ON
-DOPENCV_EXTRA_MODULES_PATH="<opencv_contrib_unzip_destination>
/modules" -DOPENCV_ENABLE_NONFREE=ON -G "Visual Studio 16 2019" -A
Win32 "<opencv_unzip_destination>/opencv/sources"
```

在运行上述命令时，它将打印有关找到或者丢失的依赖项的信息。OpenCV 有很多可选的依赖项，所以不要因丢失依赖项而惊慌。但是，如果没有成功完成构建，可以尝试安装丢失的依赖项。（很多依赖项都可以作为预构建的二进制文件使用。）然后，重复这个步骤。

（5）CMake 将会在 <opencv_build_folder>/OpenCV.sln 中生成一个 Visual Studio 解决方案文件。在 Visual Studio 中打开它。请确保在 Visual Studio 窗口顶部附近工具栏的下拉列表中勾选了“Release”配置（而不是“Debug”配置）。（很可能不在 Debug 配置中构建 OpenCV 的 Python 绑定，因为大多数 Python 发行版本都不包含调试库。）访问“BUILD”菜单，选择“Build Solution”。查看窗口底部“Output”面板中的构建信息，等待构建完成。

（6）在这个阶段，已经构建好了 OpenCV，但是还没有把 OpenCV 安装到 Python 可以找到的位置。在进行下一步之前，请确保 Python 环境没有包含冲突的 OpenCV 构建。找到并删除 Python 的 DLL 文件夹和 site_packages 文件夹中的所有 OpenCV 文件。例如，这些文件可能匹配以下模式：C:\Python37\DLLs\opencv_*.dll、C:\Python37\Lib\site-packages\opencv 和 C:\Python37\Lib\site-packages\cv2.pyd。

（7）最后，安装 OpenCV 的自定义构建。CMake 已经生成了一个 INSTALL 项目作为 OpenCV.sln Visual Studio 解决方案的一部分。查看 Visual Studio 窗口右侧的“Solution Explorer”面板，找到“CMakeTargets | INSTALL”项目，右键单击，并从“context”菜单选择“Build”。同样，查看窗口底部“Output”面板中的构建消息，并等待构建完成。然后，退出 Visual Studio。编辑系统的 Path 变量，并添加 ;<build_folder>\install\x64\vc15\bin（对于 64 位构建）或者 ;<build_folder>\install\x86\vc15\bin（对于 32 位构建）。这个文件夹是 INSTALL 项目放置 OpenCV DLL 文件（Python 在运行时动态加载的库文件）的地方。OpenCV Python 模块位于诸如 C:\Python37\Lib\site-packages\cv2.pyd 这样的路径下。Python 将在此找到它，因此你不需要将其添加到 Path 中。注销并重新登录（或者重新启动）。

> 上述指令指的是编辑系统的 Path 变量。也可以在控制面板的“Environment Variables”窗口中按照如下步骤完成这项任务：
>
> （1）单击“开始”菜单并启动控制面板。导航到“System and Security”→“System”→“Advanced system settings”。单击“Environment Variables...”按钮。
>
> （2）现在，在“System Variables”下，选择“Path”，单击“Edit…”按钮。
>
> （3）根据指示进行更改。
>
> （4）要应用这些更改，请单击所有的“OK”按钮（直到回到控制面板的主窗口）。
>
> （5）然后，注销并重新登录（或者重新启动）。

现在，我们已经在 Windows 上完成了 OpenCV 的构建过程，而且拥有了适合本书所有 Python 项目的一个自定义构建。

> 今后，如果想把 OpenCV 源代码更新到新版本，请从下载 OpenCV 开始，重复上述所有步骤。

1.3.2 在 macOS 上安装

macOS 预装了 Python 的发行版（根据苹果系统内部需求定制的）。为了开发我们自己的项目，我们应该独立安装 Python，并确保它与系统的 Python 需求不冲突。

对于 macOS，可能有一些方法可获取标准版 Python 3、NumPy、SciPy 和 OpenCV。所有方法最终都需要对 OpenCV 使用 Xcode 命令行工具从源代码进行编译。但是，根据不同的方法，这项任务可以通过第三方工具以各种方式自动完成。我们可以使用一个自制程序的包管理器查看这种方法。包管理器可以潜在地完成 CMake 能够完成的所有内容，此外，它还可以帮助我们解决依赖项，并将开发库与系统库进行分离。

TIP MacPorts 是 macOS 的另一种流行的包管理器。但是，在编写本书时，MacPorts 并不提供 OpenCV 4 或者 OpenNI 2 的包，因此本书中将不会使用这个包管理器。

在继续下一步之前，要确保正确地安装了 Xcode 命令行工具。打开终端，运行以下命令：

```
$ xcode-select --install
```

同意许可协议以及其他提示内容。安装程序应该运行到完成。现在，我们就有了自制程序需要的编译器。

1. 使用现成软件包的自制程序

从已经安装了 Xcode 及其命令行工具的系统开始，下面的步骤将通过自制程序完成 OpenCV 的安装：

（1）打开终端，运行以下命令安装自制程序：

```
$ /usr/bin/ruby -e "$(curl -fsSL https://raw.github
  usercontent.com/Homebrew/install/master/install)"
```

（2）自制程序不会将可执行文件自动放入 `PATH` 中。为此，创建或编辑 `~/.profile` 文件，在代码顶部添加下面这一行内容：

```
export PATH=/usr/local/bin:/usr/local/sbin:$PATH
```

保存文件，运行以下命令刷新 `PATH`：

```
$ source ~/.profile
```

请注意，现在，由自制程序安装的可执行文件优先于由系统安装的可执行文件。

（3）对于自制程序的自诊断报告，运行下面这条命令：

```
$ brew doctor
```

遵循它给出的所有故障排除建议。

（4）现在，更新自制程序：

```
$ brew update
```

（5）运行下面这条命令，安装 Python 3.8：

```
$ brew install python
```

（6）现在，我们想要安装拥有 opencv_contrib 模块的 OpenCV。同时，我们想要安装诸如 NumPy 之类的依赖项。为此，运行下面这条命令：

```
$ brew install opencv
```

自制程序不提供安装带有 OpenNI 2 支持的 OpenCV 的选项。自制程序总是安装拥有 opencv_contrib 模块的 OpenCV，包括专利 SIFT 和 SURF 算法（见第 6 章）这样的非免费内容。如果打算发布依赖于 OpenCV 非免费内容的软件，你应该自己调研适用于特定国家和特定用例的专利和许可问题。

（7）同样，运行下面这条命令，安装 SciPy：

```
$ brew install scipy
```

现在，我们就拥有了在 macOS 上基于 Python 开发 OpenCV 项目需要的所有内容。

2. 使用自定义软件包的自制程序

如果你需要自定义一个软件包，那么自制程序让编辑现有软件包定义变得很容易：

```
$ brew edit opencv
```

实际上，软件包定义是用 Ruby 编程语言编写的脚本。可以在网址为 https://github.com/Homebrew/brew/blob/master/docs/Formula-Cookbook.md 的自制程序维基页面上查找有关编辑包定义的技巧。脚本还可以指定 Make 或者 CMake 的配置标志，等等。

TIP 要查看哪些 CMake 配置标志与 OpenCV 相关，请参考 https://github.com/opencv/opencv/blob/master/CMakeLists.txt 在 GitHub 上的官方 OpenCV 库。

在对 Ruby 脚本进行编辑之后，请对其进行保存。

自定义包可看作常规包。例如，可以按照如下方式安装自定义包：

```
$ brew install opencv
```

1.3.3　在 Debian、Ubuntu、Linux Mint 以及类似系统上安装

Debian、Ubuntu、Linux Mint 以及与 Linux 相关的发布平台使用 apt 包管理器。在这些系统上，安装用于 Python 3 以及包括 NumPy 和 SciPy 在内的许多 Python 模块的包是一

件很容易的事情。还可以通过 apt 获取 OpenCV 包，但是在编写本书时，这个包还没有更新到 OpenCV 4。但是，我们可以从 Python 的标准包管理 pip 中获取 OpenCV 4（不支持深度摄像头）。也可以从源代码构建 OpenCV 4。从源代码构建时，OpenCV 可以通过 OpenNI 2 支持深度摄像头，OpenNI 2 可以作为带有安装脚本的一组预编译二进制文件。

不管通过什么方式获取 OpenCV，都要首先更新 apt，这样就可以获取最新的包。打开终端，运行下面这条命令：

```
$ sudo apt-get update
```

更新 apt 之后，运行下面这条命令，为 Python 3 安装 NumPy 和 SciPy：

```
$ sudo apt-get install python3-numpy python3-scipy
```

同样，我们可以使用 Ubuntu 软件中心，它是 apt 包管理器的图形前端。

现在，我们必须决定是要 OpenCV 的一个现成构建（不支持深度摄像头），还是一个自定义构建（支持深度摄像头）。下面将介绍这些备选方案。

1. 使用现成的 OpenCV 包

OpenCV 包括 opencv_contrib 模块在内，可以作为一个 pip 包进行安装。这就像运行下面的命令一样简单：

```
$ pip3 install opencv-contrib-python
```

如果希望 OpenCV 安装包含专利算法之类的非免费内容，那么可以运行下面这条命令：

```
$ pip install opencv-contrib-python-nonfree
```

如果打算发布基于 OpenCV 非免费内容的软件，你应该自己调研适用于特定国家和特定用例的专利和许可问题。OpenCV 的非免费内容包括专利 SIFT 和 SURF 算法的实现，我们将在第 6 章中进行介绍。

你可能会发现其中一个 pip 包提供了你目前想要的所有 OpenCV 特性。另外，如果你打算使用深度摄像头，或者想要了解 OpenCV 自定义构建的一般过程，那么不应该安装 OpenCV 的 pip 包，而应该从源代码构建 OpenCV。

2. 从源代码构建 OpenCV

要从源代码构建 OpenCV，我们需要一个 C++ 构建环境和 CMake 构建配置系统。具体来说，我们需要 CMake 3。在 Ubuntu 14.04、Linux Mint 17 及其相关系统上，cmake 包是指 CMake 2，但是还有一个最新的 cmake 3 包可供使用。在这些系统上，运行下面这些命令，以确保安装了所需的 CMake 版本及其他构建工具：

```
$ sudo apt-get remove cmake
```

```
$ sudo apt-get install build-essential cmake3 pkg-config
```

另外，在最新的操作系统上，cmake包指CMake 3，我们可以简单地运行下面这条命令：

```
$ sudo apt-get install build-essential cmake pkg-config
```

除了OpenCV的构建过程外，CMake还需要访问网络下载附加依赖项。如果系统使用了代理服务器，那么请确保正确配置了代理服务器的环境变量。具体来说，CMake依赖于http_proxy和https_proxy环境变量。要定义这些环境变量，可以编辑~/.bash_profile脚本，添加下面这些行的内容（请修改它们，以使它们与自己的代理服务器URL和端口号相匹配）：

```
export http_proxy=http://myproxy.com:8080
export https_proxy=http://myproxy.com:8081
```

如果不能确定系统是否使用了代理服务器，这可能就没有用了，那么可以忽略这个步骤。

要构建OpenCV的Python绑定，我们需要安装Python 3开发头文件。要安装这些，运行下面这条命令：

```
$ sudo apt-get install python3-dev
```

要从典型的USB网络摄像头捕捉帧，OpenCV依赖于Linux视频（V4L）。在大多数系统上，V4L是预先安装的，但是万一没有安装的话，请运行下面这条命令：

```
$ sudo apt-get install libv4l-dev
```

如前所述，要支持深度摄像头，OpenCV依赖于OpenNI 2。访问https://structure.io/openni，下载适用于Linux和自己的系统架构（x64、x86或者ARM）的OpenNI 2最新压缩文件。将其解压到任意目标地址（命名为<openni2_unzip_destination>）。运行以下命令：

```
$ cd <openni2_unzip_destination>
$ sudo ./install.sh
```

上述安装脚本将配置系统，以便支持USB设备之类的深度摄像头。而且，脚本创建引用<openni2_unzip_destination>内库文件的环境变量。因此，如果之后移除<openni2_unzip_destination>的话，你将需要再次运行install.sh。

现在，我们已经安装了构建环境变量和依赖项，可以获取并构建OpenCV的源代码了。为此，请执行以下步骤：

（1）访问https://opencv.org/releases/，下载最新源代码包。将其解压到任意目标文件夹（命名为<opencv_unzip_destination>）。

（2）访问 https://github.com/opencv/opencv_contrib/releases，下载 opencv_contrib 模块的最新源代码包。将其解压到任意目标文件夹（命名为 <opencv_contrib_unzip_destination>）。

（3）打开终端。运行以下命令，创建将要放置 OpenCV 构建文件的一个目录：

```
$ mkdir <build_folder>
```

切换到新创建的目录：

```
$ cd <build_folder>
```

（4）现在，我们可以使用 CMake 生成 OpenCV 的构建配置。这个配置过程的输出将是一组 Makefile，它们是可以用于构建和安装 OpenCV 的脚本。<opencv_unzip_destination>/opencv/sources/CMakeLists.txt 文件中定义了 OpenCV 的一组完整的 CMake 配置选项。对本书而言，我们只关心与 OpenNI 2 支持、Python 绑定、opencv_contrib 模块和非免费内容相关的选项。通过运行以下命令配置 OpenCV：

```
$ cmake -D CMAKE_BUILD_TYPE=RELEASE -D BUILD_EXAMPLES=ON -D
WITH_OPENNI2=ON -D BUILD_opencv_python2=OFF -D
BUILD_opencv_python3=ON -D PYTHON3_EXECUTABLE=/usr/bin/python3.6 -D
PYTHON3_INCLUDE_DIR=/usr/include/python3.6 -D
PYTHON3_LIBRARY=/usr/lib/python3.6/config-3.6m-x86_64-linux-
gnu/libpython3.6.so -D
OPENCV_EXTRA_MODULES_PATH=<opencv_contrib_unzip_destination> -D
OPENCV_ENABLE_NONFREE=ON <opencv_unzip_destination>
```

（5）最后，运行以下命令，解析新生成的 Makefile，从而构建并安装 OpenCV：

```
$ make -j8
$ sudo make install
```

至此，我们已经在 Debian、Ubuntu，或者类似的系统上完成了 OpenCV 构建过程，而且我们还有适合本书所有 Python 项目的一个自定义构建。

1.3.4 在其他类 UNIX 系统上安装

在其他类 UNIX 系统上，包管理器和可用包可能不同。请查阅包管理器文档，并搜索名称中包含 opencv 的包。请记住，OpenCV 及其 Python 绑定可能被拆分成多个包。

另外，查找由系统的提供者、库的维护者或者由社区发布的所有安装说明。由于 OpenCV 使用摄像头驱动程序和媒体编解码器，因此在多媒体支持较差的系统上让其所有功能正常工作可能会很棘手。在某些情况下，为了兼容，可能需要重新配置或者重新安装系统包。

如果 OpenCV 有可用的软件包，那么请检查它们的版本号。对于本书，推荐使用 OpenCV 4。此外，检查这些包是否通过 OpenNI 2 提供对 Python 绑定和深度摄像头的支持。最后，检查开发人员社区中是否有人在使用这些包时报告了成功或者失败情况。

相反，如果想要从源代码完成OpenCV的自定义构建，参考1.3.3节关于Debian、Ubuntu和类似系统的安装步骤，并根据包管理器和其他系统上的包调整这些步骤，可能会有所帮助。

1.4 运行示例

运行一些示例脚本是测试是否正确安装了OpenCV的一种好方法。OpenCV的源代码存档文件中包含了一些示例。如果还没有获取源代码，请访问https://opencv.org/releases/并下载其中一个存档文件：

- 对于Windows，下载最新的存档文件，标签为Windows。这是一个自解压压缩文件。运行它，出现提示时，输入任意目标文件夹（命名为`<opencv_unzip_destination>`）。在`<opencv_unzip_destination>/opencv/samples/python`中找到Python示例。
- 对于其他系统，下载最新存档文件，标签为Sources。它是一个压缩文件。将其解压到任意目标文件夹（命名为`<opencv_unzip_destination>`）。在`<opencv_unzip_destination>/samples/python`中找到Python示例。

一些示例脚本需要命令行参数。但是，下面的脚本（以及其他脚本）应该可以在没有任何参数的情况下工作：

- `hist.py`：这个脚本显示一张照片。按下A、B、C、D或者E查看照片的变化，以及相应的颜色直方图或者灰度值直方图。
- `opt_flow.py`：这个脚本显示一个网络摄像头回传信号，提供光流叠加可视化或者运动方向。对着摄像头慢慢挥手，看看效果。按下1或者2选择可视化。

要退出一个脚本，请按Esc（不是Windows的关闭按钮）。

如果遇到“ImportError: No module named cv2”消息，那么这就意味着我们正在从一个对OpenCV一无所知的Python运行脚本。对此，有两种可能的解释：

- OpenCV安装过程中的一些步骤可能失败或者丢失了。返回并查看这些步骤。
- 如果机器上安装有多个Python，那么我们可能正在使用错误的Python版本来启动脚本。例如，在macOS上，可能已经为自制Python安装了OpenCV，但是我们却正在使用Python的系统版本运行脚本。返回并检查有关编辑系统`PATH`变量的安装步骤。此外，试着使用以下命令从命令行手动启动脚本：

  ```
  $ python hist.py
  ```

  还可以试试下面的命令：

  ```
  $ python3.8 python/camera.py
  ```

  作为选择不同Python安装的另一种可能方法，请尝试着编辑示例脚本，以删除`#!`

行。这些行可能显式地将脚本与错误的 Python 安装（特定安装）联系起来。

1.5 查找文档、帮助和更新

可以在 http://docs.opencv.org/ 找到 OpenCV 的文档，既可以在线阅读也可以将其下载后离线阅读。如果在飞机上或者其他没有网络访问的地方编写代码，你肯定希望保留文档的离线副本。

该文档包括 OpenCV 的 C++ API 及其 Python API 组合的 API 引用。在查找类或者函数时，请务必阅读 Python 标题下的内容。

> OpenCV 的 Python 模块命名为 cv2。在 cv2 中的 2 与 OpenCV 的版本号无关，我们使用的是 OpenCV 4。历史上，有一个名为 cv 的 Python 模块封装了 OpenCV 的一个已经过时的 C 版本。在 OpenCV 4 中已经不存在任何 cv 模块。但是 OpenCV 文档有时会错误地将模块命名为 cv（而不是 cv2）。请记住，在 OpenCV 4 中，正确的 Python 模块名称始终是 cv2。

如果文档中没有你的问题的答案，请试着寻求 OpenCV 社区的帮助。在以下网站，可以找到对你有帮助的人：

- OpenCV 论坛：https://answers.opencv.org/questions/。
- Adrian Rosebrock 网站：http://www.pyimagesearch.com/。
- 约瑟夫·豪斯的书及其演示文稿网站：http://nummist.com/opencv/。

最后，如果你是一名高级用户，想尝试最新（不稳定的）OpenCV 源代码中的新特性、bug 修复和样例脚本的话，请通过网址 https://github.com/opencv/opencv/ 查看该项目的库。

1.6 本章小结

目前为止，我们应该已经安装了一个 OpenCV，可满足本书中所描述的各种项目的需求。根据选取的方法，我们还可能有一组工具和脚本，可用于重新配置和重新安装 OpenCV，以满足未来的需求。

现在，我们还知道了可以在哪里找到 OpenCV 的 Python 示例。这些示例包括的各种功能不在本书讨论的范围内，但是这些内容非常实用，可以作为附加学习资源。

在第 2 章，我们将掌握 OpenCV API 最基本的功能，即显示图像和视频、通过网络摄像头抓取视频，以及处理基本的键盘和鼠标输入。

CHAPTER 2

第 2 章

处理文件、摄像头和 GUI

安装 OpenCV 以及运行示例很有趣，但是在这一阶段，我们希望以自己的方式来尝试一下。本章将介绍 OpenCV 的 I/O 功能，还将讨论项目的概念，并开始对该项目进行面向对象设计，并在后续章节中继续对该项目进行充实。

首先，我们来看一下 I/O 的功能和设计模式，我们将以制作三明治的方式构建项目——由外而内。面包切片和涂抹，或者端点和黏合，都是添加馅料和算法之前的工作。之所以选择这种方式是因为计算机视觉通常是外向的——它专注于计算机之外的真实世界——我们希望通过一个共同接口将所有的后续算法工作都应用于真实世界。

本章将介绍以下主题：

- 从图像文件、视频文件、摄像头设备或内存中的原始数据字节读取图像。
- 将图像写入图像文件或视频文件。
- 在 NumPy 数组中处理图像数据。
- 在窗口中显示图像。
- 处理键盘和鼠标输入。
- 实现基于面向对象设计的应用程序。

2.1 技术需求

本章使用了 Python、OpenCV 以及 NumPy。安装说明请参阅第 1 章。

本章的完整代码可以在本书 GitHub 库（网址为 https://github.com/PacktPublishing/Learning-OpenCV-4-Computer-Vision-with-Python-Third-Edition）的 chapter02 文件中找到。

2.2 基本 I/O 脚本

大多数计算机视觉（Computer Vision, CV）应用程序需要获取图像作为输入。大多数计算机视觉应用程序还会生成图像作为输出。交互式计算机视觉应用程序可能需要把摄像头作为输入源，还需要将窗口作为输出目标。但是其他可能的源和目标包括图像文件、视频文件以及原始字节。例如，如果把过程式图形合成到应用程序中，那么原始字节可能通过网络连接进行传输，也可能由算法生成。我们来看看每一种可能性。

2.2.1 读取 / 写入图像文件

OpenCV 提供了 `imread` 函数来从文件加载图像，也提供了 `imwrite` 函数来将图像写入文件。这些函数支持静态图像（非视频）的各种文件格式。支持的格式各不相同——在 OpenCV 的自定义构建中可以添加或删除某些格式——但是，通常 BMP、PNG、JPEG 和 TIFF 都是所支持的格式。

我们来研究一下在 OpenCV 和 NumPy 中图像表示的解剖结构。一幅图像就是一个多维数组，有列像素和行像素，每个像素都有一个值。对于不同类型的图像数据，像素值可以使用不同的格式。例如，通过简单地创建一个二维 NumPy 数组，可以从头开始创建一幅 3 × 3 的黑色正方形图像：

```
img = numpy.zeros((3, 3), dtype=numpy.uint8)
```

如果将这幅图像打印到控制台，获得的结果如下所示：

```
array([[0, 0, 0],
       [0, 0, 0],
       [0, 0, 0]], dtype=uint8)
```

这里，每个像素都用一个 8 位整数表示，这意味着每个像素的值都在 0 ～ 255 的范围内，其中 0 表示黑色，255 表示白色，中间的值表示灰色。这是一幅灰度图像。

现在，我们使用 `cv2.cvtColor` 函数把这幅图像转换成蓝 – 绿 – 红（Blue-Green-Red，BGR）格式：

```
img = cv2.cvtColor(img, cv2.COLOR_GRAY2BGR)
```

我们来看图像是如何变化的：

```
array([[[0, 0, 0],
        [0, 0, 0],
        [0, 0, 0]],

       [[0, 0, 0],
        [0, 0, 0],
        [0, 0, 0]],

       [[0, 0, 0],
        [0, 0, 0],
        [0, 0, 0]]], dtype=uint8)
```

如你所见，现在每个像素都用一个三元数组表示，每个整数分别表示三个颜色通道（B、G 和 R）中的一个。HSV 之类的其他常见颜色模型的表示方法也类似，只是取值范围不同。例如，HSV 颜色模型的色调值的范围是 0 ～ 180。

有关颜色模型的更多内容，请参阅第 3 章，尤其是 3.2 节。

通过查看 shape 属性，你可以查看图像的结构，shape 属性返回行、列和通道数（如果有多个通道的话）。

考虑如下示例：

```
img = numpy.zeros((5, 3), dtype=numpy.uint8)
print(img.shape)
```

上述代码将打印（5,3），表示我们有一幅 5 行 3 列的灰度图像。如果将该图像转换成 BGR 格式，shape 将是（5,3,3），表示每个像素有 3 个通道。

图像可以从一种文件格式加载并保存为另一种格式。例如，把一幅图像从 PNG 转换为 JPEG：

```
import cv2

image = cv2.imread('MyPic.png')
cv2.imwrite('MyPic.jpg', image)
```

OpenCV 的 Python 模块命名为 cv2，尽管我们使用的是 OpenCV 4.x 而非 OpenCV 2.x。以前，OpenCV 有两个 Python 模块：cv2 和 cv。cv 封装了用 C 实现的 OpenCV 的一个旧版本。目前，OpenCV 只有 cv2 Python 模块，该模块封装了用 C++ 实现的 OpenCV 当前版本。

默认情况下，imread 返回 BGR 格式的图像，即使该文件使用的是灰度格式。BGR 表示与红 – 绿 – 蓝（Red-Green-Blue，RGB）相同的颜色模型，只是字节顺序相反。

我们还可以指定 imread 的模式，所支持的选项包括：

- cv2.IMREAD_COLOR：该模式是默认选项，提供 3 通道的 BGR 图像，每个通道一个 8 位值（0 ～ 255）。
- cv2.IMREAD_GRAYSCALE：该模式提供 8 位灰度图像。
- cv2.IMREAD_ANYCOLOR：该模式提供每个通道 8 位的 BGR 图像或者 8 位灰度图像，具体取决于文件中的元数据。
- cv2.IMREAD_UNCHANGED：该模式读取所有的图像数据，包括作为第 4 通道的 α 或透明度通道（如果有的话）。
- cv2.IMREAD_ANYDEPTH：该模式加载原始位深度的灰度图像。例如，如果文件以这种格式表示一幅图像，那么它提供每个通道 16 位的一幅灰度图像。
- cv2.IMREAD_ANYDEPTH | cv2.IMREAD_COLOR：该组合模式加载原始位深度的 BGR 彩色图像。
- cv2.IMREAD_REDUCED_GRAYSCALE_2：该模式加载的灰度图像的分辨率是原始分辨率的 1/2。例如，如果文件包括一幅 640 × 480 的图像，那么它加载的是一幅 320 × 240 的图像。

- cv2.IMREAD_REDUCED_COLOR_2：该模式加载每个通道 8 位的 BGR 彩色图像，分辨率是原始图像的 1/2。
- cv2.IMREAD_REDUCED_GRAYSCALE_4：该模式加载灰度图像，分辨率是原始图像的 1/4。
- cv2.IMREAD_REDUCED_COLOR_4：该模式加载每个通道 8 位的彩色图像，分辨率是原始图像的 1/4。
- cv2.IMREAD_REDUCED_GRAYSCALE_8：该模式加载灰度图像，分辨率是原始图像的 1/8。
- cv2.IMREAD_REDUCED_COLOR_8：该模式加载每个通道 8 位的彩色图像，分辨率为原始图像的 1/8。

举个例子，我们将一个 PNG 文件加载为灰度图像（在此过程中会丢失所有颜色信息），再将其保存为一个灰度 PNG 图像：

```
import cv2

grayImage = cv2.imread('MyPic.png', cv2.IMREAD_GRAYSCALE)
cv2.imwrite('MyPicGray.png', grayImage)
```

除非是绝对路径，否则图像的路径都是相对于工作目录（Python 脚本的运行路径）的，因此在前面的例子中，MyPic.png 必须在工作目录中，否则将找不到该图像。如果你希望避免对工作目录的假设，可以使用绝对路径，比如 Windows 上的 C:\Users\Joe\Pictures\MyPic.png、Mac 上的 /Users/Joe/Pictures/MyPic.png，或者 Linux 上的 /home/joe/pictures/MyPic.png。

imwrite() 函数要求图像为 BGR 格式或者灰度格式，每个通道具有输出格式可以支持的特定位数。例如，BMP 文件格式要求每个通道 8 位，而 PNG 允许每个通道 8 位或 16 位。

2.2.2　在图像和原始字节之间进行转换

从概念上讲，一个字节就是 0 ～ 255 范围内的一个整数。目前，在实时图形应用程序中，像素通常由每个通道一个字节来表示，但是也可以使用其他表示方式。

OpenCV 图像是 numpy.array 类型的二维或者三维数组。8 位灰度图像是包含字节值的一个二维数组。24 位的 BGR 图像是一个三维数组，也包含字节值。我们可以通过使用类似于 image[0, 0] 或者 image[0, 0, 0] 的表达式来访问这些值。第一个索引是像素的 y 坐标或者行，0 表示顶部。第二个索引是像素的 x 坐标或者列，0 表示最左边。第三个索引（如果有的话）表示一个颜色通道。可以用下面的笛卡儿坐标系可视化数组的三维空间（见图 2-1）。

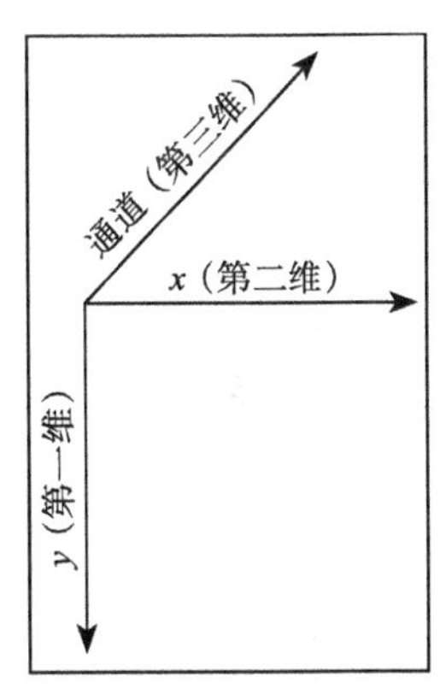

图 2-1　基于笛卡儿坐标系的数组三维空间

例如，在左上角为白色像素的8位灰度图像中，image[0, 0]是255。在左上角为蓝色像素的24位（每个通道8位）BGR图像中，image[0, 0]是[255, 0, 0]。

假设图像的每个通道有8位，我们可以将其强制转换为标准的Python bytearray对象（一维的）：

```
byteArray = bytearray(image)
```

相反，假设bytearray以一种合适的顺序包含字节，我们对其进行强制转换后再将其变维，可以得到一幅numpy.array类型的图像：

```
grayImage = numpy.array(grayByteArray).reshape(height, width)
bgrImage = numpy.array(bgrByteArray).reshape(height, width, 3)
```

举个更完整的例子，我们将包含随机字节的bytearray转换为灰度图像和BGR图像：

```
import cv2
import numpy
import os

# Make an array of 120,000 random bytes.
randomByteArray = bytearray(os.urandom(120000))
flatNumpyArray = numpy.array(randomByteArray)

# Convert the array to make a 400x300 grayscale image.
grayImage = flatNumpyArray.reshape(300, 400)
cv2.imwrite('RandomGray.png', grayImage)

# Convert the array to make a 400x100 color image.
bgrImage = flatNumpyArray.reshape(100, 400, 3)
cv2.imwrite('RandomColor.png', bgrImage)
```

此处，我们使用Python的标准os.urandom函数生成随机的原始字节，然后再将其转换成NumPy数组。请注意，也可以使用像numpy.random.randint(0, 256, 120000).reshape(300, 400)这样的语句直接（而且更有效）生成随机NumPy数组。我们使用os.urandom的唯一原因是：这有助于展示原始字节的转换。

运行这个脚本之后，在脚本目录中应该有一对随机生成的图像：RandomGray.png和RandomColor.png。

图2-2是RandomGray.png的一个例子（你得到的结果很可能会有所不同，因为这是随机生成的）。

类似地，图2-3是RandomColor.png的一个例子。

既然我们已经对数据如何形成图像有了一个更好的理解，那么就可以开始对其执行基本操作了。

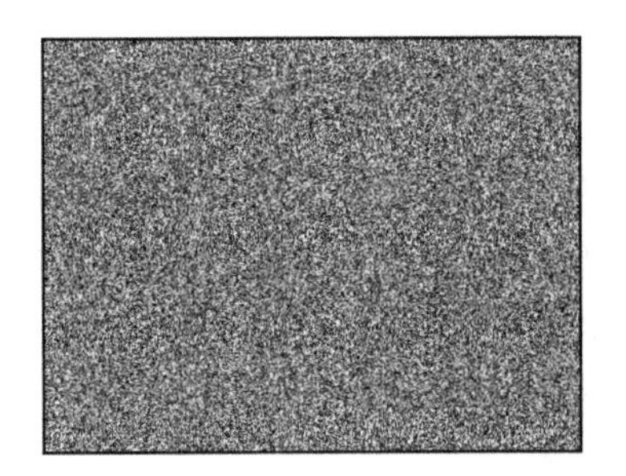

图 2-2 随机生成的 RandomGray.png 图像

图 2-3 随机生成的 RandomColor.png 图像

2.2.3 基于 numpy.array 访问图像数据

我们已经知道在 OpenCV 中加载图像最简单（也是最常见）的方法是使用 `imread` 函数。我们还知道这将返回一幅图像，它实际上是一个数组（是二维还是三维取决于传递给 `imread` 的参数）。

`numpy.array` 类对数组操作进行极大的优化，它允许某些类型的批量操作，而这些操作在普通 Python 列表中是不可用的。这些类型的 `numpy.array` 都是 OpenCV 中特定于数组类型的操作，对于图像操作来说很方便。但是，我们还是从一个基本的例子开始，逐步探讨图像操作。假设你想操作 BGR 图像的（0,0）坐标处的像素，并将其转换成白色像素：

```
import cv2

img = cv2.imread('MyPic.png')
img[0, 0] = [255, 255, 255]
```

如果将修改后的图像保存到文件后再查看该图像，你会在图像的左上角看到一个白点。当然，这种修改并不是很有用，但是它显示了某种修改的可能性。现在，我们利用 `numpy.array` 的功能在数组上执行变换的速度比普通的 Python 列表要快得多。

假设你想更改某一特定像素的蓝色值，例如（150,120）坐标处的像素。`numpy.array` 类型提供了一个方便的方法 `item`，它有三个参数：x（或者 left）位置、y（或者 top）位置以及数组中（x, y）位置的索引（请记住，在 BGR 图像中，某个特定位置处的数据是一个三元数组，包含按照 B、G 和 R 顺序排列的值），并返回索引位置的值。另一个方法 `itemset` 可以将某一特定像素的特定通道的值设置为指定的值。`itemset` 有两个参数：三元组（x、y 和索引）以及新值。

在下面的例子中，我们将（150, 120）处的蓝色通道值从其当前值更改为 255：

```
import cv2

img = cv2.imread('MyPic.png')
img.itemset((150, 120, 0), 255)  # Sets the value of a pixel's blue channel
print(img.item(150, 120, 0))  # Prints the value of a pixel's blue channel
```

对于修改数组中的单个元素，itemset 方法比我们在本节第一个例子中看到的索引语法要快一些。

同样，修改数组的一个元素本身并没有太大意义，但是它确实打开了一个充满可能性的世界。然而，就性能而言，这只适合于感兴趣的小区域。当需要操作整个图像或者感兴趣的大区域时，建议使用 OpenCV 的函数或者 NumPy 的数组切片。NumPy 的数组切片允许指定索引的范围。我们来考虑使用数组切片来操作颜色通道的一个例子。将一幅图像的所有 G（绿色）值都设置为 0 非常简单，如下面的代码所示：

```
import cv2

img = cv2.imread('MyPic.png')
img[:, :, 1] = 0
```

这段代码执行了一个相当重要的操作，而且很容易理解。相关的代码行是最后一行，它指示程序从所有行和列中获取所有像素，并把绿色值（在三元 BGR 数组的一个索引处）设置为 0。如果显示此图像，你会注意到绿色完全消失了。

通过使用 NumPy 的数组切片访问原始像素，我们可以做一些有趣的事情，其中之一是定义感兴趣区域（Region Of Interest，ROI）。一旦定义了感兴趣区域，就可以执行一系列的操作了。例如，可以把这个区域绑定到一个变量，定义第二个区域，将第一个区域的值赋给第二个区域（从而将图像的一部分复制到图像的另一个位置）：

```
import cv2

img = cv2.imread('MyPic.png')
my_roi = img[0:100, 0:100]
img[300:400, 300:400] = my_roi
```

确保两个区域在大小上一致很重要。如果大小不一致，NumPy 会（立刻）控诉这两个形状不匹配。

最后，我们可以访问 numpy.array 的属性，如下列代码所示：

```
import cv2

img = cv2.imread('MyPic.png')
print(img.shape)
print(img.size)
print(img.dtype)
```

这三个属性的定义如下：

- shape：描述数组形状的一个元组。对于图像，它（依次）包括高度、宽度、通道数（如果是彩色图像的话）。shape 元组的长度是确定图像是灰度的还是彩色的一种有用方法。对于灰度图像，len(shape) == 2，对于彩色图像，len(shape) == 3。
- size：数组中的元素数。对于灰度图像，这和像素数是一样的。对于 BGR 图像，它是像素数的 3 倍，因为每个像素都由 3 个元素（B、G 和 R）表示。

- dtype：数组元素的数据类型。对于每个通道 8 位的图像，数据类型是 numpy.uint8。

总之，强烈建议你在使用 OpenCV 时，了解 NumPy 的一般情况以及 numpy.array 的特殊情况。这个类是 Python 中使用 OpenCV 进行所有图像处理的基础。

2.2.4 读取 / 写入视频文件

OpenCV 提供了 VideoCapture 和 VideoWriter 类，支持各种视频文件格式。支持的格式取决于操作系统和 OpenCV 的构建配置，但是通常情况下，假设支持 AVI 格式是安全的。通过它的 read 方法，VideoCapture 对象可以依次查询新的帧，直到到达视频文件的末尾。每一帧都是一幅 BGR 格式的图像。

相反，图像可以传递给 VideoWriter 类的 write 方法，该方法将图像添加到 VideoWriter 的文件中。我们来看一个例子，从一个 AVI 文件读取帧，再用 YUV 编码将其写入另一个文件：

```
import cv2

videoCapture = cv2.VideoCapture('MyInputVid.avi')
fps = videoCapture.get(cv2.CAP_PROP_FPS)
size = (int(videoCapture.get(cv2.CAP_PROP_FRAME_WIDTH)),
        int(videoCapture.get(cv2.CAP_PROP_FRAME_HEIGHT)))
videoWriter = cv2.VideoWriter(
    'MyOutputVid.avi', cv2.VideoWriter_fourcc('I','4','2','0'),
    fps, size)

success, frame = videoCapture.read()
while success:  # Loop until there are no more frames.
    videoWriter.write(frame)
    success, frame = videoCapture.read()
```

VideoWriter 类的构造函数的参数值得特别注意。必须指定一个视频文件的名称。具有此名称的所有之前存在的文件都将被覆盖。还必须指定一个视频编解码器。可用的编解码器因系统而异。支持的选项可能包括以下内容：

- 0：这个选项表示未压缩的原始视频文件。文件扩展名应该是 .avi。
- cv2.VideoWriter_fourcc('I','4','2','0')：这个选项表示未压缩的 YUV 编码，4:2:0 色度抽样。这种编码是广泛兼容的，但是会产生大的文件。文件扩展名应该是 .avi。
- cv2.VideoWriter_fourcc('P','I','M','1')：这个选项是 MPEG-1。文件扩展名应该是 .avi。
- cv2.VideoWriter_fourcc('X','V','I','D')：这个选项是一种相对较旧的 MPEG-4 编码。如果想限制生成的视频大小，这是一个不错的选项。文件扩展名应该是 .avi。

- cv2.VideoWriter_fourcc('M','P','4','V')：这个选项是另一种相对较旧的 MPEG-4 编码。如果想限制生成的视频大小，这是一个不错的选项。文件扩展名应该是 .mp4。
- cv2.VideoWriter_fourcc('X','2','6','4')：这个选项是一种相对较新的 MPEG-4 编码。如果想限制生成的视频大小，这可能是最佳的选项。文件扩展名应该是 .mp4。
- cv2.VideoWriter_fourcc('T','H','E','O')：这个选项是 Ogg Vorbis。文件扩展名应该是 .ogv。
- cv2.VideoWriter_fourcc('F','L','V','1')：这个选项表示 Flash 视频。文件扩展名应该是 .flv。

帧率和帧大小也必须指定。因为我们是从另一个视频复制的，所以这些属性可以从 VideoCapture 类的 get 方法读取。

2.2.5 捕捉摄像头帧

摄像头帧流也可以用 VideoCapture 对象来表示。但是，对于摄像头，我们通过传递摄像头设备索引（而不是视频文件名称）来构造 VideoCapture 对象。我们来考虑下面这个例子，它从摄像头抓取 10 秒的视频，并将其写入 AVI 文件。代码与 2.2.4 节的示例（从视频文件获取的，而不是从摄像头中获取的）类似，更改的内容标记为粗体：

```
import cv2

cameraCapture = cv2.VideoCapture(0)
fps = 30  # An assumption
size = (int(cameraCapture.get(cv2.CAP_PROP_FRAME_WIDTH)),
        int(cameraCapture.get(cv2.CAP_PROP_FRAME_HEIGHT)))
videoWriter = cv2.VideoWriter(
    'MyOutputVid.avi', cv2.VideoWriter_fourcc('I','4','2','0'),
    fps, size)

success, frame = cameraCapture.read()
numFramesRemaining = 10 * fps - 1 # 10 seconds of frames
while success and numFramesRemaining > 0:
    videoWriter.write(frame)
    success, frame = cameraCapture.read()
    numFramesRemaining -= 1
```

TIP 对于某些系统上的一些摄像头，cameraCapture.get(cv2.CAP_PROP_FRAME_WIDTH) 和 cameraCapture.get(cv2.CAP_PROP_FRAME_HEIGHT) 可能会返回不准确的结果。为了更加确定图像的实际大小，可以先抓取一帧，再用像 h, w = frame.shape[:2] 这样的代码来获得图像的高度和宽度。有时，你可能会遇到摄像头在开始产生大小稳定的好帧之前，产生一些大小不稳定的坏帧的情况。如果你关心的是如何防范这种情况，在开始捕捉会话时你可能想要读取并忽略一些帧。

可是，在大多数情况下，VideoCapture的get方法不会返回摄像头帧率的准确值，通常会返回0。http://docs.opencv.org/modules/highgui/doc/reading_and_writing_images_and_video.html上的官方文档警告如下：

当查询VideoCapture实例使用的后端不支持的属性时，返回值为0。

注意：

读/写属性涉及许多层。沿着这条链可能会发生一些意想不到的结果[sic]。

VideoCapture -> API Backend -> Operating System -> DeviceDriver -> Device Hardware

返回值可能与设备实际使用的值不同，也可能使用设备相关规则（例如，步长或者百分比）对其进行编码。有效的行为取决于[sic]设备驱动程序和API后端。

要为摄像头创建合适的VideoWriter类，我们必须对帧率做一个假设（就像前面代码中所做的那样），或者使用计时器测量帧率。后一种方法更好，我们将在本章后面对其进行介绍。

当然，摄像头数量及其顺序取决于系统。可是，OpenCV不提供任何查询摄像头数量或者摄像头属性的方法。如果用无效的索引构造VideoCapture类，VideoCapture类将不会产生任何帧，它的read方法将返回(False,None)。要避免试图从未正确打开的VideoCapture对象检索帧，你可能想先调用VideoCapture.isOpened方法，返回一个布尔值。

当我们需要同步一组摄像头或者多摄像头相机（如立体摄像机）时，read方法是不合适的。我们可以改用grab和retrieve方法。对于一组（两台）摄像机，可以使用类似于下面的代码：

```
success0 = cameraCapture0.grab()
success1 = cameraCapture1.grab()
if success0 and success1:
    frame0 = cameraCapture0.retrieve()
    frame1 = cameraCapture1.retrieve()
```

2.2.6 在窗口中显示图像

OpenCV中一个最基本的操作是在窗口中显示图像。这可以通过imshow函数实现。如果你有任何其他GUI框架背景，那么可能认为调用imshow来显示图像就足够了。可是，在OpenCV中，只有当调用另一个函数waitKey时，才会绘制（或者重新绘制）窗口。后一个函数抽取窗口事件队列（允许处理各种事件，比如绘图），并且它返回用户在指定的超时时间内输入的任何键的键码。在某种程度上，这个基本设计简化了开发使用视频或网络摄像头输入的演示程序的任务，至少开发人员可以手动控制新帧的获取和显示。

下面是一个非常简单的示例脚本，用于从文件中读取图像，并对其进行显示：

```
import cv2
import numpy as np

img = cv2.imread('my-image.png')
cv2.imshow('my image', img)
cv2.waitKey()
cv2.destroyAllWindows()
```

imshow函数有两个参数：显示图像的窗口名称以及图像自己的名称。我们将在2.2.7节中对waitKey进行更详细的介绍。

恰如其名，destroyAllWindows函数会注销由OpenCV创建的所有窗口。

2.2.7 在窗口中显示摄像头帧

OpenCV允许使用namedWindow、imshow和destroyWindow函数来创建、重新绘制和注销指定的窗口。此外，任何窗口都可以通过waitKey函数捕获键盘输入，通过setMouseCallback函数捕获鼠标输入。我们来看一个例子，展示从实时摄像头获取的帧：

```
import cv2

clicked = False
def onMouse(event, x, y, flags, param):
    global clicked
    if event == cv2.EVENT_LBUTTONUP:
        clicked = True

cameraCapture = cv2.VideoCapture(0)
cv2.namedWindow('MyWindow')
cv2.setMouseCallback('MyWindow', onMouse)

print('Showing camera feed. Click window or press any key to stop.')
success, frame = cameraCapture.read()
while success and cv2.waitKey(1) == -1 and not clicked:
    cv2.imshow('MyWindow', frame)
    success, frame = cameraCapture.read()

cv2.destroyWindow('MyWindow')
cameraCapture.release()
```

waitKey的参数是等待键盘输入的毫秒数，默认情况下为0，这是一个特殊的值，表示无穷大。返回值可以是-1（表示未按下任何键），也可以是ASCII键码（如27表示Esc）。有关ASCII键码的列表，请参阅http://www.asciitable.com/。另外，请注意Python提供了一个标准函数ord，可以将字符转换成ASCII键码。例如，ord('a')返回97。

同样，请注意，OpenCV的窗口函数和waitKey是相互依赖的。OpenCV窗口只在调用waitKey时更新。相反，waitKey只在OpenCV窗口有焦点时才捕捉输入。

传递给setMouseCallback的鼠标回调应有5个参数，如代码示例所示。把回调的param参数设置为setMouseCallback的第3个可选参数，默认情况下为0。回调的事件参数是以下操作之一：

- cv2.EVENT_MOUSEMOVE：这个事件指的是鼠标移动。
- cv2.EVENT_LBUTTONDOWN：这个事件指的是按下左键时，左键向下。
- cv2.EVENT_RBUTTONDOWN：这个事件指的是按下右键时，右键向下。
- cv2.EVENT_MBUTTONDOWN：这个事件指的是按下中间键时，中间键向下。
- cv2.EVENT_LBUTTONUP：这个事件指的是释放左键时，左键回到原位。
- cv2.EVENT_RBUTTONUP：这个事件指的是释放右键时，右键回到原位。
- cv2.EVENT_MBUTTONUP：这个事件指的是释放中间键时，中间键回到原位。
- cv2.EVENT_LBUTTONDBLCLK：这个事件指的是双击左键。
- cv2.EVENT_RBUTTONDBLCLK：这个事件指的是双击右键。
- cv2.EVENT_MBUTTONDBLCLK：这个事件指的是双击中间键。

鼠标回调的 flag 参数可能是以下事件的一些按位组合：

- cv2.EVENT_FLAG_LBUTTON：这个事件指的是按下左键。
- cv2.EVENT_FLAG_RBUTTON：这个事件指的是按下右键。
- cv2.EVENT_FLAG_MBUTTON：这个事件指的是按下中间键。
- cv2.EVENT_FLAG_CTRLKEY：这个事件指的是按下 Ctrl 键。
- cv2.EVENT_FLAG_SHIFTKEY：这个事件指的是按下 Shift 键。
- cv2.EVENT_FLAG_ALTKEY：这个事件指的是按下 Alt 键。

可是，OpenCV 不提供任何手动处理窗口事件的方法。例如，单击窗口关闭按钮不能停止应用程序。因为 OpenCV 的事件处理和 GUI 功能有限，许多开发人员更喜欢将其与其他应用程序框架集成。在本章的 2.4 节中，我们将设计一个抽象层来帮助 OpenCV 与应用程序框架集成。

2.3 项目 Cameo（人脸跟踪和图像处理）

通常，通过一种烹饪书式的方法研究 OpenCV，这种方法涵盖了很多算法，但是没有涉及高级应用程序开发。在某种程度上，这种方法是可以理解的，因为 OpenCV 的潜在应用非常多样化。OpenCV 广泛应用于各种各样的应用，如照片 / 视频编辑器、运动控制游戏、机器人的人工智能，或者我们记录参与者眼球运动的心理学实验等。在这些不同的用例中，我们能真正研究一组有用的抽象吗？

本书的作者相信我们可以，而且越早开始抽象，学习效果越好。我们将围绕单个应用程序构建许多 OpenCV 示例，但是在每个步骤中，我们将设计一个可扩展且可重用的应用程序组件。

我们将开发一个交互式应用程序，对摄像头输入进行实时的人脸跟踪和图像处理。这种类型的应用程序涵盖了 OpenCV 的各种功能，而且创建一个高效且有效的实现对我们来说是一种挑战。

具体来说，我们的应用程序将实时合并人脸。给定2个摄像头输入流（或者预录制的视频输入），应用程序将把一个流的人脸叠加到另一个流的人脸上。将滤镜和畸变应用到这个混合的场景中，将会给人一种统一的感觉。用户应该有进入另一个环境和角色参与现场表演的体验。这种类型的用户体验在像迪士尼乐园这样的游乐园中很受欢迎。

在这样的应用程序中，用户会立刻注意到缺陷，如低帧率或者跟踪不准确等。为了达到最好的效果，我们将尝试使用传统成像和深度成像的几种方法。

我们将应用程序命名为“Cameo”。Cameo（在珠宝中）是一个人的小肖像，或者（在电影中）是由名人扮演的、非常短暂的一个角色。

2.4 Cameo：面向对象的设计

可以用纯过程式风格编写Python应用程序。通常，这是通过小型应用程序（例如前面讨论过的基本I/O脚本）实现的。但是，从现在开始，我们将经常使用面向对象的风格，因为面向对象促进了模块化和可扩展性。

从对OpenCV的I/O功能的概述中，我们知道不管源图像或者目标图像是什么，所有图像都是相似的。不管获取的图像流是什么，或者将其作为输出发送到哪里，我们都可以对这个流的每一帧应用相同的特定于应用程序的逻辑。在使用多个I/O流的应用程序（例如Cameo）中，I/O代码和应用程序代码的分离变得特别方便。

我们将创建的类命名为CaptureManager和WindowManager，作为I/O流的高级接口。应用程序代码可以使用CaptureManager读取新帧，也可以将每一帧分派给一个或多个输出，包括静态图像文件、视频文件和窗口（通过WindowManager类）。WindowManager类允许应用程序代码以面向对象风格处理窗口和事件。

CaptureManager和WindowManager都是可扩展的。我们可以实现不依赖OpenCV的I/O。

2.4.1 基于managers.CaptureManager提取视频流

正如我们所看到的，OpenCV可以获取、显示和记录来自视频文件或来自摄像头的图像流，但是在每种情况下都会有一些特殊考虑的事项。CaptureManager类提取了一些差异并提供了一个更高级的接口，将图像从获取流分发到一个或多个输出——静态图像文件、视频文件，或者窗口。

CaptureManager对象是由VideoCapture对象初始化的，并拥有enterFrame和exitFrame方法，通常应该在应用程序主循环的每次迭代中调用这两个方法。在调用enterFrame和exitFrame之间，应用程序可以（任意次）设置一个channel属性并获得一个frame属性。channel属性初始为0，只有多摄像头相机使用其他值。frame属性是在调用 enterFrame 时，对应于当前通道状态的一幅图像。

CaptureManager 类还拥有可以在任何时候调用的 writeImage、startWritingVideo 和 stopWritingVideo 方法。实际的文件写入被推迟到 exitFrame。同样，在执行 exitFrame 方法期间，可以在窗口中显示 frame，这取决于应用程序代码将 WindowManager 类作为 CaptureManager 构造函数的参数提供，还是通过设置 previewWindowManager 属性提供。

如果应用程序代码操作 frame，那么将在记录文件和窗口中体现这些操作。CaptureManager 类有一个构造函数参数和一个名为 shouldMirrorPreview 的属性，如果想要在窗口中镜像（水平翻转）frame，但不记录在文件中，那么此属性应该为 True。通常，在面对摄像头时，用户更喜欢镜像实时摄像头回传信号。

回想一下，VideoWriter 对象需要一个帧率，但是 OpenCV 没有提供任何可靠的方法来为摄像头获取准确的帧率。CaptureManager 类通过使用帧计数器和 Python 的标准 time.time 函数来解决此限制，如有必要还会估计帧率。这种方法并非万无一失。取决于帧率的波动和依赖于系统的 time.time 实现，估计的准确率在某些情况下可能仍然很糟糕。但是，如果部署到未知的硬件，这也比只假设用户摄像头有某个特定的帧率要好。

我们创建一个名为 managers.py 的文件，该文件将包含 CaptureManager 实现。这个实现非常很长，所以我们将分成几个部分介绍：

（1）首先，添加导入和构造函数，如下所示：

```
import cv2
import numpy
import time


class CaptureManager(object):
    def __init__(self, capture, previewWindowManager = None,
                 shouldMirrorPreview = False):
        self.previewWindowManager = previewWindowManager
        self.shouldMirrorPreview = shouldMirrorPreview
        self._capture = capture
        self._channel = 0
        self._enteredFrame = False
        self._frame = None
        self._imageFilename = None
        self._videoFilename = None
        self._videoEncoding = None
        self._videoWriter = None
        self._startTime = None
        self._framesElapsed = 0
        self._fpsEstimate = None
```

（2）接下来，为 CaptureManager 的属性添加下面的 getter 和 setter 方法：

```
@property
def channel(self):
    return self._channel
```

```
@channel.setter
def channel(self, value):
    if self._channel != value:
        self._channel = value
        self._frame = None
@property
def frame(self):
    if self._enteredFrame and self._frame is None:
        _, self._frame = self._capture.retrieve(
            self._frame, self.channel)
    return self._frame
@property
def isWritingImage(self):
    return self._imageFilename is not None
@property
def isWritingVideo(self):
    return self._videoFilename is not None
```

请注意，大多数 member 变量是非公共的，由变量名称中下划线前缀所示，如 self._enteredFrame。这些非公共变量与当前帧的状态和任何文件的写入操作相关。如前所述，应用程序代码只需要配置一些内容，这些内容是作为构造函数参数和可设置的公共属性（摄像头通道、窗口管理器以及镜像摄像头预览的选项）实现的。

本书假设读者对 Python 有一定的了解，但是如果你对这些 @ 注释（例如 @property）感到困惑，请参考有关 decorator 的 Python 文档，decorator 是 Python 语言的内置特性，允许函数被另一个函数封装，通常用来在应用程序的几个地方应用用户定义的行为。具体来说，可以在 https://docs.python.org/3/reference/compound_stmts.html#grammar-token-decorator 查看相关文档。

> Python 没有强制使用非公共的成员变量的概念，但是在开发人员想要将变量视为非公共的情况下，通常会看到单下划线前缀（_）或者双下划线前缀（__）。单下划线前缀只是一种约定，表示应该将变量视为受保护的（仅在类及其子类中访问）。双下划线前缀实际上会导致 Python 解释器重命名变量，这样 MyClass.__myVariable 就变成了 MyClass._MyClass__myVariable。这被称为名称重整（非常恰当）。按照惯例，应该将这样的变量视为私有的（只能在类内访问，不能在子类中访问）。相同的前缀，具有相同的意义，可以应用于方法和变量。

（3）将 enterFrame 方法添加到 managers.py：

```
def enterFrame(self):
    """Capture the next frame, if any."""
    # But first, check that any previous frame was exited.
    assert not self._enteredFrame, \
        'previous enterFrame() had no matching exitFrame()'
    if self._capture is not None:
        self._enteredFrame = self._capture.grab()
```

请注意，enterFrame 的实现只（同步地）抓取一帧，而来自通道的实际检索被推迟到 frame 变量的后续读取。

（4）接下来，把 exitFrame 方法添加到 managers.py：

```
def exitFrame(self):
    """Draw to the window. Write to files. Release the
    frame."""

    # Check whether any grabbed frame is retrievable.
    # The getter may retrieve and cache the frame.
if self.frame is None:
    self._enteredFrame = False
    return

# Update the FPS estimate and related variables.
if self._framesElapsed == 0:
    self._startTime = time.time()
else:
    timeElapsed = time.time() - self._startTime
    self._fpsEstimate = self._framesElapsed / timeElapsed
self._framesElapsed += 1

# Draw to the window, if any.
if self.previewWindowManager is not None:
    if self.shouldMirrorPreview:
        mirroredFrame = numpy.fliplr(self._frame)
        self.previewWindowManager.show(mirroredFrame)
    else:
        self.previewWindowManager.show(self._frame)

# Write to the image file, if any.
if self.isWritingImage:
    cv2.imwrite(self._imageFilename, self._frame)
    self._imageFilename = None

# Write to the video file, if any.
self._writeVideoFrame()

# Release the frame.
self._frame = None
self._enteredFrame = False
```

exitFrame 的实现从当前通道获取图像，估计帧率，通过窗口管理器（如果有的话）显示图像，并完成将图像写入文件的所有挂起请求。

（5）其他几种方法也适用于文件的写入。将下列名为 writeImage、startWriting Video 和 stopWritingVideo 的公共方法的实现添加到 managers.py：

```
def writeImage(self, filename):
    """Write the next exited frame to an image file."""
    self._imageFilename = filename
def startWritingVideo(
        self, filename,
        encoding = cv2.VideoWriter_fourcc('M','J','P','G')):
    """Start writing exited frames to a video file."""
```

```
        self._videoFilename = filename
        self._videoEncoding = encoding
    def stopWritingVideo(self):
        """Stop writing exited frames to a video file."""
        self._videoFilename = None
        self._videoEncoding = None
        self._videoWriter = None
```

上述方法只更新了文件写入操作的参数，实际的写入操作被推迟到 exitFrame 的下一次调用。

（6）在本节的前面，我们看到 exitFrame 调用了一个名为 _writeVideoFrame 的辅助方法。把下面的 _writeVideoFrame 实现添加到 managers.py:

```
    def _writeVideoFrame(self):
        if not self.isWritingVideo:
            return
        if self._videoWriter is None:
            fps = self._capture.get(cv2.CAP_PROP_FPS)
            if fps <= 0.0:
                # The capture's FPS is unknown so use an estimate.
                if self._framesElapsed < 20:
                    # Wait until more frames elapse so that the
                    # estimate is more stable.
                    return
                else:
                    fps = self._fpsEstimate
            size = (int(self._capture.get(
                        cv2.CAP_PROP_FRAME_WIDTH)),
                    int(self._capture.get(
                        cv2.CAP_PROP_FRAME_HEIGHT)))
            self._videoWriter = cv2.VideoWriter(
                self._videoFilename, self._videoEncoding,
                fps, size)
        self._videoWriter.write(self._frame)
```

上述方法创建或添加视频文件的方式应该与之前的脚本相似（请参考 2.2.4 节）。但是，在帧率未知的情况下，我们在捕获会话开始时，跳过一些帧，这样就有时间构建帧率的估计。

我们对 CaptureManager 的实现就结束了。尽管 CaptureManager 的实现依赖于 VideoCapture，我们可以完成不使用 OpenCV 作为输入的其他实现。例如，我们可以创建用套接字连接实例化的子类，将其字节流解析为图像流。另外，我们还可以使用第三方摄像头库创建子类，并提供与 OpenCV 不同的硬件支持。但是，对于 Cameo，当前的实现就足够了。

2.4.2 基于 managers.WindowManager 提取窗口和键盘

正如我们所见，OpenCV 提供了一些函数用于创建、撤销窗口，显示图像以及处理事件。这些函数不是窗口类的方法，因而要求将窗口名称作为参数传递。因为这个接口不是面向对象的，所以与 OpenCV 的一般风格不一致。而且，它不太可能与我们最终想要使用的（而不是 OpenCV 的）其他窗口或者事件处理接口兼容。

为了面向对象和适应性，我们将这个功能抽象成具有 createWindow、destroyWindow、show 和 processEvents 方法的 WindowManager 类。作为一个属性，WindowManager 有一个名为 keypressCallback 的函数，在响应按键时可以从 processEvents 调用（如果不是 None 的话）。keypressCallback 对象必须是一个接受单个参数（尤其是 ASCII 键码）的函数。

我们将 WindowManager 的实现添加到 managers.py。该实现首先定义下列类声明和 __init__ 方法：

```
class WindowManager(object):
    def __init__(self, windowName, keypressCallback = None):
        self.keypressCallback = keypressCallback
        self._windowName = windowName
        self._isWindowCreated = False
```

该实现接着使用下面的方法来管理窗口及其事件的生命周期：

```
@property
def isWindowCreated(self):
    return self._isWindowCreated
def createWindow(self):
    cv2.namedWindow(self._windowName)
    self._isWindowCreated = True
def show(self, frame):
    cv2.imshow(self._windowName, frame)
def destroyWindow(self):
    cv2.destroyWindow(self._windowName)
    self._isWindowCreated = False
def processEvents(self):
    keycode = cv2.waitKey(1)
    if self.keypressCallback is not None and keycode != -1:
        self.keypressCallback(keycode)
```

当前的实现只支持键盘事件，对于 Cameo 足够了。但是，我们也可以修改 WindowManager 来支持鼠标事件。例如，类接口可以扩展为包含 mouseCallback 属性（和可选的构造函数参数），但是其他方面保持不变。使用 OpenCV 之外的事件框架，我们可以通过添加回调属性以同样的方式支持其他事件类型。

2.4.3 基于 cameo.Cameo 应用所有内容

我们的应用程序由带有两个方法（run 和 onKeypress）的 Cameo 类表示。在初始化时，Cameo 对象创建了一个 WindowManager 对象（将 onKeypress 作为一个回调），以及一个使用摄像头（具体来说，是一个 cv2.VideoCapture 对象）和同一 WindowManager 对象的 CaptureManager 对象。在调用 run 时，应用程序执行一个主循环，并在这个主循环中处理帧和事件。

作为事件处理的结果，可能会调用 onKeypress。空格键会产生一个屏幕截图，选项卡（Tab）键会使屏幕播放（视频录制）开始/停止，Esc键会使应用程序退出。

在与managers.py相同的目录中，创建一个名为cameo.py的文件，并在此实现Cameo类：

（1）首先，实现下面的import语句和__init__方法：

```
import cv2
from managers import WindowManager, CaptureManager

class Cameo(object):
    def __init__(self):
        self._windowManager = WindowManager('Cameo',
                                            self.onKeypress)
        self._captureManager = CaptureManager(
            cv2.VideoCapture(0), self._windowManager, True)
```

（2）接下来，添加以下run()方法的实现：

```
def run(self):
    """Run the main loop."""
    self._windowManager.createWindow()
    while self._windowManager.isWindowCreated:
        self._captureManager.enterFrame()
        frame = self._captureManager.frame
        if frame is not None:
            # TODO: Filter the frame (Chapter 3).
            pass
        self._captureManager.exitFrame()
        self._windowManager.processEvents()
```

（3）下面是为完成Cameo类实现的onKeypress()方法：

```
def onKeypress(self, keycode):
    """Handle a keypress.
    space -> Take a screenshot.
    tab -> Start/stop recording a screencast.
    escape -> Quit.
    """
    if keycode == 32: # space
        self._captureManager.writeImage('screenshot.png')
    elif keycode == 9: # tab
        if not self._captureManager.isWritingVideo:
            self._captureManager.startWritingVideo(
            'screencast.avi')
    else:
        self._captureManager.stopWritingVideo()
elif keycode == 27: # escape
    self._windowManager.destroyWindow()
```

（4）最后，添加一个__main__块来实例化并运行Cameo，如下所示：

```
if __name__=="__main__":
    Cameo().run()
```

在运行应用程序时，请注意实时摄像头回传信号是镜像的，而屏幕截图和屏幕播放则不是镜像的。这是预期的行为，因为在初始化 `CaptureManager` 类时，我们将 `True` 传给了 `shouldMirrorPreview`。

图 2-4 是 Cameo 的一个屏幕截图，显示了一个窗口（标题为 Cameo）和来自摄像头的当前帧。

图 2-4　包含一个窗口和摄像头当前帧的 Cameo 截图

到目前为止，除了为预览而对帧进行镜像之外，我们没有对帧执行任何操作。我们将在第 3 章开始添加更有趣的效果。

2.5　本章小结

现在，我们应该拥有了一个显示摄像头回传信号、监听键盘输入并（在命令下）记录屏幕截图或屏幕播放的应用程序。我们打算通过在每一帧的开始和结束之间插入一些图像滤波代码（见第 3 章）来扩展应用程序。此外，除了 OpenCV 所支持的那些功能外，我们还准备集成其他摄像头驱动程序或应用程序框架。

我们还掌握了把图像作为 NumPy 数组进行操作的知识。这将为下一个主题——图像滤波器——奠定完美的基础。

CHAPTER 3

第 3 章 基于 OpenCV 的图像处理

在进行图像处理时，你迟早会发现需要转换图像——一般通过应用艺术滤镜、推断某些部分、混合两幅图像，或者任何你能够想到的方法完成。本章将介绍一些可以转换图像的技术。最后，你还能够执行图像锐化、标记主体的轮廓、利用线段检测器检测人行横道。

本章将介绍以下主题：

- 在不同颜色模型之间进行图像转换。
- 理解频率和傅里叶变换在图像处理中的重要性。
- 应用高通滤波器（High-Pass Filter，HPF）、低通滤波器（Low-Pass Filter，LPF）、边缘检测滤波器和自定义卷积滤波器。
- 检测并分析轮廓、线、圆和其他几何形状。
- 编写用于封装滤波器实现的类和函数。

3.1 技术需求

本章使用了 Python、OpenCV、NumPy 以及 SciPy。安装说明请参阅第 1 章。

本章的完整代码可以在本书的 GitHub 库（https://github.com/PacktPublishing/Learning-OpenCV-4-Computer-Vision-with-Python-Third-Edition）的 `chapter03` 文件夹中找到。示例图像在本书 GitHub 库的 `images` 文件夹中。

3.2 在不同颜色模型之间进行图像转换

OpenCV 实现了数百个与颜色模型转换相关的公式。一些颜色模型常用于摄像头等输入设备，而其他模型则常用于电视机、计算机显示器和打印机等输出设备。在输入和输出之间，在我们将计算机视觉技术应用于图像时，通常使用 3 种类型的颜色模型：灰度、BGR（蓝 – 绿 – 红）和 HSV（色调 – 饱和度 – 值）。让我们简单回顾一下：

- 灰度模型是通过将颜色信息转换为灰度或亮度来减少颜色信息的一种模型。在只有亮度信息就足够的问题中（如人脸检测），这个模型对于图像的中间处理非常有用。通常，灰度图像中的每个像素都是由一个 8 位值表示的，范围从 0（黑色）到 255（白色）。

- BGR 表示蓝 – 绿 – 红颜色模型，其中每个像素都有一个三元组值表示的蓝、绿、红分量或者像素颜色的通道。Web 开发人员以及任何从事计算机图形工作的人员除了反向通道顺序（RGB）外，还都熟悉类似的颜色定义。通常，BGR 图像中的每个像素都由一个 8 位的三元组值来表示，例如 [0, 0, 0] 表示黑色，[255, 0, 0] 表示蓝色，[0, 255, 0] 表示绿色，[0, 0, 255] 表示红色，[255, 255, 255] 表示白色。
- HSV 模型使用一个不同的三元组通道。色调（hue）是颜色的基调，饱和度（saturation）是颜色的强度，值（value）表示颜色的亮度。

默认情况下，OpenCV 使用 BGR 颜色模型（每个通道 8 位）表示其从文件加载或从摄像头抓取的任何图像。

既然我们已经定义了将要使用的颜色模型，那么就来考虑一下默认模型与我们对颜色的直观理解有什么不同吧。

光不是绘画颜料

对于刚接触 BGR 颜色空间的人来说，有些颜色叠加在一起看起来似乎不太合适：例如，（0, 255, 255）三元组（无蓝色、全绿色和全红色）产生黄色。如果你有艺术背景，甚至不需要拿起颜料和画笔就知道绿色和红色颜料混合在一起会变成棕色。但是，在计算中使用的颜色模型称为加法（additive）模型，处理的是光。光的表现与绘画颜料（遵循减色模型）不同，因此软件在以发光显示器为媒介的计算机上运行，参考的颜色模型是加法模型。

3.3 探索傅里叶变换

在 OpenCV 中，大部分应用于图像和视频的处理都在一定程度上涉及傅里叶变换的概念。约瑟夫 · 傅里叶（Joseph Fourier）是 18 世纪法国的一名数学家，他发现并推广了许多数学概念。他研究了热物理以及所有可以用波形函数表示的数学。特别是他注意到所有波形都是不同频率的简单正弦波的和。

或者说，你从周围观察到的所有波形都是其他波形的和。在进行图像处理时，这个概念非常有用，因为它让我们能识别图像中信号（如图像像素的值）变化大的区域，以及变化不是很显著的区域。然后，我们可以任意地将这些区域标记为噪声或者感兴趣区域、背景或者前景，等等。这些是组成原始图像的频率，我们有能力对它们进行分割，从而理解图像并推断出有趣的数据。

OpenCV 实现了很多算法，使我们能够处理图像并理解图像中包含的数据，为了让我们的工作更方便，NumPy 中也重新实现了这些算法。NumPy 有一个包含 fft2 方法的快速傅里叶变换（Fast Fourier Transform，FFT）包。这个方法允许我们计算图像的离散傅里叶变换（Discrete Fourier Transform，DFT）。

我们用傅里叶变换来研究图像的幅度频谱（magnitude spectrum）的概念。图像的幅度频谱是提供表示原始图像变化的另一幅图像。将其想象成把所有最亮像素都拖到中间的一幅图像。接着，慢慢地把最暗的像素推到边界处。你立刻就能看到图像中包含了多少亮的像素、多少暗的像素，以及这些像素分布的百分比。

傅里叶变换是许多常用图像处理操作算法（如边缘检测或者线条和形状检测）的基础。

在详细研究这些内容之前，我们先来看两个概念——HPF 和 LPF，它们和傅里叶变换一起形成了上述处理操作的基础。

HPF 和 LPF

HPF 是一种滤波器，可以检查图像的一个区域，并根据周围像素的强度差异增强某些像素的强度。

以下面的核为例：

```
[[ 0,     -0.25,  0    ],
[-0.25,  1,     -0.25],
[ 0,     -0.25,  0    ]]
```

一个核就是一组权值，这组权值应用于源图像中的某个区域可以生成目标图像中的单个像素。例如，如果我们调用拥有一个参数的 OpenCV 函数来指定一个核的大小为 7 或者 ksize 为 7，这就表示在生成每个目标像素时需要考虑 49（7×7）个源像素。我们可以把核看成是在源图像上移动的一块磨砂玻璃，让光源的光线扩散混合通过。

前面的核给出了中心像素与其所有直接水平邻域像素之间的平均强度差。如果某个像素从周围的像素中脱颖而出，那么结果值就会很高。这种类型的核表示了一个高增益滤波器，是一种 HPF，在边缘检测中特别有效。

请注意，在边缘检测核中，通常值的总和为 0。我们将在本章的 3.6 节中介绍这一内容。

我们来看一个将 HPF 应用于图像的例子：

```
import cv2
import numpy as np
from scipy import ndimage

kernel_3x3 = np.array([[-1, -1, -1],
```

```
                      [-1,  8, -1],
                      [-1, -1, -1]])

kernel_5x5 = np.array([[-1, -1, -1, -1, -1],
                      [-1,  1,  2,  1, -1],
                      [-1,  2,  4,  2, -1],
                      [-1,  1,  2,  1, -1],
                      [-1, -1, -1, -1, -1]])

img = cv2.imread("../images/statue_small.jpg", 0)

k3 = ndimage.convolve(img, kernel_3x3)
k5 = ndimage.convolve(img, kernel_5x5)

blurred = cv2.GaussianBlur(img, (17,17), 0)
g_hpf = img - blurred

cv2.imshow("3x3", k3)
cv2.imshow("5x5", k5)
cv2.imshow("blurred", blurred)
cv2.imshow("g_hpf", g_hpf)
cv2.waitKey()
cv2.destroyAllWindows()
```

在初始导入之后，我们定义了一个 3×3 的核和一个 5×5 的核，然后加载了一幅灰度图像。之后，我们想要将图像和每个核进行卷积。有几个库函数可用于这一目标。NumPy 提供了 convolve 函数，但是，该函数只接受一维数组。尽管也可以用 NumPy 实现多维数组的卷积，但是会有点复杂。SciPy 的 ndimage 模块也提供了一个 convolve 函数，并且支持多维数组。最后，OpenCV 提供了一个 filter2D 函数（用于与二维数组卷积）以及一个 sepFilter2D 函数（用于可以分解为两个一维核的二维核的特例）。前面的代码示例展示了 ndimage.convolve 函数。我们将在 3.6 节的其他例子中使用 cv2.filter2D 函数。

通过应用 2 个 HPF 以及我们定义的 2 个卷积核，我们继续执行脚本。最后，通过应用一个 LPF 并计算原始图像之间的差值，我们还实现了获得 HPF 的另一种方法。我们来看一下每个滤波器的样子。首先以图 3-1 所示的图片作为输入，得到的输出如图 3-2 所示。

你会注意到微分 HPF（如图 3-2 右下角的图片所示）产生最佳寻边结果。因为这个微分方法涉及一个低通滤波器，我们来详细介绍一下这种类型的滤波器。如果 HPF 增强了某个像素的强度，给定它与相邻像素的差异，如果与周围像素的差异低于某一阈值，那么 LPF 将会平滑像素。这适用于去噪和模糊。例如，其中一个最流行的模糊 / 平滑滤波器——高斯模糊，它就是一个低通滤波器，可以衰减高频信号的强度。高斯模糊的结果如图 3-2 的左下角图片所示。

既然我们已经在一个基本示例中尝试了这些滤波器，接下来考虑一下如何将它们集成到一个更大、更具交互性的应用程序中。

图 3-1　输入图片

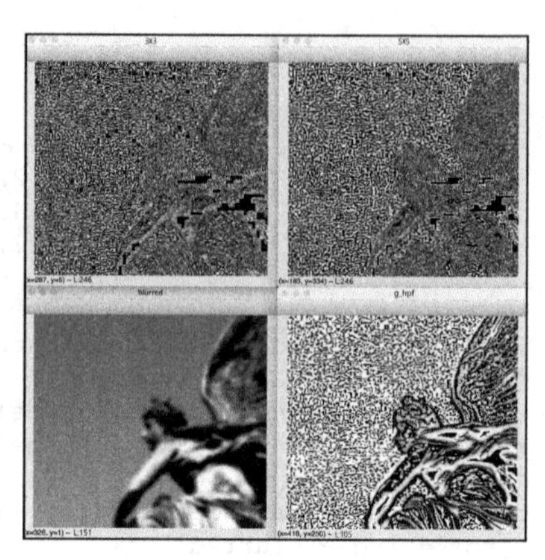

图 3-2　输出结果

3.4　创建模块

我们来回顾一下第 2 章开始创建的 Cameo 项目。我们可以修改 Cameo 使它能应用滤波器实时抓取图像。与在 `CaptureManager` 和 `WindowManager` 类中的情况一样，滤波器在 Cameo 之外应该也可重用。因此，我们应该把滤波器分离到它们自己的 Python 模块或者文件中。

我们在与 `cameo.py` 相同的目录下，创建一个名为 `filters.py` 的文件。在 `filters.py` 中，我们需要以下 `import` 语句：

```
import cv2
import numpy
import utils
```

在同样的目录下，我们再创建一个名为 `utils.py` 的文件。它应该包含以下 `import` 语句：

```
import cv2
import numpy
import scipy.interpolate
```

我们将在 `filters.py` 中添加滤波器函数和类，而更通用的数学函数将放入 `utils.py` 中。

3.5　边缘检测

边缘在人的视觉和计算机视觉中都扮演着重要的角色。对于人来说，通过背光轮廓或者粗略的草图，可以很容易地识别出许多物体的类型及其姿态。的确，当艺术作品强调边缘和姿态时，通常它似乎传达了原型的想法，如罗丹的《思想者》或者乔·舒斯特的《超人》。软件也可以推断出边缘、姿态和原型。我们将在后续章节中讨论这些类型的推理。

OpenCV 提供了许多边缘搜索滤波器，包括 Laplacian、Sobel 和 Scharr。这些滤波器将非边缘区域变为黑色，将边缘区域变为白色或者饱和颜色。但是，它们很容易把噪声误认为边缘。在试图寻找边缘之前模糊图像可以减少这类缺陷。OpenCV 还提供了许多模糊滤波器，包括 blur（一个简单的平均）、medianBlur 和 GaussianBlur。边缘搜索和模糊滤波器的参数各不相同，但是始终包括 ksize——这是一个奇数整数，表示滤波器的核的宽和高（以像素为单位）。

对于模糊，我们使用 medianBlur，它可以有效地去除数字视频噪声，尤其是在彩色图像中。对于边缘搜索，我们使用 Laplacian，它产生粗的边缘线条，尤其是在灰度图像中。在应用 medianBlur 之后且应用 Laplacian 之前，应该将图像从 BGR 转换为灰度。

一旦得到 Laplacian 结果，就可以将其转换得到白色背景上的黑色边缘。然后，对其进行归一化（使其值在 0 到 1 之间），再将其与源图像相乘，使边缘变暗。我们在 filters.py 中实现这个方法：

```
def strokeEdges(src, dst, blurKsize = 7, edgeKsize = 5):
    if blurKsize >= 3:
        blurredSrc = cv2.medianBlur(src, blurKsize)
        graySrc = cv2.cvtColor(blurredSrc, cv2.COLOR_BGR2GRAY)
    else:
        graySrc = cv2.cvtColor(src, cv2.COLOR_BGR2GRAY)
    cv2.Laplacian(graySrc, cv2.CV_8U, graySrc, ksize = edgeKsize)
    normalizedInverseAlpha = (1.0 / 255) * (255 - graySrc)
    channels = cv2.split(src)
    for channel in channels:
        channel[:] = channel * normalizedInverseAlpha
    cv2.merge(channels, dst)
```

请注意，我们允许把核大小指定为 strokeEdges 的参数。

参数 blurKsize 用作 medianBlur 的 ksize，而 edgeKsize 用作 Laplacian 的 ksize。对于典型的网络摄像头，blurKsize 的值为 7，edgeKsize 的值为 5，可能会产生最令人满意的效果。可是，具有较大的 ksize 参数（比如 7）时，medianBlur 计算成本很高。

TIP 如果在运行 strokeEdges 时遇到性能问题，请尝试减小 blurKsize 值。要关闭模糊效果，就将其设置为小于 3 的值。

在 3.7 节中，我们将这个滤波器集成到 Cameo 之后会看到它的效果。

3.6 自定义核：获取卷积

正如我们刚看到的，OpenCV 的许多预定义滤波器都使用了一个核。请记住，一个核就是一组权值，决定如何根据一个输入像素的邻域计算每个输出像素。核的另一个术语是卷积矩阵。它将一个区域内的像素混合或者卷积。类似地，基于核的滤波器也称为卷积滤波器。

OpenCV 提供了一个非常通用的 `filter2D()` 函数，可以应用我们指定的所有核或者卷积矩阵。要理解如何使用这个函数，我们先来了解一下卷积矩阵的格式。它是一个拥有奇数行和奇数列的二维数组。中心元素对应于感兴趣的像素，其他元素对应于该像素的邻域。每个元素包含一个整数值或者浮点值，这是一个应用于输入像素值的权值。考虑以下这个例子：

```
kernel = numpy.array([[-1, -1, -1],
                      [-1,  9, -1],
                      [-1, -1, -1]])
```

这里，感兴趣的像素的权值是 9，其直接相邻的每个像素的权值是 -1。对于感兴趣的像素，输出颜色是其输入颜色的 9 倍减去 8 个相邻像素的输入颜色。如果感兴趣的像素与其邻域有一些不同，这个差异就会增强。其效果是，当邻域之间的对比度增强时，图像看起来更清晰。

继续这个例子，我们可以将卷积矩阵分别应用于源图像和目标图像，如下所示：

```
cv2.filter2D(src, -1, kernel, dst)
```

第 2 个参数指定目标图像每个通道的深度（例如，`cv2.CV_8U` 表示每个通道 8 位）。负值（例如，此例中为 -1）表示目标图像和源图像有相同的深度。

对于彩色图像，请注意，`filter2D()` 将核同等地应用于每个通道。为了在不同的通道使用不同的核，还必须使用 `split()` 和 `merge()` 函数。

基于这个简单的例子，我们把 2 个类添加到 `filters.py`：一个类为 `VConvolutionFilter`，表示一般的卷积滤波器；另一个为子类 `SharpenFilter`，专门表示锐化滤波器。编辑 `filters.py`，这样我们就可以实现这 2 个新类，如下所示：

```
class VConvolutionFilter(object):
    """A filter that applies a convolution to V (or all of BGR)."""
    def __init__(self, kernel):
        self._kernel = kernel
    def apply(self, src, dst):
        """Apply the filter with a BGR or gray source/destination."""
        cv2.filter2D(src, -1, self._kernel, dst)

class SharpenFilter(VConvolutionFilter):
    """A sharpen filter with a 1-pixel radius."""
    def __init__(self):
        kernel = numpy.array([[-1, -1, -1],
                              [-1,  9, -1],
                              [-1, -1, -1]])
        VConvolutionFilter.__init__(self, kernel)
```

请注意，权值总和是 1。这应该是我们想要保持图像整体亮度不变的情况。如果稍微修改一个锐化核，使其权值之和是 0，就会得到一个边缘检测核，使边缘变为白色，非边缘变为黑色。例如，将下面的边缘检测滤波器添加到 filters.py:

```
class FindEdgesFilter(VConvolutionFilter):
    """An edge-finding filter with a 1-pixel radius."""
    def __init__(self):
        kernel = numpy.array([[-1, -1, -1],
                              [-1,  8, -1],
                              [-1, -1, -1]])
        VConvolutionFilter.__init__(self, kernel)
```

接下来，我们制作一个模糊滤波器。通常，对于模糊效果，权值的总和应该是 1，而且整个邻域像素的权值都应该是正的。例如，我们可以简单地对邻域像素求平均，如下所示：

```
class BlurFilter(VConvolutionFilter):
    """A blur filter with a 2-pixel radius."""
    def __init__(self):
        kernel = numpy.array([[0.04, 0.04, 0.04, 0.04, 0.04],
                              [0.04, 0.04, 0.04, 0.04, 0.04],
                              [0.04, 0.04, 0.04, 0.04, 0.04],
                              [0.04, 0.04, 0.04, 0.04, 0.04],
                              [0.04, 0.04, 0.04, 0.04, 0.04]])
        VConvolutionFilter.__init__(self, kernel)
```

锐化、边缘检测和模糊滤波器都使用高度对称的核。然而，有时不是很对称的核会产生有趣的效果。我们来考虑这样一个核：使一边模糊（正权值），另一边锐化（负权值）。它会产生脊状或者浮雕的效果。下面是可以添加到 filters.py 中的一个实现：

```
class EmbossFilter(VConvolutionFilter):
    """An emboss filter with a 1-pixel radius."""
    def __init__(self):
        kernel = numpy.array([[-2, -1, 0],
                              [-1,  1, 1],
                              [ 0,  1, 2]])
        VConvolutionFilter.__init__(self, kernel)
```

这组自定义卷积滤波器非常基础。事实上，它比 OpenCV 现成的滤波器组更基本。但是，通过一些实验，你应该能够自己编写产生独特外观的核。

3.7 修改应用程序

既然已经为几个滤波器提供了高级函数和类，那么应用其中任何一个滤波器抓取 Cameo 中的帧都是很简单的。我们编辑 cameo.py，并添加下面粗体显示的行。首先，需要把 filters 模块添加到导入列表中，如下所示：

```
import cv2
import filters
from managers import WindowManager, CaptureManager
```

现在，我们需要初始化将使用的所有滤波器对象。如下面修改后的__init__方法中的示例所示：

```
class Cameo(object):
    def __init__(self):
        self._windowManager = WindowManager('Cameo',
                                            self.onKeypress)
        self._captureManager = CaptureManager(
            cv2.VideoCapture(0), self._windowManager, True)
        self._curveFilter = filters.BGRPortraCurveFilter()
```

最后，需要修改 run 方法以便应用所选择的滤波器。参考下面的例子：

```
def run(self):
    """Run the main loop."""
    self._windowManager.createWindow()
    while self._windowManager.isWindowCreated:
        self._captureManager.enterFrame()
        frame = self._captureManager.frame
        if frame is not None:
            filters.strokeEdges(frame, frame)
            self._curveFilter.apply(frame, frame)
        self._captureManager.exitFrame()
        self._windowManager.processEvents()

# ... The rest is the same as in Chapter 2
```

这里，我们应用了两种效果：描边和模仿一种名为柯达胶卷的彩色胶片。你可以随意修改代码以应用你所喜欢的任意滤波器。

有关如何实现胶卷仿真效果的详细说明，请参阅附录。

描边和类胶片颜色的 Cameo 屏幕截图如图 3-3 所示。

图 3-3 描边和类胶片示例

既然我们已经获得了一些可以用简单滤波器实现的视觉效果，我们来考虑如何使用其他简单函数进行分析，特别是进行边缘和形状检测。

3.8 基于 Canny 的边缘检测

OpenCV 提供了一个很方便的名为 Canny（以该算法的发明者 John F. Canny 的名字命名）的函数，它非常受欢迎，不仅因为它的有效性，还因为它在 OpenCV 程序中的实现很简单（只有一行代码）:

```
import cv2
import numpy as np

img = cv2.imread("../images/statue_small.jpg", 0)
cv2.imwrite("canny.jpg", cv2.Canny(img, 200, 300))  # Canny in one line!
cv2.imshow("canny", cv2.imread("canny.jpg"))
cv2.waitKey()
cv2.destroyAllWindows()
```

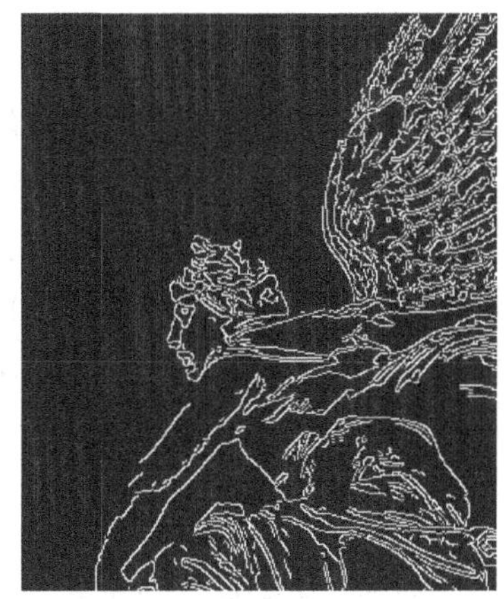

图 3-4　Canny 算法的实现结果

Canny 的实现结果如图 3-4 所示，边缘识别非常清晰。

Canny 边缘检测算法比较复杂，但是也很有趣。这是一个 5 步过程：

（1）用高斯滤波器去除图像的噪声。

（2）计算梯度。

（3）在边缘上应用非极大值抑制（Non-Maximum Suppression，NMS）。这意味着算法从一组重叠边缘中选取最好的边缘，我们将在第 7 章详细讨论非极大值抑制的概念。

（4）将双阈值应用于所有检测到的边缘，淘汰所有的假正例结果。

（5）分析所有的边缘及其之间的连接，保留真正的边缘，并丢弃弱边缘。

在找到 Canny 边缘后，我们可以对边缘做进一步分析，以确定它们是否符合常见形状，如线或者圆。霍夫变换就是以这种方式使用 Canny 边缘的一种算法。我们将在 3.10 节对其进行实验。

现在，我们将基于寻找相似像素斑点的概念（而不是基于边缘检测）来研究分析形状的其他方法。

3.9 轮廓检测

轮廓检测是计算机视觉中的一项重要任务。我们希望检测图像或者视频帧中包含的主体轮廓，这不仅是其本身的目的，而且也是其他操作的一个步骤。这些操作包括多边形边界、近似形状以及常见感兴趣区域（Region Of Interest，ROI）的计算。感兴趣区域极大地简化了与图像数据的交互，因为在 NumPy 中很容易用数组切片定义矩形区域。在探索物体检测（包括人脸检测）和物体跟踪的概念时，我们会经常使用轮廓检测和感兴趣区域。

我们通过一个例子来熟悉一下这个API：

```
import cv2
import numpy as np

img = np.zeros((200, 200), dtype=np.uint8)
img[50:150, 50:150] = 255

ret, thresh = cv2.threshold(img, 127, 255, 0)
contours, hierarchy = cv2.findContours(thresh, cv2.RETR_TREE,
                                       cv2.CHAIN_APPROX_SIMPLE)
color = cv2.cvtColor(img, cv2.COLOR_GRAY2BGR)
img = cv2.drawContours(color, contours, -1, (0,255,0), 2)
cv2.imshow("contours", color)
cv2.waitKey()
cv2.destroyAllWindows()
```

首先，创建一幅空白的黑色图像，大小为200 × 200像素。然后，利用数组的能力为切片赋值，在其中心放置一个白色的正方形。

接着，阈值化图像并调用`findContours`函数。这个函数有3个参数：输入图像、层次结构类型以及轮廓近似方法。第2个参数指定函数返回的层次结构树类型。其中一个值是`cv2.RETR_TREE`，它让函数检索外部轮廓和内部轮廓的完整结构。如果在较大物体（或者较大区域）内搜索较小的物体（或者较小的区域），这些关系可能很重要。如果只想检索最外部的轮廓，请使用`cv2.RETR_EXTERNAL`。在物体出现于普通的背景上并且我们不关心是否搜索物体内的对象的情况下，这可能是一种好的选择。

回顾代码示例，请注意，`findContours`函数返回2个元素：轮廓及其层次结构。我们使用轮廓线在彩色图像上绘制绿色的轮廓。最后，显示图像。

结果是轮廓用绿色绘制的一个白色正方形——一个斯巴达场景，但是有效地展示了此概念！我们再来看一个更有意义的例子。

3.9.1　边框、最小矩形区域以及最小外接圆

找出正方形的轮廓非常简单，不规则、倾斜和旋转的形状则需要充分发挥OpenCV的`cv2.findContours`函数的潜力。我们来看如图3-5所示的图像。

图3-5　示例图像

在实际应用中，我们最感兴趣的是确定主体的边框、最小外接矩形及其外接圆。`cv2.findContours`函数结合一些其他OpenCV实用程序，使这一任务非常容易实现。首先，下面的代码从文件读取一幅图像并将其转换为灰度图像，对灰度图像应用阈值，并在阈值化图像中找到轮廓：

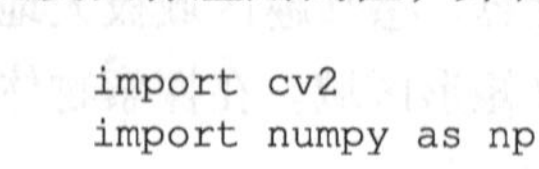

```
import cv2
import numpy as np
```

```
img = cv2.pyrDown(cv2.imread("hammer.jpg", cv2.IMREAD_UNCHANGED))

ret, thresh = cv2.threshold(cv2.cvtColor(img, cv2.COLOR_BGR2GRAY), 127,
255, cv2.THRESH_BINARY)
contours, hier = cv2.findContours(thresh, cv2.RETR_EXTERNAL,
cv2.CHAIN_APPROX_SIMPLE)
```

其次，针对每个轮廓寻找并画出边框、最小外接矩形和最小外接圆，如下列代码所示：

```
for c in contours:
    # find bounding box coordinates
    x,y,w,h = cv2.boundingRect(c)
    cv2.rectangle(img, (x,y), (x+w, y+h), (0, 255, 0), 2)

    # find minimum area
    rect = cv2.minAreaRect(c)
    # calculate coordinates of the minimum area rectangle
    box = cv2.boxPoints(rect)
    # normalize coordinates to integers
    box = np.int0(box)
    # draw contours
    cv2.drawContours(img, [box], 0, (0,0, 255), 3)

    # calculate center and radius of minimum enclosing circle
    (x, y), radius = cv2.minEnclosingCircle(c)
    # cast to integers
    center = (int(x), int(y))
    radius = int(radius)
    # draw the circle
    img = cv2.circle(img, center, radius, (0, 255, 0), 2)
```

最后，使用下列代码绘制轮廓并在窗口中显示图像，直到用户按下某个键：

```
cv2.drawContours(img, contours, -1, (255, 0, 0), 1)
cv2.imshow("contours", img)

cv2.waitKey()
cv2.destroyAllWindows()
```

请注意，轮廓检测是在阈值化图像上进行的，因此在这一阶段颜色信息已经丢失了，但是我们是在原始彩色图像上绘制，所以显示的是彩色结果。

我们回过头来更仔细地看一下之前的 `for` 循环中执行的步骤——在 `for` 循环中处理每个检测到的轮廓。首先，计算一个简单的边框：

```
x,y,w,h = cv2.boundingRect(c)
```

这是一个非常简单的方法，可以把轮廓信息转换为矩形的 `(x, y)` 坐标、高度和宽度。绘制矩形非常简单，可以用下面的代码实现：

```
cv2.rectangle(img, (x,y), (x+w, y+h), (0, 255, 0), 2)
```

接下来，计算包围主体的最小矩形区域：

```
rect = cv2.minAreaRect(c)
```

```
box = cv2.boxPoints(rect)
box = np.int0(box)
```

这里使用的机制特别有趣：OpenCV 没有可以直接从轮廓信息计算最小矩形顶点坐标的函数。相反，我们先计算最小矩形区域，然后计算矩形的顶点。请注意，计算的顶点是用浮点数表示的，而像素是用整数访问的（就 OpenCV 的绘图函数而言，不能访问半个像素），因此我们需要进行变换。接下来，画一个框，这样才有机会引入 cv2.drawContours 函数：

```
cv2.drawContours(img, [box], 0, (0,0, 255), 3)
```

这个函数就像所有的 OpenCV 绘图函数一样，都会修改原始图像。请注意，它的第 2 个参数接受一个轮廓线数组，这样就可以在一个操作中绘制多条轮廓线。因此，如果一组点代表一个多边形的轮廓，那么需要将这些点封装在一个数组中，就像前面的示例中对边框所做的那样。第 3 个参数指定要绘制的 contours 数组的索引：值为 -1，则绘制所有的轮廓线；否则，就绘制 contours 数组（第 2 个参数）中指定的索引处的轮廓线。

大多数绘图函数将绘制的颜色（表示为 BGR 元组）及线宽（以像素为单位）作为最后 2 个参数。

我们要研究的最后一个边界轮廓是最小外接圆：

```
(x, y), radius = cv2.minEnclosingCircle(c)
center = (int(x), int(y))
radius = int(radius)
img = cv2.circle(img, center, radius, (0, 255, 0), 2)
```

cv2.minEnclosingCircle 函数的唯一特点是它返回一个二元组，其中第一个元素本身就是一个元组，表示圆心的坐标，第二个元素是圆的半径。在将所有的值转换为整数之后，画圆就非常简单了。

将前面的代码应用于原始图像，最终的结果如图 3-6 所示。

图 3-6　生成的最小外接圆和最小外接矩形

这是一个很好的结果，因为圆和矩形紧紧包围着物体。显然，这个物体不是圆形或者矩形的，所以我们可以用更适合的其他形状。接下来就来完成这个任务吧。

3.9.2　凸轮廓和 Douglas-Peucker 算法

在处理轮廓时，我们可能会遇到各种形状的主体，包括凸形主体。凸形是指在形状中没有两个点的连接线在形状四周边界之外。

OpenCV 提供的计算形状的近似边界多边形的第一个工具是 cv2.approxPolyDP。这个函数有 3 个参数：

- 轮廓。

- 表示原始轮廓和近似多边形之间最大误差的 ε 值（值越低，近似值越接近原始轮廓）。
- 布尔标志。如果是 `True`，则表示多边形是闭合的。

ε 值对于获得有用的轮廓非常重要，所以我们要理解它代表什么。ε 是近似多边形周长和原始轮廓线周长之差的最大值。差值越小，近似多边形就越接近原始轮廓。

你可能会问自己，已经有精确表示的轮廓时，为什么还需要一个近似的多边形？因为多边形是用一组直线表示的，如果可以定义多边形，那么许多计算机视觉任务将变得简单，这样它们就可以划分区域，以便进一步操作和处理。

既然我们知道了 ε 是什么，那么需要获得轮廓周长信息作为参考值。这可以通过 OpenCV 的 `cv2.arcLength` 函数获得：

```
epsilon = 0.01 * cv2.arcLength(cnt, True)
approx = cv2.approxPolyDP(cnt, epsilon, True)
```

实际上，我们正在指示 OpenCV 计算一个近似多边形，使其周长与原始轮廓周长之间只相差 ε 比率，即原弧长的 1%。

OpenCV 还提供了一个 `cv2.convexHull` 函数，用于获取凸形的轮廓处理信息。这是一个简单的一行表达式：

```
hull = cv2.convexHull(cnt)
```

我们将原始轮廓、近似多边形轮廓和凸包放在同一幅图像中以观察它们之间的差异。为了简化，我们将在黑色背景上绘制轮廓，这样原始主体就不可见了，但是它的轮廓可见，如图 3-7 所示。

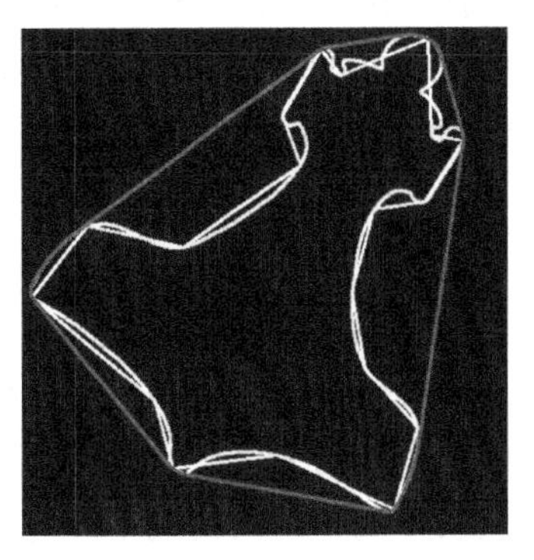

图 3-7 原始轮廓、近似多边形轮廓和凸包

如你所见，凸包包围了整个主体，近似多边形是最内层的多边形，两者之间是主要由弧线组成的原始轮廓。

通过将上述所有步骤组合到一个脚本中，进而加载文件，寻找轮廓，将轮廓近似为多边形，寻找凸包并显示可视化效果，代码如下：

```
import cv2
import numpy as np

img = cv2.pyrDown(cv2.imread("hammer.jpg", cv2.IMREAD_UNCHANGED))
ret, thresh = cv2.threshold(cv2.cvtColor(img, cv2.COLOR_BGR2GRAY),
                            127, 255, cv2.THRESH_BINARY)

contours, hier = cv2.findContours(thresh, cv2.RETR_EXTERNAL,
                                  cv2.CHAIN_APPROX_SIMPLE)

black = np.zeros_like(img)
for cnt in contours:
    epsilon = 0.01 * cv2.arcLength(cnt,True)
    approx = cv2.approxPolyDP(cnt,epsilon,True)
```

```
    hull = cv2.convexHull(cnt)
    cv2.drawContours(black, [cnt], -1, (0, 255, 0), 2)
    cv2.drawContours(black, [approx], -1, (255, 255, 0), 2)
    cv2.drawContours(black, [hull], -1, (0, 0, 255), 2)

cv2.imshow("hull", black)
cv2.waitKey()
cv2.destroyAllWindows()
```

这样的代码可以很好地处理简单的图像——只有一个或几个对象，而且只有几种颜色，可以很容易地用阈值分割。可是，在包含多个对象或者多种颜色对象的复杂图像中，颜色阈值和轮廓检测的效果较差。对于这些更具挑战性的情况，我们必须考虑更复杂的算法。

3.10 检测线、圆以及其他形状

检测边缘和寻找轮廓不仅是常见且重要的任务，也是构成其他复杂操作的基础。线条和形状检测与边缘和轮廓检测携手并进，让我们来看看 OpenCV 是如何实现这些的。

线条和形状检测背后的理论基于一种名为霍夫变换（Hough transform）的技术，霍夫变换是由理查德·杜达（Richard Duda）和彼得·哈特（Peter Hart）发明的，他们扩展（推广）了 20 世纪 60 年代早期保罗·霍夫（Paul Hough）的成果。我们来看看用于霍夫变换的 OpenCV 的 API。

3.10.1 检测线

首先，我们来检测一些线，这可以用 `HoughLines` 函数或者 `HoughLinesP` 函数实现。`HoughLines` 函数使用标准霍夫变换，而 `HoughLinesP` 函数使用概率霍夫变换（因此名称中有 P）。之所以称作概率霍夫变换，是因为它只分析图像点的子集，并估计这些点属于同一条线的概率。它是标准霍夫变换的优化版本，计算强度更小，执行速度更快。`HoughLinesP` 的实现返回每个检测线段的两个端点，而 `HoughLines` 的实现返回每条线，表示形式为一个单点和一个角度，不包含端点的信息。

我们来看一个非常简单的例子：

```
import cv2
import numpy as np

img = cv2.imread('lines.jpg')
gray = cv2.cvtColor(img, cv2.COLOR_BGR2GRAY)
edges = cv2.Canny(gray, 50, 120)
minLineLength = 20
maxLineGap = 5
lines = cv2.HoughLinesP(edges, 1, np.pi/180.0, 20,
                        minLineLength, maxLineGap)
for x1, y1, x2, y2 in lines[0]:
    cv2.line(img, (x1, y1), (x2, y2), (0,255,0),2)
```

```
cv2.imshow("edges", edges)
cv2.imshow("lines", img)
cv2.waitKey()
cv2.destroyAllWindows()
```

这个简单脚本的关键部分（除了 HoughLines 函数调用）是设置最小线段长度（丢弃较短的线）和最大线段间距（即将两条线段视为单独线段之前，线段的最大间距）。

同时，请注意，HoughLines 函数采用单通道二值图像，并通过 Canny 边缘检测滤波器进行处理。Canny 并非严格要求，但是已经去噪且只表示边缘的图像是霍夫变换的理想源，所以你会发现这是一种常见的做法。

HoughLinesP 的参数如下：

- 图像。
- 搜索线时使用的分辨率或者步长。rho 是以像素为单位的位置步长，而 theta 是以弧度为单位的旋转步长。例如，如果指定 rho=1 且 theta=np.pi/180.0，则搜索的线之间的间隔只有 1 像素和 1 度。
- threshold 表示丢弃低于该阈值的线。霍夫变换类似于箱和投票的系统，每个箱表示一条线，如果候选线至少拥有阈值数的选票就保留，否则就将其丢弃。
- minLineLength 和 maxLineGap，如前所述。

3.10.2 检测圆

OpenCV 还有一个函数，名为 HoughCircles，用于检测圆。它的工作方式和 HoughLines 非常相似，但是在 HoughLines 中 minLineLength 和 maxLineGap 是用于丢弃或保留线的参数，而在 HoughCircles 中则是圆心之间的距离最小，并且还有表示圆半径的最大值和最小值参数。下面是一个必做的例子：

```
import cv2
import numpy as np

planets = cv2.imread('planet_glow.jpg')
gray_img = cv2.cvtColor(planets, cv2.COLOR_BGR2GRAY)
gray_img = cv2.medianBlur(gray_img, 5)

circles = cv2.HoughCircles(gray_img,cv2.HOUGH_GRADIENT,1,120,
                           param1=100,param2=30,minRadius=0,maxRadius=0)

circles = np.uint16(np.around(circles))

for i in circles[0,:]:
    # draw the outer circle
    cv2.circle(planets,(i[0],i[1]),i[2],(0,255,0),2)
    # draw the center of the circle
    cv2.circle(planets,(i[0],i[1]),2,(0,0,255),3)
cv2.imwrite("planets_circles.jpg", planets)
cv2.imshow("HoughCirlces", planets)
cv2.waitKey()
cv2.destroyAllWindows()
```

图 3-8 是结果的可视化表示。

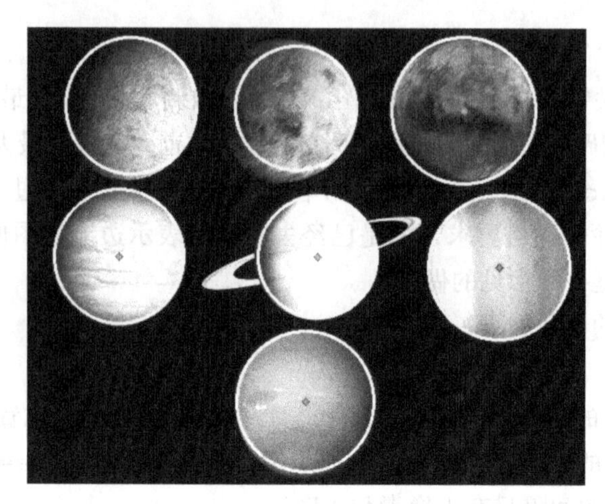

图 3-8　检测圆的可视化表示

3.10.3　检测其他形状

OpenCV 实现的霍夫变换仅限于检测线和圆，但是，在讨论 approxPolyDP 时，我们已经隐含地探讨了一般意义的形状检测。这个函数涉及多边形的近似，所以如果图像包含多边形，那么可以通过 cv2.findContours 和 cv2.approxPolyDP 的联合使用来精确地检测。

3.11　本章小结

此时，你应该已经对 OpenCV 提供的用于处理图像的颜色模型、傅里叶变换以及各种滤波器有了很好的理解。

你还应该熟练地掌握了边、线、圆以及一般形状的检测。此外，你也应该能够找到轮廓，并利用轮廓所提供的关于图像中包含的主体信息。这些概念是对下一章主题的补充，下一主题为根据深度对图像进行分割并估计图像中一个主体的距离。

CHAPTER 4

第4章

深度估计和分割

本章首先将展示如何使用深度摄像头的数据识别前景和背景区域，这样我们就可以把效果只限制在前景或背景上。

介绍完深度摄像头后，本章将介绍深度估计的其他技术，即立体成像以及运动结构（Structure from Motion，SfM）。运动结构技术并不需要深度摄像头，相反，这些技术利用一台或多台普通摄像头从多个角度捕捉主体的图像。

最后，本章将介绍允许我们从单幅图像提取前景对象的分割技术。本章结尾处，将介绍一些把图像分割成多个深度或多个对象的方法。

本章将介绍以下主题：

- 利用深度摄像头捕捉深度图、点云图、视差图、基于可见光的图像以及基于红外光的图像。
- 将10位图像转换成8位图像。
- 将视差图转换成区分前景和背景区域的掩模图像。
- 利用立体成像或SfM创建视差图。
- 利用GrabCut算法将图像分割成前景和背景区域。
- 利用分水岭（Watershed）算法将图像分割成可能是不同对象的多个区域。

4.1 技术需求

本章使用了Python、OpenCV以及NumPy。本章的一些部分使用了华硕Xtion PRO等深度摄像头，以及OpenCV对OpenNI 2的可选支持（以便从深度摄像头捕捉图像）。安装说明请参阅第1章。本章还使用了Matplotlib来进行图表制作。要安装Matplotlib，请运行`$ pip install matplotlib`（或者根据环境运行`$ pip3 install matplotlib`）。

本章的完整代码可以在本书的GitHub库（https://github.com/PacktPublishing/Learning-OpenCV-4-Computer-Vision-with-Python-Third-Edition）的`chapter04`文件夹中找到。示例图像在本书GitHub库的`images`文件夹中。

4.2 创建模块

为了帮助构建深度摄像头的交互式 demo，我们将重用在第 2 章和第 3 章中开发的 Cameo 项目的大部分。大家应该还记得，我们设计了 Cameo 来支持各种输入，因此可以轻松地对其进行调整以支持特定的深度摄像头。我们将添加代码来分析图像中的深度层，以便找到主区域，如坐在摄像头前的人的脸。找到这个区域后，将其余的全都涂成黑色。有时把这种类型的效果应用于聊天应用程序来隐藏背景，以便用户有更多的隐私。

在 `Cameo.py` 外部会重用操控深度摄像头数据的代码，因此我们应该将其分到一个新的模块。在 `Cameo.py` 的同一目录下创建文件 `depth.py`。在 `depth.py` 中，我们需要使用下面的 `import` 语句：

```
import numpy
```

应用程序会使用与深度相关的功能，因此将下面的 `import` 语句添加到 `Cameo.py`：

```
import depth
```

我们还将修改 `CaptureManager.py`，但是不需要向其添加任何新的 `import` 语句。

既然我们已经对将要创建或者修改的模块有了一个简单的了解，那么让我们更深入地了解深度这一主题吧。

4.3 从深度摄像头捕捉帧

回到第 2 章，我们讨论过计算机可以有多个视频捕捉设备，并且每个设备可以有多个通道等概念。假设给定的设备是深度摄像头。每个通道可能对应不同的镜头和传感器。此外，每个通道可能对应不同类型的数据，例如，普通彩色图像和深度图。OpenCV（通过其可选支持 OpenNI 2）允许我们从深度摄像头请求以下任一通道（尽管给定的摄像头可能只支持其中一些通道）：

- `cv2.CAP_OPENNI_DEPTH_MAP`：这是一张深度图——一幅灰度图像，其中每个像素是从摄像头到曲面的估计距离。具体来说，每个像素值是一个 16 位无符号整数，表示深度测量结果（以毫米为单位）。
- `cv2.CAP_OPENNI_POINT_CLOUD_MAP`：这是一张点云图——一幅彩色图像，其中每种颜色都对应一个 *x*、*y* 或者 *z* 的空间维度。具体来说，通道产生一幅 BGR 图像，从摄像头的角度来看，B 是 *x*（蓝色是右）、G 是 *y*（绿色是上面）、R 是 *z*（红色是深度）。数值以米为单位。
- `cv2.CAP_OPENNI_DISPARITY_MAP` 或 `cv2.CAP_OPENNI_DISPARITY_MAP_32F`：这些是视差图——灰度图像，其中每个像素值是一个曲面的立体视差。为了概念化立体视差，假设叠加了从不同视角拍摄的一个场景的两幅图像。结果会类似于看到重影。对于场景中任意一对孪生物体上的点，我们可以用像素来度量距离。此度量结果就是立体视差。近的物体比远的物体表现出更大的立体视差。因此，在视差图中，近的物体显得更亮。cv2.CAP_OPENNI_DISPARITY_MAP 是用 8 位无符号整数值表示的视差图，cv2.CAP_OPENNI_DISPARITY_MAP_32F 是用 32 位浮点值表示的视差图。

- cv2.CAP_OPENNI_VALID_DEPTH_MASK：这是一个有效的深度掩模，用于显示给定像素处的深度信息是有效的（显示为非零值）还是无效的（显示为零值）。例如，如果深度摄像头依赖于红外发光器（红外闪光灯），在该光线遮挡（阴影）的区域深度信息是无效的。
- cv2.CAP_OPENNI_BGR_IMAGE：这是捕捉可见光的摄像头采集的一幅普通 BGR 图像，每个像素的 B、G 和 R 值都是 8 位无符号整数。
- cv2.CAP_OPENNI_GRAY_IMAGE：这是捕捉可见光的摄像头采集的一幅普通单色图像，每个像素值都是一个 8 位无符号整数。
- cv2.CAP_OPENNI_IR_IMAGE：这是捕捉红外（Infrared，IR）光（特别是光谱的近红外（Near Infrared，NIR）部分）的摄像头拍摄的一幅单色图像。每个像素值都是一个 16 位无符号整数。通常情况下，摄像头实际上不会使用整个 16 位范围，而是使用其中的一部分（比如 10 位范围），但数据类型仍然是 16 位整数。虽然近红外光对人眼来说是看不见的，但是在物理上近红外光与红光非常相似。因此，对人来说，摄像头的近红外图像看上去并不一定很奇怪。但是，典型的深度摄像头不仅采集近红外光，而且还能投射出网格状近红外光模式，从而有利于使用深度搜索算法。因此，我们可能会在深度摄像头的近红外图像中看到可识别的人脸，但是脸部可能点缀着明亮的白光。

我们来看其中一些图像类型的示例。图 4-1 显示了一个点云图，图中一个男人坐在一只猫的雕塑后面。

图 4-1　点云图示例

同一场景下的视差图，如图 4-2 所示。图 4-3 是大家熟悉的猫雕塑和男人的一个有效的深度掩模图。

图 4-2 视差图

图 4-3 深度掩模图

接下来，我们来考虑一下如何在交互式应用程序（如 Cameo）中，使用深度摄像头中的一些通道。

4.4 将 10 位图像转换成 8 位图像

正如前面提到的，深度摄像头的某些通道使用大于 8 位的数据范围。大的范围对于计算是有用的，但是不方便显示，因为大多数计算机显示器只能使用每个通道 8 位（范围是 [0，255]）的格式。

OpenCV 的 `cv2.imshow` 函数重新缩放并截断给定的输入数据，以便转换为可显示的图像。具体来说，如果输入图像的数据类型是 16 位无符号整数或者 32 位有符号整数，那么 `cv2.imshow` 会将数据除以 256 并将其截断成 8 位无符号整数范围 [0, 255]。如果输入图像的数据类型是 32 位或者 64 位浮点数，`cv2.imshow` 将假设数据范围是 [0.0, 1.0]，因此它将数据乘以 255，并将其截断为 8 位无符号整数范围 [0, 255]。通过重新缩放数据，`cv2.imshow` 依赖于它对原始尺度的朴素假设。这些假设在某些情况下是错误的。例如，如果图像的数据类型是 16 位无符号整数，但是实际数据范围是 10 位无符号整数（范围是 [0, 1023]），使用 `cv2.imshow` 来转换这个图像就会使图像看起来很暗。

考虑图 4-4 所示的用 10 位灰度摄像头拍摄的一只眼睛的图像。在图 4-4 的左边，我们可以看到从 10 位尺度到 8 位尺度的转换结果正确。在图 4-4 的右边，我们看到基于图像使用 16 位尺度的错误假设的转换结果错误。

转换不正确的图像看起来是全黑色的，因为我们对尺度的假设相差很大：6 位或者 64 的倍数。如果依赖 `cv2.imshow` 来自动转换为 8 位尺度，那么就可能会发生这样的错误。

正确转换：10 位到 8 位
错误转换：16 位到 8 位

图 4-4 眼睛图像

当然，为了避免此类问题，我们可以自己进行图像转换，然后将生成的 8 位图像传递给 cv2.imshow。修改 managers.py（Cameo 项目中已有的一个脚本），以便提供一个把 10 位图像转换成 8 位图像的选项。我们会提供 shouldConvertBitDepth10To8 变量，开发者可以将其设置为 True 或者 False。下面的代码块（修改的内容为粗体）显示了如何初始化这个变量：

```
class CaptureManager(object):

    def __init__(self, capture, previewWindowManager = None,
                 shouldMirrorPreview = False,
                 shouldConvertBitDepth10To8 = True):

        self.previewWindowManager = previewWindowManager
        self.shouldMirrorPreview = shouldMirrorPreview
        self.shouldConvertBitDepth10To8 = \
                shouldConvertBitDepth10To8

        # ... The rest of the method is unchanged ...
```

接下来，修改 frame 属性的 getter 以支持转换。如果 shouldConvertBitDepth10To8 是 True，且帧的数据类型是 16 位无符号整数，那么我们将假设帧实际为 10 位范围，并将其转换成 8 位。转换时，我们将应用向右移位操作“>> 2”，截断两个最低有效位。这等价于整数除以 4。下面是有关代码：

```
@property
def frame(self):
    if self._enteredFrame and self._frame is None:
        _, self._frame = self._capture.retrieve(
                self._frame, self.channel)
        if self.shouldConvertBitDepth10To8 and \
                self._frame is not None and \
                self._frame.dtype == numpy.uint16:
            self._frame = (self._frame >> 2).astype(
                    numpy.uint8)
    return self._frame
```

有了这些修改，我们将能够更容易地操纵和显示来自某些通道的帧，尤其是 cv2.

CAP_OPENNI_IR_IMAGE。接下来，我们来看一个函数的示例，利用 cv2.CAP_OPENNI_DISPARITY_MAP 和 cv2.CAP_OPENNI_VALID_DEPTH_MASK 通道操控帧，以便创建隔离某物（比如用户的脸部）的掩模。之后，我们将考虑如何在 Cameo 中一起使用这些通道。

4.5 由视差图创建掩模

假设用户的脸部或者其他感兴趣的对象占据了深度摄像头的大部分视野。但是，图像还包括一些其他非感兴趣内容。通过分析视差图，我们可以知道矩形内的一些像素是异常值——太近或者太远，不可能真正成为脸部或者其他感兴趣的对象的一部分。我们可以制作掩模来排除这些异常值。但是，我们应该只在数据有效的地方应用这个测试，如有效深度掩模所示。

我们编写一个函数来生成掩模，图像中被拒绝区域的掩模值为 0，被接受区域的掩模值为 255。函数应该使用视差图、有效深度掩模以及可选的矩形作为参数。如果指定了矩形，那么会制作与指定区域大小相同的掩模。在稍后的第 5 章中，这会很有用，届时将利用人脸检测器寻找包围人脸的矩形框。我们调用 createMedianMask 函数，并在 depth.py 中对其进行实现，如下所示：

```
def createMedianMask(disparityMap, validDepthMask, rect = None):
    """Return a mask selecting the median layer, plus shadows."""
    if rect is not None:
        x, y, w, h = rect
        disparityMap = disparityMap[y:y+h, x:x+w]
        validDepthMask = validDepthMask[y:y+h, x:x+w]
    median = numpy.median(disparityMap)
    return numpy.where((validDepthMask == 0) | \
                       (abs(disparityMap - median) < 12),
                       255, 0).astype(numpy.uint8)
```

要想识别视差图中的异常值，首先，我们使用 numpy.median（接受数组作为参数）找到中位数。如果数组长度是奇数，median 返回数组（已排好序）的中间值。如果数组长度是偶数，median 返回两个最靠近数组中间位置的值的平均值。

要根据每个像素的布尔运算生成掩模，我们使用具有 3 个参数的 numpy.where。在第 1 个参数中，where 接受一个数组，该数组元素值为真或者假。返回相同维度的输出数组。只要输入数组中的元素为 True，where 函数的第 2 个参数就分配给输出数组中对应的元素。相反，只要输入数组中的元素为 False，where 函数的第 3 个参数就分配给输出数组中对应的元素。

当一个像素的有效视差值与中位数视差值相差 12 或者更多时，实现就将其视为异常值。通过实验，我们选择的值刚好为 12。稍后，你可以根据使用特定摄像头设置运行 Cameo 时遇到的结果随意调整此值。

4.6 修改应用程序

打开 Cameo.py 文件，该文件包含我们在第 3 章中最后修改的 Cameo 类。这个类实现了一个可以很好处理普通摄像头的应用程序。我们不一定要替换这个类，但是我们想创建这个类的一种变体，改变一些方法的实现，以便用深度摄像头。为此，创建一个子类，继承一些 Cameo 行为并重载其他行为。我们称它为 CameoDepth 子类。将下面的代码行添加到 Cameo.py（Cameo 类之后，__mail__ 代码块之前）以将 CameoDepth 声明为 Cameo 的子类：

```
class CameoDepth(Cameo):
```

我们将重载或者重新实现 CameoDepth 中的 __init__ 方法。因此 Cameo 用普通摄像头的设备索引来实例化 CaptureManager 类，CameoDepth 则需要使用深度摄像头的设备索引。CameoDepth 可以是 cv2.CAP_OPENNI2（代表微软 Kinect 的设备索引）或者 cv2.CAP_OPENNI2_ASUS（代表华硕 Xtion PRO 或者 Occipital 结构的设备索引）。下面的代码块展示了 CameoDepth 的 __init__ 方法的示例实现（与 Cameo 的 __init__ 方法的不同之处用粗体表示），但是你可以修改它，取消对设置的相应设备索引的注释：

```
def __init__(self):
    self._windowManager = WindowManager('Cameo',
                                         self.onKeypress)
    #device = cv2.CAP_OPENNI2 # uncomment for Kinect
    device = cv2.CAP_OPENNI2_ASUS # uncomment for Xtion or Structure
    self._captureManager = CaptureManager(
    cv2.VideoCapture(device), self._windowManager, True)
self._curveFilter = filters.BGRPortraCurveFilter()
```

类似地，我们将重载 run 方法以便使用深度摄像头的一些通道。首先，我们将试着检索视差图，然后是有效深度掩模，最后是 BGR 颜色图像。如果没有可以检索的 BGR 图像，这可能意味着深度摄像头没有任何 BGR 传感器，在这种情况下，我们会继续检索红外灰度图像。下面的代码片段显示了 CameoDepth 的 run 方法的开始部分：

```
def run(self):
    """Run the main loop."""
    self._windowManager.createWindow()
    while self._windowManager.isWindowCreated:
        self._captureManager.enterFrame()
        self._captureManager.channel = cv2.CAP_OPENNI_DISPARITY_MAP
        disparityMap = self._captureManager.frame
        self._captureManager.channel = cv2.CAP_OPENNI_VALID_DEPTH_MASK
        validDepthMask = self._captureManager.frame
        self._captureManager.channel = cv2.CAP_OPENNI_BGR_IMAGE
        frame = self._captureManager.frame
        if frame is None:
            # Failed to capture a BGR frame.
            # Try to capture an infrared frame instead.
            self._captureManager.channel = cv2.CAP_OPENNI_IR_IMAGE
            frame = self._captureManager.frame
```

采集视差图、有效深度掩模以及BGR图像或者红外灰度图像后，run方法通过调用depth.createMedianMask函数（4.5节实现的）来继续执行。将视差图和有效深度掩模传递给后一个函数，作为回报，我们得到一个掩模，在深度接近中位数深度的区域掩模是白色的，在其他区域掩模是黑色的。无论掩模是否是黑色（mask==0），我们都想把BGR或者红外图像涂成黑色，以模糊除了图像中的主要对象之外的内容。最后，对于BGR图像，我们希望应用在第3章中实现的艺术滤波器。下面的代码完成了CameoDepth run方法的实现：

```
if frame is not None:

    # Make everything except the median layer black.
    mask = depth.createMedianMask(disparityMap, validDepthMask)
    frame[mask == 0] = 0

    if self._captureManager.channel == \
            cv2.CAP_OPENNI_BGR_IMAGE:
        # A BGR frame was captured.
        # Apply filters to it.
        filters.strokeEdges(frame, frame)
        self._curveFilter.apply(frame, frame)

self._captureManager.exitFrame()
self._windowManager.processEvents()
```

CameoDepth自己不需要任何其他方法实现，它从父类或者Cameo超类继承适当的实现。

现在，只需要修改Cameo.py的__main__部分，就可以运行CameoDepth类的实例（而不是Cameo类的实例）。下面是相关代码：

```
if __name__=="__main__":
    #Cameo().run() # uncomment for ordinary camera
    CameoDepth().run() # uncomment for depth camera
```

插入深度摄像头，然后运行脚本。靠近或者远离摄像头，直到可以清晰地看到你的脸，但是背景变黑了。图4-5是用CameoDepth和华硕Xtion PRO摄像头拍摄的。我们可以看到作者约瑟夫·豪斯正在刷牙的一幅红外图像。代码成功地将背景涂黑，因此图像无法显示他是在房子里、火车上还是在帐篷里刷牙。仍然很神秘。

这是考虑createMedianMask函数（4.5节实现的）输出的一个好机会。如果将掩模为0的区域可视化为黑色，掩模为1的区域可视化为白色，那么约瑟夫·豪斯刷牙时候的掩模如图4-6所示。

结果很不错，但是并不完美。例如，在图像的右边（从读者的角度来看），掩模错误地包含了头发后面的阴影区域，也错误地把肩部排除在外了。后一个问题可以通过对createMedianMask实现中的numpy.where使用的标准进行微调来解决。

如果你足够幸运拥有多个深度摄像头，试着尝试所有的摄像头，看看它们在支持彩色图像方面的不同，以及它们在区分近层和远层方面的有效性。此外，尝试不同的对象和光照条件，看看它们是如何影响（或不影响）红外图像的。当你对测试结果感到满意时，让我们转向深度估计的其他技术（我们将在后续章节中再次回到深度摄像头这个内容）。

图 4-5 作者刷牙的红外图像

图 4-6 作者刷牙的掩模图像

4.7 基于普通摄像头的深度估计

深度摄像头是一个令人印象深度的设备，但并不是每个开发人员或者用户都有这样的工具，而且深度摄像头也有一定的局限性。值得注意的是，典型的深度摄像头在户外的效果不是很好，因为阳光的红外线分量比摄像头本身的红外光源要亮得多。因为阳光的遮挡，摄像头无法看到通常用来估计深度的红外模式。

作为替代方法，我们可以使用一个或者多个普通摄像头，根据不同摄像头视角的三角测量估计到对象的相对距离。如果同时使用两个摄像头，就将此方法称为立体视觉。如果使用一个摄像头，但是随时间移动摄像头以获取不同视角的图像，就将这种方法称为运动结构。广义上说，立体视觉技术在运动结构中也很有帮助，但是在运动结构中，如果处理的是一个移动的主体，我们还会面临其他问题。就本章而言，我们假设正在处理一个静止的主体。

正如许多哲学家所认同的那样，几何学是我们理解世界的基础。更确切地说，对极几何是立体视觉的基础。对极几何是如何工作的？从概念上讲，它沿着虚线跟踪从摄像头到图像中的每个对象，然后对第2幅图像做同样的操作，并根据对应于同一对象的线的交点计算到对象的距离，如图4-7所示。

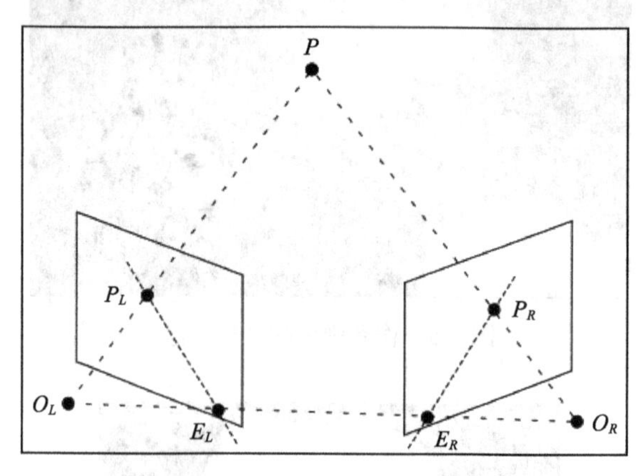

图4-7　对极几何概念图示

我们来看OpenCV如何应用对极几何计算视差图。这将使我们能够将图像分割成前景和背景的不同层。作为输入，我们需要从不同角度拍摄同一主体的两幅图像。

像许多脚本一样，这个脚本也从导入NumPy和OpenCV开始：

```
import numpy as np
import cv2
```

我们为立体视觉算法的几个参数定义了初始值，代码如下所示：

```
minDisparity = 16
numDisparities = 192 - minDisparity
blockSize = 5
uniquenessRatio = 1
speckleWindowSize = 3
speckleRange = 3
disp12MaxDiff = 200
P1 = 600
P2 = 2400
```

有了这些参数，我们就创建了OpenCV的`cv2.StereoSGBM`类的一个实例。SGBM表示半全局块匹配（semiglobal block matching），是一种用于计算视差图的算法。下面是初始化对象的代码：

```
stereo = cv2.StereoSGBM_create(
    minDisparity = minDisparity,
    numDisparities = numDisparities,
    blockSize = blockSize,
    uniquenessRatio = uniquenessRatio,
    speckleRange = speckleRange,
    speckleWindowSize = speckleWindowSize,
    disp12MaxDiff = disp12MaxDiff,
    P1 = P1,
    P2 = P2
)
```

从文件中加载两幅图像：

```
imgL = cv2.imread('../images/color1_small.jpg')
imgR = cv2.imread('../images/color2_small.jpg')
```

我们想要提供几个滑块，让用户能够交互地调整计算视差图的算法参数。当用户调整滑块时，我们将通过设置 StereoSGBM 实例的属性更新立体视觉算法的参数，并通过调用 StereoSGBM 实例的 compute 方法重新计算视差图。我们来看 update 函数（滑块的回调函数）的实现：

```
def update(sliderValue = 0):

    stereo.setBlockSize(
        cv2.getTrackbarPos('blockSize', 'Disparity'))
    stereo.setUniquenessRatio(
        cv2.getTrackbarPos('uniquenessRatio', 'Disparity'))
stereo.setSpeckleWindowSize(
    cv2.getTrackbarPos('speckleWindowSize', 'Disparity'))
stereo.setSpeckleRange(
    cv2.getTrackbarPos('speckleRange', 'Disparity'))
stereo.setDisp12MaxDiff(
    cv2.getTrackbarPos('disp12MaxDiff', 'Disparity'))

disparity = stereo.compute(
    imgL, imgR).astype(np.float32) / 16.0

cv2.imshow('Left', imgL)
cv2.imshow('Right', imgR)
cv2.imshow('Disparity',
           (disparity - minDisparity) / numDisparities)
```

现在来看创建窗口和滑块的代码：

```
cv2.namedWindow('Disparity')
cv2.createTrackbar('blockSize', 'Disparity', blockSize, 21,
                   update)
cv2.createTrackbar('uniquenessRatio', 'Disparity',
                   uniquenessRatio, 50, update)
cv2.createTrackbar('speckleWindowSize', 'Disparity',
                   speckleWindowSize, 200, update)
cv2.createTrackbar('speckleRange', 'Disparity',
                   speckleRange, 50, update)
cv2.createTrackbar('disp12MaxDiff', 'Disparity',
                   disp12MaxDiff, 250, update)
```

请注意，将 update 函数作为 cv2.createTrackbar 函数的一个参数，以便在调整滑块时调用 update。接下来，我们手动调用 update 来初始化视差图：

```
# Initialize the disparity map. Show the disparity map and images.
update()
```

当用户按下任意键时，我们将关闭窗口：

```
# Wait for the user to press any key.
# Meanwhile, update() will be called anytime the user moves a slider.
cv2.waitKey()
```

我们来回顾一下这个示例的功能。我们取同一主体的两幅图像，计算视差图，用较亮的色调显示图上离摄像头较近的点。用黑色标记的区域代表差异。

图 4-8 和图 4-9 分别是示例中使用的第 1 幅图像和第 2 幅图像。

图 4-8　示例中使用的第 1 幅图像

图 4-9　示例中使用的第 2 幅图像

用户可以看到原始图像，以及一张很好且很容易解释的视差图，如图 4-10 所示。

我们已经使用了许多（但不是全部）StereoSGBM 支持的参数。OpenCV 文档提供了所有参数的描述，如表 4-1 所示。

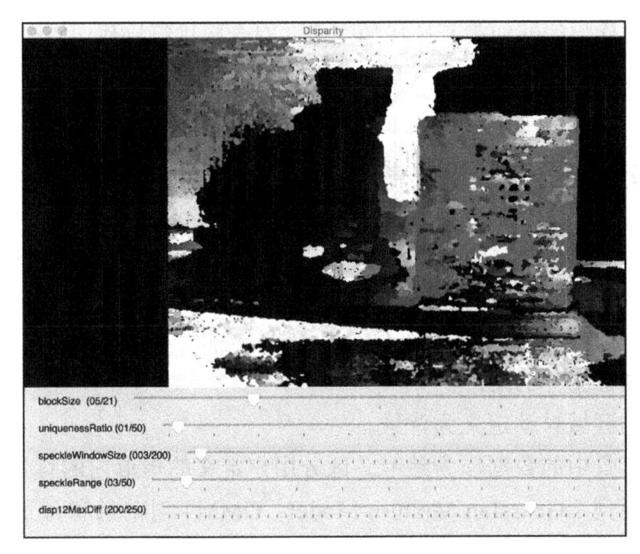

图 4-10 用户看到的视差图

表 4-1 OpenCV 中对 Stereo SGBM 参数的描述

参数	OpenCV 文档的描述
minDisparity	最小的视差值。通常为 0，但是有时校正算法会对图像进行移位，因此需要对该参数进行相应调整
numDisparities	最大视差减去最小视差，总是大于 0。在当前的实现中，这个参数必须能被 16 整除
blockSize	匹配块的大小。它一定是一个奇数（≥ 1），正常情况下，应该在 3 ～ 11 范围内
P1	控制视差平滑度的第 1 个参数（参见 P2 的描述）
P2	控制视差平滑度的第 2 个参数。值越大，视差越平滑。P1 是相邻像素之间视差变化加减 1 的惩罚。P2 是相邻像素之间视差变化超过 1 的惩罚。算法要求 P2 > P1。参见 stereo_match.cpp 示例，其中给出了一些相当不错的 P1 和 P2 值，比如 8*number_of_image_channels*SADWindowSize*SADWindowSize 和 32*number_of_image_channels*SADWindowSize*SADWindowSize
disp12MaxDiff	左右视差检查中允许的最大差异（以整数像素为单位），将其设置为非正数可以禁用检查
preFilterCap	预滤波图像像素的截断值。首先，算法计算每个像素处的 x 导数，并按间隔 [-preFilterCap, preFilterCap] 截取其值。生成的值传递给 Birchfield-Tomasi 像素代价函数
uniquenessRatio	计算的最佳（最小）代价函数值应该赢得第二最佳值的百分比差额，以考虑找到的匹配是否正确。一般情况下，值在 5 ～ 15 范围内就足够了
speckleWindowSize	最大的平滑视差区域大小，以考虑它们的噪声斑点和无效性。设置为 0 可以禁用斑点过滤，否则将其设置在 50 ～ 200 范围内
speckleRange	在每个连通分量内的最大视差变化。如果进行斑点过滤，就设置为正值，它会隐式地乘以 16。通常，设置为 1 或者 2 就足够了
mode	将其设置为 StereoSGBM::MODE_HH，运行全尺寸两路动态规划算法。它会消耗 O(W*H*numDisparities) 字节，这对 640 × 480 立体图来说较大，对于高清图片来说过于巨大。默认情况下，将其设置为 false

使用上述脚本，你将能够加载所选择的图像并对参数进行操作，直到对由 StereoSGBM 生成的视差图满意为止。

4.8　基于 GrabCut 算法的前景检测

计算视差图是分割图像前景和背景的一种有效方法，但是 StereoSGBM 并不是能完成这一任务的唯一算法，实际上，StereoSGBM 更多的是从二维图像中收集三维信息。但是，GrabCut 是前景 / 背景分割的完美工具。GrabCut 算法包括以下步骤：

（1）定义包含图像主体的矩形。

（2）矩形以外的区域自动定义为背景。

（3）把包含在背景中的数据作为参考，区分用户定义的矩形内的背景区域和前景区域。

（4）高斯混合模型（Gaussian Mixture Model，GMM）对前景和背景建模，把未定义的像素标记为可能的背景或可能的前景。

（5）图像中的每个像素实际上都通过虚边与周围的像素相连，根据每条边与周围像素颜色的相似程度，给出把每条边指定为前景或者背景的概率。

（6）每个像素（或者算法中定义的节点）都连接到一个前景节点或者背景节点。你可以将其可视化，如图 4-11 所示。

（7）在节点连接到任意一个终端之后（背景或者前景，也分别称为源或者接收器），切割属于不同终端的节点之间的边（因此得名 GrabCut）。因此，图像分割成两个部分。图 4-12 充分展示了该算法。

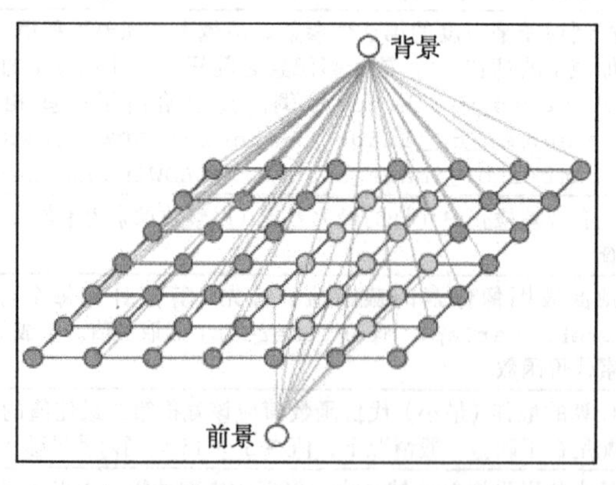

图 4-11　像素与节点连接的可视化结果

我们来看一个例子。我们从一个漂亮的天使雕像（见图 4-13）开始：

我们想抓取天使，丢弃背景。为此，创建一个相对较短的脚本，该脚本将使用 GrabCut 分割图像，然后将生成的前景图像与原始图像并排显示。我们会使用 matplotlib（一个流行的 Python 库），它使显示图表和图像成为一项非常简单的任务。

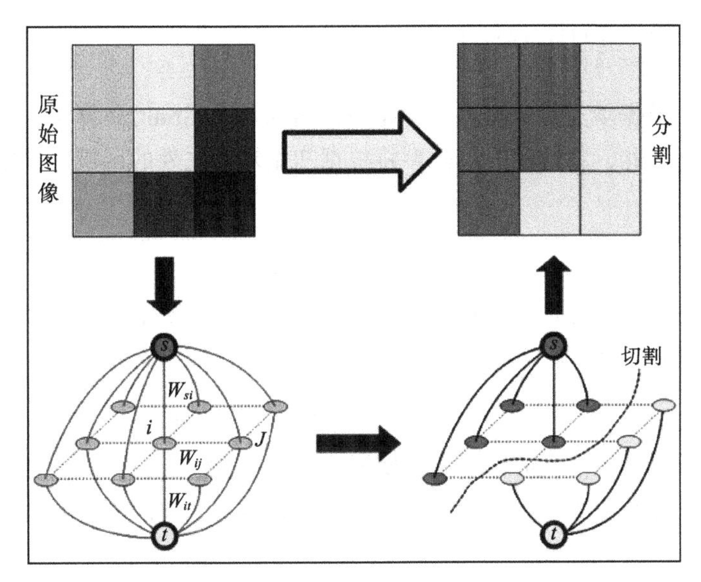

图 4-12 GrabCut 算法

图 4-13 天使雕像图像

实际上，代码非常简单。首先，加载希望处理的图像，然后创建与加载的图像形状相同并用 0 填充的掩模：

```
import numpy as np
import cv2
from matplotlib import pyplot as plt

original = cv2.imread('../images/statue_small.jpg')
img = original.copy()
mask = np.zeros(img.shape[:2], np.uint8)
```

然后，创建用 0 填充的背景和前景模型：

```
bgdModel = np.zeros((1, 65), np.float64)
fgdModel = np.zeros((1, 65), np.float64)
```

我们本可以用数据填充这些模型，但是我们将初始化 GrabCut 算法，用一个矩形识别想要隔离的主体。因此，背景和前景模型将根据初始矩形之外的区域来确定。下面的代码行定义了这个矩形：

```
rect = (100, 1, 421, 378)
```

现在，到了有趣的部分！我们运行 GrabCut 算法。我们指定空模型、掩模以及想要用来初始化操作的矩形作为参数：

```
cv2.grabCut(img, mask, rect, bgdModel, fgdModel, 5, cv2.GC_INIT_WITH_RECT)
```

请注意整数参数 5。它表示算法在图像上运行的迭代次数。你可以增加迭代次数，但是在某些点，像素分类将收敛，因此实际上可能只是增加迭代次数，而对结果没有任何进一步的改善。

在这之后，掩模将修改为包含 0 到 3 之间的值。这些值的含义如下：

- 0（也被定义为 cv2.GC_BGD）是一个明显的背景像素。
- 1（也被定义为 cv2.GC_FGD）是一个明显的前景像素。
- 2（也被定义为 cv2.GC_PR_BGD）是一个可能的背景像素。
- 3（也被定义为 cv2.GC_PR_FGD）是一个可能的前景像素。

为了可视化 GrabCut 结果，将背景涂为黑色，保持前景不变。我们可以制作另一个掩模来帮助我们完成这一任务。值 0 和 2（明显和可能的背景）将转换为 0，值 1 和 3（明显和可能的前景）将转换为 1。其结果会存储在 mask2 中。将原始图像乘以 mask2，使背景变为黑色（乘以 0），同时保持前景不变（乘以 1）。以下是相关代码：

```
mask2 = np.where((mask==2) | (mask==0), 0, 1).astype('uint8')
img = img*mask2[:,:,np.newaxis]
```

脚本的最后一部分是并排显示图像：

```
plt.subplot(121)
plt.imshow(cv2.cvtColor(img, cv2.COLOR_BGR2RGB))
plt.title("grabcut")
plt.xticks([])
plt.yticks([])
plt.subplot(122)
plt.imshow(cv2.cvtColor(original, cv2.COLOR_BGR2RGB))
plt.title("original")
plt.xticks([])
plt.yticks([])

plt.show()
```

结果如图 4-14 所示。

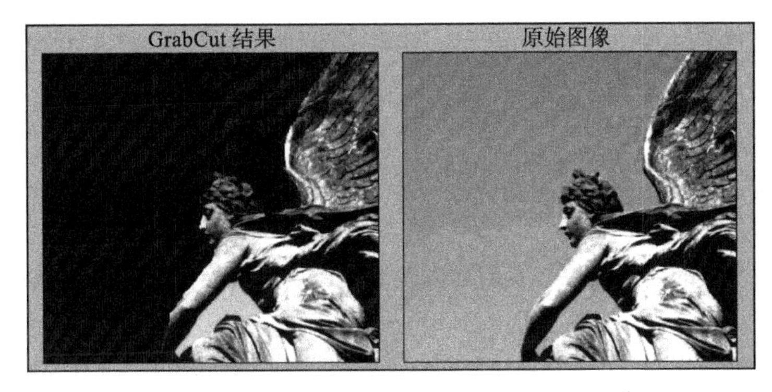

图 4-14 GrabCut 算法的生成结果和原始图像

这是一个令人相当满意的结果。你会注意到天使手臂下方留下了一个背景三角形。通过手动选择更多的背景区域并应用更多的迭代，可以细化 GrabCut 结果。这项技术在 OpenCV 安装的 samples/python 文件夹内的 grabcut.py 文件中进行了很好的说明。

4.9 基于分水岭算法的图像分割

最后，我们快速浏览一下分水岭算法。该算法之所以称为分水岭是因为它的概念涉及水的概念。想象一下图像中的低密度区域（很少或者没有变化）处于山谷，高密度区域（变化大）处于山峰。开始往山谷里注水，直到两个不同山谷的水即将汇合。为了防止不同山谷的水汇合，建造一道屏障对其进行分割。生成的屏障就是图像的分割线。

以分割扑克牌的图像为例。我们想要将数字牌（大的可数符号）从背景中分割出来：

（1）同样，通过导入 numpy、cv2 和 matplotlib 来开始脚本。然后，从文件加载一张扑克牌的图像：

```
import numpy as np
import cv2
from matplotlib import pyplot as plt

img = cv2.imread('../images/5_of_diamonds.png')
gray = cv2.cvtColor(img, cv2.COLOR_BGR2GRAY)
```

（2）把图像从彩色转换为灰度，对其进行阈值化。此操作将图像分成黑色和白色两个区域：

```
ret, thresh = cv2.threshold(gray, 0, 255,
                            cv2.THRESH_BINARY_INV |
cv2.THRESH_OTSU)
```

（3）接下来，通过对其应用形态学变换去除阈值图像的噪声。形态学是通过一系列步骤对图像的白色区域进行膨胀（扩张）或者腐蚀（收缩）。我们将应用形态学开运算，包括腐蚀步骤和膨胀步骤。开运算使大的白色区域吞噬小的黑色区域（噪声），大的黑色区域

（真实对象）相对不变。具有 cv2.MORPH_OPEN 参数的 cv2.morphologyEx 函数可以执行此运算：

```
# Remove noise.
kernel = np.ones((3,3), np.uint8)
opening = cv2.morphologyEx(thresh, cv2.MORPH_OPEN, kernel,
                           iterations = 2)
```

（4）通过开变换的膨胀结果，我们可以获取图像中最确定是背景的区域：

```
# Find the sure background region.
sure_bg = cv2.dilate(opening, kernel, iterations=3)
```

相反，通过应用 distanceTransform 可以获得确定的前景区域。在实践中，如果一个点离最近的前景 - 背景边缘很远，就可以确信这个点确实是前景的一部分。

（5）一旦获得图像的 distanceTransform 表示，我们应用阈值来选取最确定是前景部分的区域：

```
# Find the sure foreground region.
dist_transform = cv2.distanceTransform(opening,cv2.DIST_L2,5)
ret, sure_fg = cv2.threshold(
        dist_transform, 0.7*dist_transform.max(), 255, 0)
sure_fg = sure_fg.astype(np.uint8)
```

在这个阶段，我们有一些确定的前景和背景区域。

（6）那么中间区域呢？从背景中减去确定的前景，我们可以发现这些不确定或未知的区域：

```
# Find the unknown region.
unknown = cv2.subtract(sure_bg, sure_fg)
```

（7）既然有了这些区域，我们可以构建著名的“屏障”来阻止“水”的合并。这是通过 connectedComponents 函数完成的。在分析 GrabCut 算法并将图像概念化为由边连接的一组节点时，我们粗略地了解了一下图论。有了确定的前景区域，其中一些节点会连接在一起，但还有一些节点则不会连接起来。断开的节点属于不同的水谷，它们之间应该有一个屏障：

```
# Label the foreground objects.
ret, markers = cv2.connectedComponents(sure_fg)
```

（8）接下来，将所有区域的标签加 1，因为我们只希望未知区域为 0：

```
# Add one to all labels so that sure background is not 0, but 1.
markers += 1

# Label the unknown region as 0.
markers[unknown==255] = 0
```

（9）最后，打开闸门！让水流出来！ cv2.watershed 函数把标签“-1”分配给分量之间边的像素。将原始图像中的这些边涂成蓝色：

```
markers = cv2.watershed(img, markers)
img[markers==-1] = [255,0,0]
```

使用 matplotlib 显示结果：

```
plt.imshow(cv2.cvtColor(img, cv2.COLOR_BGR2RGB))
plt.show()
```

显示的结果如图 4-15 所示。

图 4-15 用 Matplotlib 显示的结果

这种类型的分割可以作为识别扑克牌系统的一部分。类似地，分水岭算法可以帮助我们对普通背景下任意类型的对象（例如放在纸上的硬币）进行分割和计数。

4.10 本章小结

本章，我们学习了如何分析图像内的简单空间关系，以便能够区分多个对象，或者区分前景和背景。涉及的技术包括从二维输入（视频帧或图像）提取三维信息。首先，我们讨论了深度摄像头。其次，介绍了对极几何和立体图像，已能够计算视差图。最后，介绍了两种最流行的图像分割方法：GrabCut 和分水岭。

随着本书的深入，我们将继续从图像中提取越来越复杂的信息。接下来将探讨用于人脸及其他物体检测和识别的 OpenCV 功能。

CHAPTER 5

第5章 人脸检测和识别

计算机视觉使很多任务成为现实，其中两项任务就是人脸检测（在图像中定位人脸）和人脸识别（将人脸识别为特定的人）。OpenCV 实现了一些人脸检测和识别的算法。从安全到娱乐，这些技术在现实环境中都有应用。

本章介绍 OpenCV 的一些人脸检测和识别功能，并定义特定类型的可跟踪物体的数据文件。具体来说，将研究 Haar 级联分类器，通过分析相邻图像区域之间的对比度，确定给定图像或子图像是否与已知类型匹配。我们来考虑如何在层次结构中组合多个 Haar 级联分类器，以便用一个分类器识别父区域（就我们的目标而言，是一张人脸），用其他分类器识别子区域（比如眼睛）。

我们还介绍了“矩形”这个不起眼但却很重要的主体。通过绘制、复制及调整矩形图像区域的大小，我们可以对正在跟踪的图像区域执行简单的操作。

本章将介绍以下主题：

- 理解 Haar 级联。
- 找到 OpenCV 自带的预训练 Haar 级联，包括了一些人脸检测器。
- 利用 Haar 级联检测静态图像和视频中的人脸。
- 采集图像训练和测试人脸检测器。
- 使用多种不同的人脸识别算法：Eigenface、Fisherface 以及局部二值模式直方图（Local Binary Pattern Histogram，LBPH）。
- 将矩形区域从一幅图像复制到另一幅图像，即可包括也可不包括掩模。
- 使用深度摄像头基于深度区分人脸和背景。
- 在交互式应用程序中交换两个人的脸。

本章结束时，我们将人脸跟踪和矩形操作集成到我们在前几章中开发的交互式应用程序 Cameo 中。最后，我们将会有一些人脸到人脸的交互！

5.1 技术需求

本章使用了 Python、OpenCV 以及 NumPy。作为 OpenCV 的一部分，使用了可选的 `opencv_contrib` 模块，其中包括人脸识别功能。本章的某些部分使用了 OpenCV 对 OpenNI 2 的可选支持来从深度摄像头捕捉图像。安装说明请参阅第 1 章。

本章的完整代码可以在本书的 GitHub 库（https://github.com/PacktPublishing/Learning-OpenCV-4-Computer-Vision-with-Python-Third-Edition）的 `chapter05` 文件夹中找到。示例图像在本书 GitHub 库的 `images` 文件夹中。

5.2 Haar 级联的概念化

在谈到分类物体并跟踪其位置时，我们到底想要探究什么呢？构成物体的可识别部分的是什么？

即使来自网络摄像头的摄影图像，也可能包含很多赏心悦目的细节。但是，因为光线、视角、视觉距离、摄像头抖动和数字噪声的变化，图像细节往往不稳定。此外，即使物理细节上的真实差异也不可能会引起我们对分类的兴趣。约瑟夫·豪斯（本书作者之一）在学校学过，在显微镜下，没有两片雪花看起来是一样的。幸运的是，作为一个加拿大的孩子，他已经学会了不用显微镜就能识别雪花，因为雪花在整体上的相似之处更明显。

因此，抽象图像细节的一些方法有助于产生稳定的分类和跟踪结果。这些抽象称为特征，据说是从图像数据中抽象的。尽管任何像素都可能影响多个特征，但是特征应该比像素少。把一组特征表示为一个向量，可以根据图像的对应特征向量之间的距离来度量两幅图像之间的相似程度。

类 Haar 特征是应用于实时人脸检测的常用特征之一。在论文“Robust Real-Time Face Detection”（International Journal of Computer Vision 57(2), 137–154, Kluwer Academic Publishers, 2001）中，作者 Paul Viola 和 Michael Jones 首次将类 Haar 特征用于人脸检测。可以在 http://www.vision.caltech.edu/html-files/EE148-2005-Spring/pprs/viola04ijcv.pdf 处找到这篇论文的电子版。每个类 Haar 特征描述了相邻图像区域之间的对比度模式。例如，边、顶点和细线都生成了一种特征。有些特征是独特的，因为这些特征通常出现在某一类对象（如人脸）上，而不会出现在其他对象上。可以把这些特征组织成一个层次结构，称为级联，其中最高层包含最显著的特征，使分类器能够快速拒绝缺乏这些特征的主体。

对于任意给定的主体，特征可能会根据图像大小和正在评估对比度的邻域大小而有所不同。正在评估对比度的邻域大小称为窗口大小。为使 Haar 级联分类器尺度不变，或者对尺度变化具有鲁棒性，窗口大小应保持不变，但是将图像重新缩放多次，因此在某种程度上缩放时对象（如人脸）大小可能匹配窗口的大小。原始图像和缩放图像一起称为图像金字塔，图像金字塔中的每个连续的层都是一幅更小的缩小图像。OpenCV 提供了一个尺度不变的分类器，可以以一种特定的格式从 XML 文件加载级联分类器。这个分类器在内部将任意给定的图像转换为图像金字塔。

用 OpenCV 实现的 Haar 级联分类器对旋转角度或者透视图的变化并不鲁棒。例如，认为倒立的人脸和正立的人脸不一样，认为侧面看的脸和正面看的脸不一样。通过考虑图像的多种变换以及多个窗口大小，更复杂、资源更密集的实现可以提升 Haar 级联对旋转角度的鲁棒性。但是，我们将只介绍 OpenCV 的实现。

5.3 获取 Haar 级联数据

OpenCV 4 源代码或者安装的 OpenCV 4 预包构建，应该包含名为 `data/haarcascades` 的子文件夹。如果无法找到这个文件夹，请回到第 1 章获取 OpenCV 4 的源代码说明。

`data/haarcascades` 文件夹包含可以由名为 `cv2.CascadeClassifier` 的 OpenCV 类加载的 XML 文件。该类的实例把给定的 XML 文件解释为 Haar 级联，为某种类型的物体（如人脸）提供一个检测模型。`cv2.CascadeClassifier` 可以检测任意图像中的这种类型的物体。通常，我们可以从文件中获取静态图像，或者从视频文件或视频摄像头获取一系列帧。

找到 `data/haarcascades` 后，在其他地方为项目创建一个目录。在这个文件夹中创建名为 `cascades` 的子文件夹，把下面的文件从 `data/haarcascades` 复制到 `cascades`：

- `haarcascade_frontalface_default.xml`。
- `haarcascade_frontalface_alt.xml`。
- `haarcascade_eye.xml`。

顾名思义，这些级联就是用来跟踪脸和眼睛的。它们需要是观察对象正面、直立的视图。稍后，在建立人脸检测器时将会用到这些级联。

如果你想知道如何生成这些级联文件，请参阅约瑟夫·豪斯的 *OpenCV 4 for Secret Agents*⊖（原书于 2019 年由 Packt 出版社出版）中第 3 章。只要有足够的耐心和一台强大的计算机，你就可以自己创建级联，并针对各种类型的对象对创建的级联进行训练。

5.4 使用 OpenCV 进行人脸检测

不论是在静态图像还是在视频回传信号上进行人脸检测，`cv2.CascadeClassifier`

⊖ 本书第 2 版的中文版《OpenCV 项目开发实战（原书第 2 版）》（ISBN 978-7-111-65234-2）已于 2020 年由机械工业出版社出版。——编辑注

几乎没有任何区别。视频只是连续的静态图像：视频中的人脸检测只是将人脸检测应用于每一帧。自然，有了更先进的技术，就可以在多帧中连续跟踪检测到的人脸，并确定每一帧中的人脸是否相同。但是，最好知道基本的顺序方法也是有效的。

我们来检测一些人脸。

5.4.1 在静态图像上进行人脸检测

进行人脸检测的第一个也是最基本的方法是加载一幅图像并检测其中的人脸。为了使结果在视觉上有意义，我们将在原始图像中的人脸周围绘制矩形。请记住，人脸检测器是针对直立的正面人脸设计的，我们将使用有多人（伐木工）站成一排的图像，他们肩并肩站立、面对镜头。

将 Haar 级联 XML 文件复制到级联文件夹后，我们创建下列基本脚本来执行人脸检测：

```
import cv2


face_cascade = cv2.CascadeClassifier(
    './cascades/haarcascade_frontalface_default.xml')
img = cv2.imread('../images/woodcutters.jpg')
gray = cv2.cvtColor(img, cv2.COLOR_BGR2GRAY)
faces = face_cascade.detectMultiScale(gray, 1.08, 5)
for (x, y, w, h) in faces:
    img = cv2.rectangle(img, (x, y), (x+w, y+h), (255, 0, 0), 2)
cv2.namedWindow('Woodcutters Detected!')
cv2.imshow('Woodcutters Detected!', img)
cv2.imwrite('./woodcutters_detected.jpg', img)
cv2.waitKey(0)
```

我们逐步浏览一下前面的代码。首先，使用必要的 cv2 导入，本书的每个脚本都有这个导入。然后，声明一个 face_cascade 变量，这是一个 CascadeClassifier 对象，用于加载人脸检测级联：

```
face_cascade = cv2.CascadeClassifier(
    './cascades/haarcascade_frontalface_default.xml')
```

然后，用 cv2.imread 加载图像文件，将其转换成灰度图像，因为 CascadeClassifier 需要灰度图像。下一步，用 face_cascade.detectMultiScale 进行实际的人脸检测：

```
img = cv2.imread('../images/woodcutters.jpg')
gray = cv2.cvtColor(img, cv2.COLOR_BGR2GRAY)
faces = face_cascade.detectMultiScale(gray, 1.08, 5)
```

detectMultiScale 的参数包括 scaleFactor 和 minNeighbors。scaleFactor 参数应该大于 1.0，确定人脸检测过程中每次迭代时图像的降尺度比率。正如 5.2 节介绍的，这种降尺度的目的是通过把不同的人脸与窗口大小匹配实现尺度不变性。minNeighbors 参数是为了保留检测结果所需要的最小重叠检测次数。通常，我们期望可以在多个重叠窗口中检测到某人脸，更多的重叠检测使我们更加确信检测到的人脸是一个真正的人脸。

从检测操作返回的值是一个表示人脸矩形的元组列表。OpenCV 的 cv2.rectangle 函数允许我们在指定的坐标处绘制矩形。x 和 y 分别表示左边坐标和顶部坐标，w 和 h 分别表示人脸矩形的宽度和高度。通过循环遍历 faces 变量，在所有人脸周围绘制蓝色矩形，请确保使用的是原始图像，而不是灰度图像：

```
for (x, y, w, h) in faces:
    img = cv2.rectangle(img, (x, y), (x+w, y+h), (255, 0, 0), 2)
```

最后，调用 cv2.imshow 显示处理后的图像。通常，为了防止图像窗口自动关闭，插入一个对 waitKey 的调用，当用户按下任意键时返回：

```
cv2.imshow('Woodcutters Detected!', img)
cv2.imwrite('./woodcutters_detected.jpg', img)
cv2.waitKey(0)
```

好了，我们在图像中检测到一群伐木工，如图 5-1 所示。

图 5-1　包含一群伐木工的图像的人脸检测结果

这个例子中的照片是谢尔盖·普罗库金－戈尔斯基（Sergey Prokudin-Gorsky）（1863—1944）的作品，普罗库金－戈尔斯基是彩色摄影的先驱。沙皇尼古拉二世让普罗库金－戈尔斯基拍摄俄罗斯帝国的人物和地点，将其作为一个庞大的纪录片项目。1909 年，普罗库金－戈尔斯基在俄罗斯西北部的丝薇尔河附近拍摄了这些伐木工人。

5.4.2　在视频上进行人脸检测

现在，我们了解了如何在静态图像上进行人脸检测。如前所述，我们可以在视频（摄像头回传信号或者预先录制的视频文件）的每一帧上重复人脸检测的过程。

下一个脚本将打开一个摄像头回传信号，读取一帧，检查该帧中的人脸，并在检测到的人脸内扫描眼睛。最后，在人脸周围绘制蓝色的矩形，在眼睛周围绘制绿色的矩形。以下是完整的脚本：

```
import cv2


face_cascade = cv2.CascadeClassifier(
    './cascades/haarcascade_frontalface_default.xml')
eye_cascade = cv2.CascadeClassifier(
    './cascades/haarcascade_eye.xml')

camera = cv2.VideoCapture(0)
while (cv2.waitKey(1) == -1):
    success, frame = camera.read()
    if success:
        gray = cv2.cvtColor(frame, cv2.COLOR_BGR2GRAY)
        faces = face_cascade.detectMultiScale(
            gray, 1.3, 5, minSize=(120, 120))
        for (x, y, w, h) in faces:
            cv2.rectangle(frame, (x, y), (x+w, y+h), (255, 0, 0), 2)
            roi_gray = gray[y:y+h, x:x+w]
            eyes = eye_cascade.detectMultiScale(
                roi_gray, 1.03, 5, minSize=(40, 40))
            for (ex, ey, ew, eh) in eyes:
                cv2.rectangle(frame, (x+ex, y+ey),
                              (x+ex+ew, y+ey+eh), (0, 255, 0), 2)
        cv2.imshow('Face Detection', frame)
```

我们将上面的例子分解成更小、更容易理解的部分：

（1）像往常一样，导入 cv2 模块。之后，初始化两个 CascadeClassifier 对象，一个用于人脸，另一个用于眼睛：

```
face_cascade = cv2.CascadeClassifier(
    './cascades/haarcascade_frontalface_default.xml')
eye_cascade = cv2.CascadeClassifier(
    './cascades/haarcascade_eye.xml')
```

（2）就像大多数交互式脚本一样，打开一个摄像头回传信号，开始迭代帧。继续，直到用户按下某个键。当成功捕捉到一帧时，将其转换为灰度作为处理的第一步：

```
camera = cv2.VideoCapture(0)
while (cv2.waitKey(1) == -1):
    success, frame = camera.read()
if success:
    gray = cv2.cvtColor(frame, cv2.COLOR_BGR2GRAY)
```

（3）利用人脸检测器的 detectMultiScale 方法对人脸进行检测。正如之前所述，我们使用了 scaleFactor 和 minNeighbors 参数。我们还使用 minSize 参数指定了人脸的最小尺寸，具体为 120 × 120，因此不会尝试去检测比这个尺寸小的脸。（假设用户坐在摄像头附近，可以有把握地说，图像中用户的脸将大于120×120像素。）以下是对detectMultiScale的调用：

```
faces = face_cascade.detectMultiScale(
    gray, 1.3, 5, minSize=(120, 120))
```

（4）迭代检测到的人脸。在原始彩色图像的每个矩形周围绘制一个蓝色边界。然后，在灰度图像的同一个矩形区域内进行眼睛检测：

```
for (x, y, w, h) in faces:
    cv2.rectangle(frame, (x, y), (x+w, y+h), (255, 0, 0), 2)
    roi_gray = gray[y:y+h, x:x+w]
    eyes = eye_cascade.detectMultiScale(
        roi_gray, 1.1, 5, minSize=(40, 40))
```

TIP 眼睛检测器的准确率比人脸检测器要低一些。你可能会看到阴影、部分镜框或其他被误认为是眼睛的人脸区域。为了改善结果，可以尝试将roi_gray定义为人脸的一个较小区域，因为我们很容易猜测到眼睛在直立人脸中的位置。还可以试着使用maxSize参数来避免那些太大不可能是眼睛的误报。此外，可以调整minSize和maxSize，使尺寸与w和h（即检测到的人脸大小）成比例。作为一个练习，你可以随意更改这些参数和其他参数。

（5）循环遍历生成的眼睛矩形，并在其周围绘制绿色轮廓：

```
for (ex, ey, ew, eh) in eyes:
    cv2.rectangle(frame, (x+ex, y+ey),
                  (x+ex+ew, y+ey+eh), (0, 255, 0), 2)
```

（6）最后，在窗口中显示生成的帧：

```
cv2.imshow('Face Detection', frame)
```

运行脚本。如果检测器产生了准确的结果，而且如果有任何人脸在摄像头的视野内，应该会看到人脸周围有一个蓝色的矩形，眼睛周围有一个绿色的矩形，如图5-2所示。

图 5-2 脚本运行结果

用此脚本进行实验，研究人脸和眼睛检测器在不同条件下的表现。试着在更亮或更暗的房间进行。如果戴着眼镜，试着摘掉眼镜再进行一次。尝试在不同人脸和不同的表情下进行。调整脚本中的检测参数，看看这些参数对结果的影响。当你感到满意时，我们再来考虑在OpenCV中还可以做些什么。

5.4.3 进行人脸识别

人脸检测是 OpenCV 的一个非常棒的特性，也是构成更高级的操作——人脸识别——的基础。什么是人脸识别？人脸识别是程序在给出包含人脸的图像或视频时识别此人的能力。实现这一目标的方法之一（也是 OpenCV 所采用的方法）是通过为程序提供一组分类图片（人脸数据库）来训练程序，然后根据这些图片的特征进行识别。

OpenCV 人脸识别模块的另一个重要特征是，每次识别都有一个置信度，这允许我们在实际应用程序中设置阈值以限制错误识别的发生率。

让我们从头开始。为了进行人脸识别，我们需要待识别的人脸。人脸可以通过两种方式来获取：自己提供图像或者获取免费的人脸数据库。在 http://www.face-rec.org/databases/ 上有一个大的人脸数据库在线可用。以下是其中几个著名的例子：

- 耶鲁大学人脸数据库（Yalefaces），网址为 http://vision.ucsd.edu/content/yale-face-database。
- 扩展的耶鲁大学人脸数据库 B，网址为 http://vision.ucsd.edu/content/extended-yale-face-database-b-b。
- 人脸数据库（来自剑桥 AT&T 实验室），网址为 http://www.cl.cam.ac.uk/research/dtg/attarchive/facedatabase.html。

为了对这些样本进行人脸识别，我们必须对包含被采样人的人脸图像进行人脸识别。这个过程可能是有教学意义的，但是可能不如提供我们自己的图像那样令人满意。许多计算机视觉学习者有同样的想法：是否可以编写一个程序来识别自己的脸并且有一定的置信度。

1. 生成人脸识别数据

我们来编写生成这些图像的脚本。包含不同表情的图像正是我们所需要的，但是训练图像最好是正方形的，并且大小相同。我们的示例脚本要求图像的大小为 200 × 200，但是大多数免费可用的数据集的图像都比这个尺寸小。

下面是脚本：

```
import cv2
import os


output_folder = '../data/at/jm'
if not os.path.exists(output_folder):
    os.makedirs(output_folder)

face_cascade = cv2.CascadeClassifier(
    './cascades/haarcascade_frontalface_default.xml')
eye_cascade = cv2.CascadeClassifier(
    './cascades/haarcascade_eye.xml')

camera = cv2.VideoCapture(0)
count = 0
while (cv2.waitKey(1) == -1):
```

```
        success, frame = camera.read()
        if success:
            gray = cv2.cvtColor(frame, cv2.COLOR_BGR2GRAY)
            faces = face_cascade.detectMultiScale(
                gray, 1.3, 5, minSize=(120, 120))
            for (x, y, w, h) in faces:
                cv2.rectangle(frame, (x, y), (x+w, y+h), (255, 0, 0), 2)
                face_img = cv2.resize(gray[y:y+h, x:x+w], (200, 200))
                face_filename = '%s/%d.pgm' % (output_folder, count)
                cv2.imwrite(face_filename, face_img)
                count += 1
            cv2.imshow('Capturing Faces...', frame)
```

在这里，我们利用新掌握的如何在视频中检测人脸的知识来生成样本图像。我们检测人脸，裁剪灰度转换帧的人脸区域，将其大小调整为 200×200 像素，然后保存为 PGM 文件，并在特定文件夹中指定名称（在本例中为 jm，其中一个作者姓名的首字母，你可以使用自己姓名的首字母）。与许多窗口应用程序一样，程序会一直运行，直到用户按下某个键。

之所以出现 count 变量是因为我们需要图像的累加名称。运行脚本几秒钟，更改几次脸部表情，并检查脚本中指定的目标文件夹。运行脚本几秒钟，改变面部表情几次，检查你在脚本中指定的目标文件夹。你会发现很多你的脸部图像，它们变为了灰度版本，调整了大小，并用 <count>.pgm 格式命名。

修改 output_folder 变量，使其与你的名字匹配。例如，你可以选择 '../data/at/my_name'。运行脚本，等待它在许多帧（比如 20 帧或更多）中检测到你的脸，然后按任意键退出。现在，再次修改 output_folder 变量，使其与你想要识别的一个朋友的名字匹配。例如，你可以选择 '../data/at/name_of_my_friend'。不改变文件夹的基本部分（本例中为 '../data/at'），因为在后面“加载人脸识别的训练数据”部分，我们将编写代码从这个基本文件夹的所有子文件夹中加载训练图像。让你的朋友坐在摄像头前，再次运行脚本，让它在许多帧中检测你朋友的脸，然后退出。对你想识别的其他任何人重复这个过程。

现在，我们继续尝试在视频回传信号中识别用户的脸。这会很好玩！

2. 识别人脸

OpenCV 4 实现了 3 种不同的人脸识别算法：特征脸（Eigenface）、Fisherface 和局部二值模式直方图（Local Binary Pattern Histogram，LBPH）。特征脸和 Fisherface 来源于一个名为主成分分析（Principal Component Analysis，PCA）的通用算法。有关算法的详细描述，请参见以下链接：

- PCA：Jonathon Shlens 在 http://arxiv.org/pdf/1404.1100v1.pdf 上提供了一个直观的介绍。该算法是由卡尔·皮尔森（Karl Pearson）在 1901 年发明的，并且原创论文“On Lines and Planes of Closest Fit to Systems of Points in Space”网址为 http://pca.narod.ru/pearson1901.pdf。
- Eigenface：见论文“Eigenfaces for Recognition”（1991）（作者是 Matthew Turk 和

Alex Pentland)，网址为 http://www.cs.ucsb.edu/~mturk/Papers/jcn.pdf。

- Fisherface：开创性论文"The Use of Multiple Measurements in Taxonomic Problems"(1936)(作者是 R. A. Fisher)，网址为 http://onlinelibrary.wiley.com/doi/10.1111/j.1469-1809.1936.tb02137.x/pdf。
- 局部二值模式：介绍该算法的第一篇论文是"Performance evaluation of texture measures with classification based on Kullback discrimination of distributions"(1994)(作者是 T. Ojala、M. Pietikainen 和 D. Harwood)，网址为 https://ieeexplore.ieee.org/document/576366。

就本书而言，我们对这些算法做一个概述。首先，这些算法都遵循一个相似的过程：进行一组分类观察（我们的人脸数据库，每个人都包含大量样本），在此基础上训练一个模型，对脸部图像（这可能是我们在图像或视频中检测到的脸部区域）进行分析并确定两件事——主体的身份以及对这个身份是正确的信心的度量。后者通常被称为置信度。

特征脸算法执行主成分分析（PCA)，识别某一组观察数据（同样是人脸数据库）的主成分，计算当前观测值（图像或帧中检测到的人脸）相对于数据集的散度，并产生一个值。该值越小，人脸数据库与检测到的人脸之间的差异就越小，因此值为 0 表示精确匹配。

Fisherface 也是从主成分分析（PCA）衍生的，并应用了更复杂的逻辑。虽然计算更密集，但是产生的结果往往比特征脸算法更准确。

相反，LBPH 将检测到的人脸分成小单元格，并为每个单元格建立一个直方图，描述在比较给定方向的邻域像素时图像的亮度是否在增加。这个单元格的直方图可以与模型中相应的单元格进行比较，从而产生相似性度量。在 OpenCV 的人脸识别器中，LBPH 的实现是唯一允许模型样本人脸和检测到的人脸具有不同形状、不同大小的人脸识别器。因此，它很方便，本书的作者发现该算法的准确度优于其他两个算法。

3. 加载人脸识别的训练数据

无论选择什么样的人脸识别算法，我们都可以用同样的方式加载训练图像。在前面的"生成人脸识别数据"部分中，我们生成了训练图像，并将它们保存在根据人名或人名首字母进行组织的文件夹中。例如，下面的文件夹结构可以包含本书作者 Joseph Howse（J. H.）和 Joe Minichino（J. M.）的脸部图像样本：

```
../
  data/
    at/
      jh/
      jm/
```

我们编写一个脚本加载这些图像，并以一种 OpenCV 的人脸识别器能够理解的方式对它们进行标签。要处理文件系统和数据，我们将使用 Python 标准库的 os 模块以及 cv2 和 numpy 模块。我们创建以下面 import 语句开头的脚本：

```
import os

import cv2
import numpy
```

我们添加以下 read_images 函数，该函数可以遍历目录的子目录，加载图像，将这些图像调整为指定的大小，并将调整后的图像放入一个列表中。同时，该函数还构建了另外两个列表：第一个是人名或人名首字母列表（基于子文件夹名称），第二个是与加载的图像相关联的标签列表或数字 ID 列表。例如，jh 是一个名称，0 可以是从 jh 子文件夹加载的所有图像的标签。最后，该函数将图像和标签列表转换为 NumPy 数组，并返回 3 个变量：名称列表、图像的 NumPy 数组和标签的 NumPy 数组。以下是该函数的实现：

```
def read_images(path, image_size):
    names = []
    training_images, training_labels = [], []
    label = 0
    for dirname, subdirnames, filenames in os.walk(path):
        for subdirname in subdirnames:
            names.append(subdirname)
            subject_path = os.path.join(dirname, subdirname)
            for filename in os.listdir(subject_path):
                img = cv2.imread(os.path.join(subject_path, filename),
                                 cv2.IMREAD_GRAYSCALE)
                if img is None:
                    # The file cannot be loaded as an image.
                    # Skip it.
                    continue
                img = cv2.resize(img, image_size)
                training_images.append(img)
                training_labels.append(label)
            label += 1
    training_images = numpy.asarray(training_images, numpy.uint8)
    training_labels = numpy.asarray(training_labels, numpy.int32)
    return names, training_images, training_labels
```

通过添加如下代码调用 read_images 函数：

```
path_to_training_images = '../data/at'
training_image_size = (200, 200)
names, training_images, training_labels = read_images(
    path_to_training_images, training_image_size)
```

TIP 编辑之前代码块中的 path_to_training_images 变量，以确保该变量与之前“生成人脸识别数据”部分的代码中定义的 output_folder 变量的基本文件夹相匹配。

到目前为止，我们已经有了有用格式的训练数据，但是还没有创建人脸识别器，也没有进行任何训练。我们将在接下来的内容中完成这些任务，同时将继续实现同一脚本。

4. 基于特征脸进行人脸识别

既然有了训练图像数组及其标签数组，只用两行代码就可以创建和训练一个人脸识别器：

```
model = cv2.face.EigenFaceRecognizer_create()
model.train(training_images, training_labels)
```

我们在这里做了什么？我们使用 OpenCV 的 cv2.EigenFaceRecognizer_create 函数创建特征脸人脸识别器，通过传递图像数组和标签（数字 ID）数组训练识别器。我们还可以选择将两个参数传递给 cv2 .EigenFaceRecognizer_create:

- num_components：这是 PCA 需要保留的主成分量数。
- threshold：这是一个浮点值，指定置信度阈值。丢弃置信度低于阈值的人脸。默认情况下，该阈值是最大浮点值，因此不会丢弃任何人脸。

为了测试识别器，我们使用一个人脸检测器和一个摄像头的回传视频信号。正如在前面的脚本中所做的那样，我们可以使用以下代码来初始化人脸检测器：

```
face_cascade = cv2.CascadeClassifier(
    './cascades/haarcascade_frontalface_default.xml')
```

下面的代码初始化摄像头回传信号，遍历帧（直到用户按下任意键）并对每一帧进行人脸检测和识别：

```
camera = cv2.VideoCapture(0)
while (cv2.waitKey(1) == -1):
    success, frame = camera.read()
    if success:
        faces = face_cascade.detectMultiScale(frame, 1.3, 5)
        for (x, y, w, h) in faces:
            cv2.rectangle(frame, (x, y), (x+w, y+h), (255, 0, 0), 2)
            gray = cv2.cvtColor(frame, cv2.COLOR_BGR2GRAY)
            roi_gray = gray[x:x+w, y:y+h]
            if roi_gray.size == 0:
                # The ROI is empty. Maybe the face is at the image edge.
                # Skip it.
                continue
            roi_gray = cv2.resize(roi_gray, training_image_size)
            label, confidence = model.predict(roi_gray)
            text = '%s, confidence=%.2f' % (names[label], confidence)
            cv2.putText(frame, text, (x, y - 20),
                        cv2.FONT_HERSHEY_SIMPLEX, 1, (255, 0, 0), 2)
        cv2.imshow('Face Recognition', frame)
```

我们来看看前面代码块中最重要的功能。对于每个检测到的人脸，我们对它进行转换并调整它的大小，以便获得匹配预期大小的灰度版本（在本例中，预期大小是“加载人脸识别的训练数据”小节中 training_image_size 变量定义的 200 × 200 像素）。然后，将调整后的灰度人脸传递给人脸识别器的 predict 函数。该函数将返回一个标签和置信度。我们查找对应于这张脸的数字标签的人名。（请记住，我们在“加载人脸识别的训练数据”中创建了 names 数组。）我们在识别的人脸上方用蓝色文本给出姓名和置信度。在遍历所有检测到的人脸之后，显示带注释的图像。

我们采用了一种简单的方法进行人脸检测和识别，其目的是让你能够运行一个基本应用程序，并理解 OpenCV 4 中的人脸识别过程。要想改进方法并使其更加鲁棒，可以采取进一步的步骤，例如，正确地对准并旋转检测到的人脸从而最大限度地提高识别准确度。

运行脚本，你应该会看到类似于图 5-3 的效果。

图 5-3 脚本运行效果图

接下来，我们将考虑如何调整这些脚本，用其他人脸识别算法来替换特征脸。

5. 基于 Fisherface 进行人脸识别

如何基于 Fisherface 进行人脸识别？这个过程与上述过程并无多大变化，只需要实例化一个不同的算法。使用默认参数，`model` 变量的声明如下：

```
model = cv2.face.FisherFaceRecognizer_create()
```

`cv2.face.FisherFaceRecognizer_create` 接受与 `cv2.createEigenFaceRecognizer_create` 相同的两个可选参数：要保留的主成分数量和置信度阈值。

6. 基于 LBPH 进行人脸识别

最后，我们快速了解一下 LBPH 算法。同样，该过程也类似上述过程。可是，算法工厂接受以下可选参数（按顺序）：

- `radius`：用于计算单元格直方图的邻域之间的像素距离（默认为 1）。
- `neighbors`：用于计算单元格直方图的邻域数（默认为 8）。
- `grid_x`：水平分割人脸的单元格数量（默认为 8）。
- `grid_y`：垂直分割人脸的单元格数量（默认为 8）。
- `confidence`：置信度阈值（默认情况下，为可能的最高浮点值，这样就不会丢弃任何结果)。

使用默认参数，model 声明如下所示：

```
model = cv2.face.LBPHFaceRecognizer_create()
```

请注意，使用 LBPH，我们不需要调整图像的大小，因为划分为网格允许对每个单元格中识别的模式进行比较。

7. 基于置信度丢弃结果

predict 方法返回一个元组，其中第一个元素是识别到的个体的标签，第二个元素是置信度。所有的算法都带有设置置信度阈值的选项，该阈值测量识别到的人脸与原始模型的匹配程度，因此，分值为 0 表示完全匹配。

在某些情况下，你可能宁愿保留所有的识别结果，再应用进一步的处理，这样你就可以提出自己的算法来估计识别结果的置信度。例如，如果你尝试着识别视频中的人，你可能希望分析随后帧中的置信度，以确定是否识别成功。在这种情况下，你可以查看算法获得的置信度，并得出自己的结论。

置信度典型的取值范围取决于算法。特征脸和 Fishface 产生的值的范围（大致）在 0～20 000，低于 4000 的所有分值都表示是一个相当有信心的识别结果。对于 LBPH，好的识别结果的参考值低于 50，所有超过 80 的值都被认为是糟糕的置信度。

常规的自定义方法是，直到有足够多的具有令人满意的任意置信度的帧数时，才在识别到的人脸周围绘制矩形，但是你完全可以使用 OpenCV 的人脸识别模块来根据需要定制应用程序。

5.5 在红外线下换脸

人脸检测和识别并不局限于可见光谱。在近红外（Near-Infrared，NIR）摄像头和近红外光源下，即使在人眼看来是全黑的场景中，人脸检测和识别也是可能的。这个功能在安全和监视应用程序中非常有用。

在第 4 章中，我们研究了华硕 Xtion PRO 等近红外深度摄像头的基本用法。我们扩展了交互式应用程序 Cameo 的面向对象代码。我们用深度摄像头拍摄了一些画面。根据深度，我们将每一帧分割成一个主层（如用户的脸）和其他层。把其他图层涂成黑色，这样就达到了隐藏背景的效果，使得交互视频信号中只有主层（用户的脸）出现在屏幕上。

现在，我们修改 Cameo，练习之前的深度分割技能以及人脸检测的新技能。我们来检测人脸，当同一帧中检测到至少两张人脸时，交换这两张脸，使一个人的头出现在另一个人的身体上。我们不会复制检测到的人脸矩形中的所有像素，而是只复制该矩形主深度层的一部分像素。这应该实现了换脸的效果，而不交换脸周围的背景像素。

一旦完成修改，Cameo 将能够产生类似图 5-4 的输出。

图 5-4　换脸效果图

我们看到约瑟夫·豪斯的脸和他母亲珍妮特·豪斯（Janet Howse）的脸互换了。尽管 Cameo 是从矩形区域复制像素（在前景中，交换区域的底部清晰可见），一些背景像素没有交换，所以我们不会看到所有地方都有矩形边缘。

你可以在 https://github.com/PacktPublishing/Learning-OpenCV-4-Computer-Vision-with-Python-Third-Edition 处找到本书库中对 Cameo 源代码的所有相关更改，特别是在 `chapter05/cameo` 文件夹中的修改。为简单起见，我们不会在本书中讨论所有的修改，但是将在接下来的两个小节中讨论一些重点内容。

5.5.1　修改应用程序的循环

为了支持换脸功能，Cameo 项目有两个新模块，名为 `rects` 和 `trackers`。`rects` 模块包含用于复制和交换矩形的函数，带有一个可选的掩模，可将复制或交换操作限制在特定像素。`trackers` 模块包含一个名为 `FaceTracker` 的类，它使 OpenCV 的人脸检测功能适应面向对象的编程风格。

因为我们已经在本章前面介绍了 OpenCV 的人脸检测功能，并且已经在前面的章节中演示了面向对象的编程风格，所以这里不再讨论 `FaceTracker` 的实现。你可以在本书的库中查看 `FaceTracker` 的实现。

打开 `cameo.py`，这样就可以浏览对应用程序的全部更改：

（1）在文件的顶部，需要导入新的模块，如下列代码块中的粗体所示：

```
import cv2
import depth
```

```
import filters
from managers import WindowManager, CaptureManager
import rects
from trackers import FaceTracker
```

（2）现在，我们把注意力转向对 CameoDepth 类的 __init__ 方法的修改。更新后的应用程序使用了一个 FaceTracker 实例。作为其功能的一部分，FaceTracker 可以在检测到的人脸周围绘制矩形。我们给 Cameo 的用户一个选项来启用或禁用脸部矩形的绘制。我们将通过一个布尔变量跟踪当前选择的选项。下面的代码块显示了初始化 FaceTracker 对象和布尔变量所需的更改（以粗体显示）：

```
class CameoDepth(Cameo):

    def __init__(self):
        self._windowManager = WindowManager('Cameo',
                                            self.onKeypress)
        #device = cv2.CAP_OPENNI2 # uncomment for Kinect
        device = cv2.CAP_OPENNI2_ASUS # uncomment for Xtion
        self._captureManager = CaptureManager(
            cv2.VideoCapture(device), self._windowManager, True)
        self._faceTracker = FaceTracker()
        self._shouldDrawDebugRects = False
        self._curveFilter = filters.BGRPortraCurveFilter()
```

我们在 CameoDepth 的 run 方法中使用了 FaceTracker 对象，该方法包含捕获和处理帧的应用程序主循环。每成功捕获一帧，就调用 FaceTracker 的方法来更新人脸检测结果，并获取最新检测到的人脸。然后，对于每张脸，根据深度摄像头视差图创建掩模。（在第 4 章中，我们针对整个图像创建了一个这样的掩模，而不是针对每个人脸矩形创建掩模。）然后，调用函数 rects.swapRects 来执行人脸矩形的掩模交换。（稍后，我们将在 5.5.2 节中讨论 swapRects 的实现。）

（3）根据当前选择的选项，我们可能会让 FaceTracker 在人脸周围绘制矩形。所有相关的更改在下面的代码块中以粗体显示：

```
    def run(self):
        """Run the main loop."""
        self._windowManager.createWindow()
        while self._windowManager.isWindowCreated:
            # ... The logic for capturing a frame is unchanged ...

            if frame is not None:
                self._faceTracker.update(frame)
                faces = self._faceTracker.faces
                masks = [
                    depth.createMedianMask(
                        disparityMap, validDepthMask,
                        face.faceRect) \
                    for face in faces
                ]
                rects.swapRects(frame, frame,
                                [face.faceRect for face in faces],
```

```
                                    masks)
                    if self._captureManager.channel ==
cv2.CAP_OPENNI_BGR_IMAGE:
                        # A BGR frame was captured.
                        # Apply filters to it.
                        filters.strokeEdges(frame, frame)
                        self._curveFilter.apply(frame, frame)

                    if self._shouldDrawDebugRects:
                        self._faceTracker.drawDebugRects(frame)

                self._captureManager.exitFrame()
                self._windowManager.processEvents()
```

（4）最后，修改 onKeypress 方法以便用户可以按 *X* 键开始或停止显示检测到的人脸周围的矩形。同样，相关的更改在下面的代码块中以粗体显示：

```
def onKeypress(self, keycode):
    """Handle a keypress.

    space -> Take a screenshot.
    tab -> Start/stop recording a screencast.
    x -> Start/stop drawing debug rectangles around faces.
    escape -> Quit.

    """
    if keycode == 32: # space
        self._captureManager.writeImage('screenshot.png')
    elif keycode == 9: # tab
        if not self._captureManager.isWritingVideo:
            self._captureManager.startWritingVideo(
                'screencast.avi')
        else:
            self._captureManager.stopWritingVideo()
    elif keycode == 120: # x
        self._shouldDrawDebugRects = \
            not self._shouldDrawDebugRects
    elif keycode == 27: # escape
        self._windowManager.destroyWindow()
```

接下来，我们来看在本节前面导入的 rects 模块的实现。

5.5.2　掩模复制操作

rects 模块是在 rects.py 中实现的。在5.5.1节中，我们已经看到对 rects.swapRects 函数的一个调用。可是，在考虑 swapRects 的实现之前，我们首先需要一个更基本的 copyRect 函数。

回到第2章，我们学习了如何使用 NumPy 的切片语法将数据从一个感兴趣的矩形区域复制到另一个感兴趣的矩形区域。在感兴趣的矩形区域之外，源和目标图像不受影响。现在，我们想进一步限制这个复制操作。我们想要使用一个与源矩形相同大小的给定掩模。

我们将只复制源矩形中掩模值不为零的那些像素。其他像素应保留目标图像的原始值。这个逻辑包含一个条件数组和两个可能的输出值数组，可以用 numpy.where 函数简洁地表达。

牢记这种方法，我们来考虑 copyRect 函数。它接受一幅源图像和目标图像、一个源矩形和目标矩形，以及一个掩模作为参数。后者可能是 None，在这种情况下，只需调整源矩形的内容大小以匹配目标矩形，然后将调整后的内容分配给目标矩形即可。否则，接下来就要确保掩模和图像有相同的通道数。假设掩模有一个通道，但是图像可能有三个通道（BGR）。我们可以使用 numpy.array 的 repeat 和 reshape 方法将重复通道添加到掩模中。最后，使用 numpy.where 执行复制操作。完整的实现如下：

```
def copyRect(src, dst, srcRect, dstRect, mask = None,
             interpolation = cv2.INTER_LINEAR):
    """Copy part of the source to part of the destination."""

    x0, y0, w0, h0 = srcRect
    x1, y1, w1, h1 = dstRect

    # Resize the contents of the source sub-rectangle.
    # Put the result in the destination sub-rectangle.
    if mask is None:
        dst[y1:y1+h1, x1:x1+w1] = \
            cv2.resize(src[y0:y0+h0, x0:x0+w0], (w1, h1),
                       interpolation = interpolation)
    else:
        if not utils.isGray(src):
            # Convert the mask to 3 channels, like the image.
            mask = mask.repeat(3).reshape(h0, w0, 3)
        # Perform the copy, with the mask applied.
        dst[y1:y1+h1, x1:x1+w1] = \
            numpy.where(cv2.resize(mask, (w1, h1),
                                   interpolation = \
                                   cv2.INTER_NEAREST),
                        cv2.resize(src[y0:y0+h0, x0:x0+w0], (w1, h1),
                                   interpolation = interpolation),
                        dst[y1:y1+h1, x1:x1+w1])
```

我们还需要定义 swapRects 函数，该函数使用 copyRect 来执行矩形区域列表的循环交换。swapRects 有一个 mask 参数，它是一个掩模列表，其中的元素将传递给各自的 copyRect 调用。如果 mask 参数的值为 None，则将 None 传递给每个 copyRect 调用。下面的代码显示了 swapRects 的完整实现：

```
def swapRects(src, dst, rects, masks = None,
              interpolation = cv2.INTER_LINEAR):
    """Copy the source with two or more sub-rectangles swapped."""

    if dst is not src:
        dst[:] = src

    numRects = len(rects)
    if numRects < 2:
```

```
        return

    if masks is None:
        masks = [None] * numRects

    # Copy the contents of the last rectangle into temporary storage.
    x, y, w, h = rects[numRects - 1]
    temp = src[y:y+h, x:x+w].copy()

    # Copy the contents of each rectangle into the next.
    i = numRects - 2
    while i >= 0:
        copyRect(src, dst, rects[i], rects[i+1], masks[i],
                 interpolation)
        i -= 1

    # Copy the temporarily stored content into the first rectangle.
    copyRect(temp, dst, (0, 0, w, h), rects[0], masks[numRects - 1],
             interpolation)
```

请注意，copyRect 中的 mask 参数和 swapRects 中的 masks 参数的默认值都是 None。如果没有指定掩模，这些函数将复制或交换矩形的全部内容。

5.6 本章小结

至此，你应该对人脸检测和人脸识别的工作原理以及如何用 Python 和 OpenCV 4 实现这些内容有了很好的了解。

人脸检测和人脸识别是计算机视觉领域不断发展的分支，其算法也在不断发展，随着人们对机器人和物联网（Internet of Things，IoT）越来越感兴趣，人脸检测和人脸识别将会发展得更快。

目前，检测和识别算法的准确率很大程度上取决于训练数据的质量，因此请确保提供给应用程序的大量训练图像包含各种表情、姿态以及光照条件。

作为人类，我们可能倾向于认为人脸是特别容易辨别的。我们甚至可能对自己的人脸识别能力过度自信。但是，在计算机视觉中，人脸并没有什么特别之处，我们也可以轻松地利用算法发现并识别其他事物体。我们将在第 6 章中开始这一任务。

CHAPTER 6

第6章 使用图像描述符检索和搜索图像

类似于人的眼睛和大脑，OpenCV可以检测图像的主要特征并将这些特征提取到所谓的图像描述符中。然后，可以将这些特征作为数据库，支持基于图像的搜索。此外，我们可以使用关键点将图像拼接起来，组成更大的图像。（想象一下把很多图片放到一起组成一幅360°的全景图。）

本章将展示如何使用OpenCV检测图像中的特征，并利用这些特征匹配和检索图像。在本章的学习过程中，我们会获取样本图像并检测其主要特征，然后试着在另一幅图像中找到与样本图像匹配的区域。我们还将找到样本图像和另一幅图像匹配区域之间的单应性或者空间关系。

本章将介绍以下主题：

- 利用任意一种算法（Harris角点、SIFT、SURF或者ORB）检测关键点并提取关键点周围的局部描述符。
- 使用蛮力算法或者FLANN算法匹配关键点。
- 使用KNN和比率检验过滤糟糕的匹配结果。
- 求两组匹配关键点之间的单应性。
- 搜索一组图像，确定哪一幅图像包含参考图像的最佳匹配。

我们将通过构建一个“概念－验证”的司法鉴定应用程序来完成本章的内容。给定一个文身的参考图像，我们将搜索一组人的图像，以便找出与文身匹配的人。

6.1 技术需求

本章使用了Python、OpenCV以及NumPy。关于OpenCV，我们使用了可选的`opencv_contrib`模块，包括关键点检测和匹配的附加算法。要启用SIFT和SURF算法（拥有专利，商业使用不免费），我们必须在CMake中配置具有`OPENCV_ENABLE_NONFREE`标志的`opencv_contrib`模块。安装说明请参阅第1章。此外，如果你还没有安装Matplotlib，可以运行`$ pip install matplotlib`（或`$ pip3 install matplotlib`，取决于环境）安装Matplotlib。

本章的完整代码可以在本书的 GitHub 库（https://github.com/PacktPublishing/Learning-OpenCV-4-Computer-Vision-with-Python-Third-Edition）的 `chapter06` 文件夹中找到。示例图像可以在 `images` 文件夹中找到。

6.2 理解特征检测和匹配的类型

有许多算法可以用来检测和描述特征，本节将探讨其中一些算法。OpenCV 中最常用的特征检测和描述符提取算法如下：

- Harris：该算法适用于角点检测。
- SIFT：该算法适用于斑点检测。
- SURF：该算法适用于斑点检测。
- FAST：该算法适用于角点检测。
- BRIEF：该算法适用于斑点检测。
- ORB：它是 Oriented FAST 和 Rotated BRIEF 的联合缩写。ORB 对于角点和斑点的组合检测很有用。

可以通过下列方法进行特征匹配：

- 蛮力匹配。
- 基于 FLANN 的匹配。

可以通过单应性进行空间验证。

我们刚刚介绍了很多新的术语和算法。现在，我们来讨论它们的基本定义。

特征定义

究竟什么是特征？为什么图像的某个特定区域可以归类为特征，而其他区域则不能分类为特征呢？广义地说，特征是图像中独特或容易识别的一个感兴趣区域。具有高密度纹理细节的角点和区域是好的特征，而在低密度区域（如蓝天）不断重复出现的模式就不是好的特征。边缘是好的特征，因为它们倾向于把图像分割成两个区域。斑点（与周围区域有很大差别的图像区域）也是一个有趣的特征。

大多数特征检测算法都围绕着角点、边缘和斑点的识别展开，有些还关注岭（ridge）的概念，其中岭可以概念化为细长物体的对称轴。（例如，想象一下识别图像中的道路。）

有些算法更擅长识别和提取特定类型的特征，所以了解输入图像是什么很重要，这样就可以利用 OpenCV 中的最佳工具了。

6.3 检测 Harris 角点

我们首先介绍 Harris 角点检测算法。我们通过一个示例来完成角点检测任务。如果你在阅读本书之后，还继续学习 OpenCV，那么你会发现棋盘是计算机视觉分析的一个常见主体，部分原因是棋盘模式适用于多种类型的特征检测，还有部分原因是下棋是一种流行的消遣方式，尤其是在俄罗斯——那里有许多 OpenCV 开发人员。

图 6-1 是棋盘和棋子的示例图像。

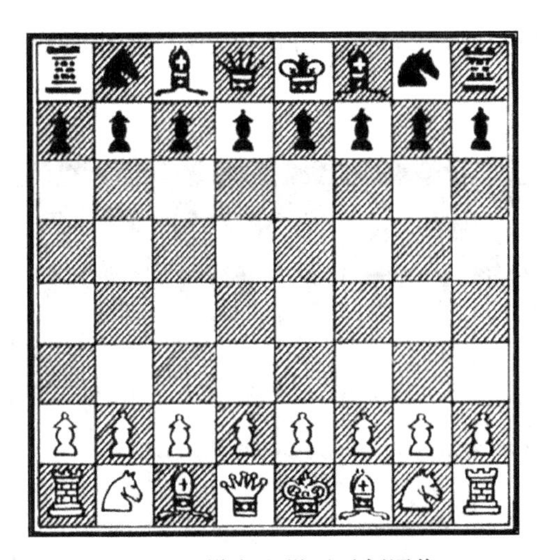

图 6-1　棋盘和棋子示例图像

OpenCV 有一个名为 `cv2.cornerHarris` 的方便函数，用于检测图像中的角点。在下面的基本示例中，我们可以看一下该函数的工作情况：

```
import cv2

img = cv2.imread('../images/chess_board.png')
gray = cv2.cvtColor(img, cv2.COLOR_BGR2GRAY)
dst = cv2.cornerHarris(gray, 2, 23, 0.04)
img[dst > 0.01 * dst.max()] = [0, 0, 255]
cv2.imshow('corners', img)
cv2.waitKey()
```

我们来分析一下代码。常规导入之后，加载棋盘图像并将其转换成灰度图像。接下来，调用 `cornerHarris` 函数：

```
dst = cv2.cornerHarris(gray, 2, 23, 0.04)
```

这里最重要的参数是第 3 个参数，定义了索贝尔（Sobel）算子的孔径或核大小。索贝尔算子通过测量邻域像素值之间的水平和垂直差异来检测边缘，并使用核来实现这一任务。`cv2.cornerHarris` 函数使用的索贝尔算子的孔径由此参数定义。简单地说，这些参数定义了角点检测的灵敏度。这个参数值必须是在 3 ～ 31 之间的奇数值。对于 3 这样的低值（高灵敏度），棋盘上黑色方格中所有斜线接触到方格边界时，都将记录为角点。对于 23 这样的高值（低灵敏度），只有每个方格的角才会被检测为角点。

cv2.cornerHarris 返回浮点格式的图像。该图像中的每个值表示源图像对应像素的一个分值。中等的分值或者高的分值表明像素很可能是一个角点。相反，分值最低的像素可以视为非角点。考虑下面的代码行：

```
img[dst > 0.01 * dst.max()] = [0, 0, 255]
```

这里，我们选取的像素的分值至少是最高分值的 1%，并在原始图像中将这些像素涂成红色，结果如图 6-2 所示。

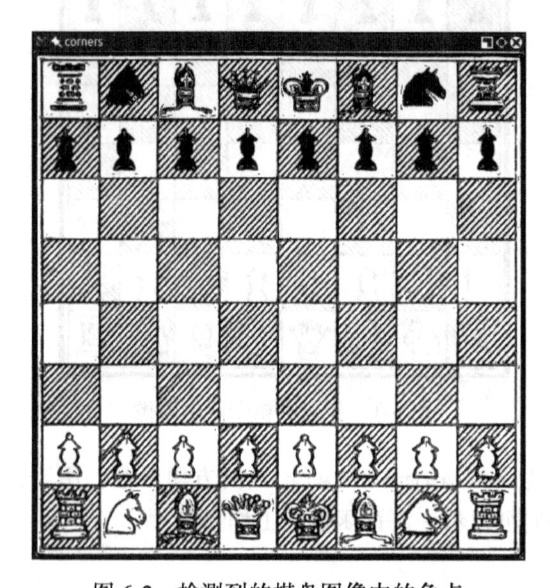

图 6-2　检测到的棋盘图像中的角点

太棒了！几乎所有检测到的角点都标记为红色。标记的点包括棋盘方格上几乎所有的角点。

如果调整 cv2.cornerHarris 中的第 2 个参数，我们将看到较小的区域（对应于较小的参数值）或者较大的区域（对应于较大的参数值）被检测为角点。这个参数称为块大小。

6.4　检测 DoG 特征并提取 SIFT 描述符

上述技术使用 cv2.cornerHarris，能很好地检测角点且有明显的优势，因为角就是角点，即使旋转图像也能检测到这些角点。但是，如果将图像缩放到更小或者更大的尺寸，图像的某些部分可能丢失或者获得高质量的角点。

例如，图 6-3 是 F1 意大利大奖赛赛道的一幅图像的角点检测结果。

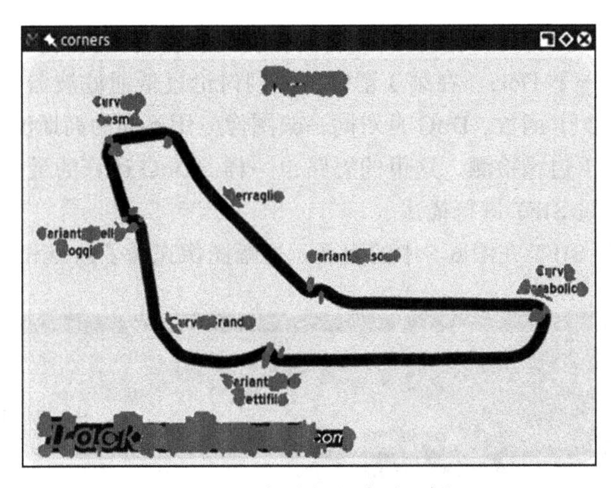

图 6-3　赛道角点检测示例

图 6-4 是基于同一幅图像的一个更小版本的角点检测结果。

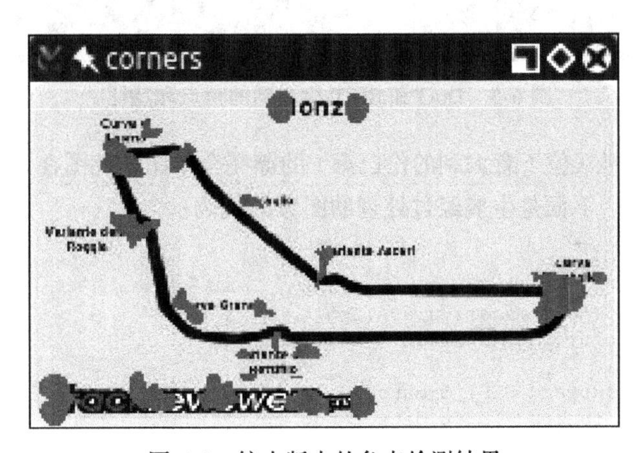

图 6-4　较小版本的角点检测结果

你会注意到角点是如何变得更紧凑的，可是，尽管我们获得了一些角点，但是也丢失了一些角点！比如，我们来检查一下阿斯卡里（Variante Ascari）减速弯道，这条位于从西北直到东南的赛道尽头的弯道看起来像波形曲线。在大版本的图像中，双弯道的入口和顶端都被检测为角点。在缩小版本的图像中，没有检测到这样的顶端。如果进一步缩小图像，在某种程度上我们还会丢失弯道入口的角点。

这种特征的丢失引发了一个问题：我们需要一种算法，不管图像大小都能工作。于是尺度不变特征变换（Scale-Invariant Feature Transform，SIFT）登场了。虽然这个名字听起来有点神秘，但是既然我们知道了要解决什么问题，它实际上就是有意义的。我们需要一个函数（变换）来检测特征（特征变换），并且不会因图像尺度的不同而输出不同的结果（尺度不变特征变换）。请注意，SIFT 不检测关键点（用高斯差分（Difference of Gaussian,

DoG）来完成），而是通过特征向量描述其周围的区域。

接下来快速浏览一下 DoG。在第3章中，我们讨论过低通滤波器和模糊运算，特别是 `cv2.GaussianBlur()` 函数。DoG 是对同一幅图像应用不同的高斯滤波器的结果。之前，我们将这类技术应用于边缘检测，这里的思路也一样。DoG 运算的最终结果包含感兴趣区域（关键点），然后通过 SIFT 进行描述。

我们来看 DoG 和 SIFT 在图 6-5 中的表现，这幅图像充满了角点和特征。

图 6-5　DoG 和 SIFT 检测到的角点和特征

这里使用了瓦雷兹（位于意大利的伦巴第）的漂亮全景图，此图在计算机视觉领域作为一个主体而声名鹊起。下面是生成经过处理的图像的代码：

```
import cv2

img = cv2.imread('../images/varese.jpg')
gray = cv2.cvtColor(img, cv2.COLOR_BGR2GRAY)

sift = cv2.xfeatures2d.SIFT_create()
keypoints, descriptors = sift.detectAndCompute(gray, None)

cv2.drawKeypoints(img, keypoints, img, (51, 163, 236),
                  cv2.DRAW_MATCHES_FLAGS_DRAW_RICH_KEYPOINTS)

cv2.imshow('sift_keypoints', img)
cv2.waitKey()
```

常规导入后，加载想要处理的图像。然后，把图像转换成灰度图像。至此，你可能已经发现 OpenCV 中的很多方法都需要灰度图像作为输入。下一步是创建 SIFT 检测对象，并计算灰度图像的特征和描述符：

```
sift = cv2.xfeatures2d.SIFT_create()
keypoints, descriptors = sift.detectAndCompute(gray, None)
```

在后台，这些简单的代码行执行了一个复杂的过程：创建一个 `cv2.SIFT` 对象，该对象使用 DoG 检测关键点，再计算每个关键点周围区域的特征向量。正如 `detectAndCompute`

方法的名字清楚表明的那样，该方法主要执行两项操作：特征检测和描述符计算。该操作的返回值是一个元组，包含一个关键点列表和另一个关键点的描述符列表。

最后，用 cv2.drawKeypoints 函数在图像上绘制关键点，然后用常规的 cv2.imshow 函数对其进行显示。作为其中一个参数，cv2.drawKeypoints 函数接受一个指定想要的可视化类型的标志。这里，我们指定 cv2.DRAW_MATCHES_FLAGS_DRAW_RICH_KEYPOINT，以便绘制出每个关键点的尺度和方向的可视化效果。

关键点剖析

每个关键点都是 cv2.KeyPoint 类的一个实例，具有以下属性：

- pt（点）属性包括图像中关键点的 x 和 y 坐标。
- size 属性表示特征的直径。
- angle 属性表示特征的方向，如前面处理过的图像中的径向线所示。
- response 属性表示关键点的强度。由 SIFT 分类的一些特征比其他特征更强，response 可以评估特征强度。
- octave 属性表示发现该特征的图像金字塔层。我们简单回顾一下 5.2 节中介绍过的图像金字塔的概念。SIFT 算法的操作方式类似于人脸检测算法，迭代处理相同的图像，但是每次迭代时都会更改输入。具体来说，图像尺度是在算法每次迭代（octave）时都变化的一个参数。因此，octave 属性与检测到关键点的图像尺度有关。
- class_id 属性可以用来为一个关键点或者一组关键点分配自定义的标识符。

6.5 检测快速 Hessian 特征并提取 SURF 描述符

计算机视觉是计算机科学中相对较新的一个分支，因此许多著名的算法和技术都是最近才出现的。实际上，SIFT 是在 1999 年由 David Lowe 发布的，才只有 20 多年的历史。

SURF 是在 2006 年由 Herbert Bay 发布的一种特征检测算法。SURF 要比 SIFT 快几倍，而且是受到了 SIFT 的启发。

> 请注意，SIFT 和 SURF 都是授权专利算法，因此，只有在 opencv_contrib 构建中使用了 OPENCV_ENABLE_NONFREE CMake 标志时才可用。

对于本书来说，了解 SURF 的工作原理并不是特别重要，我们可以将其应用到应用程序中并对其进行充分利用。重要的是理解 cv2.SURF 是一个 OpenCV 类，用快速 Hessian 算法进行关键点检测，并用 SURF 进行描述符提取，就像 cv2.SIFT 类一样（用 DoG 进行关键点检测，用 SIFT 进行描述符提取）。

此外，好消息是 OpenCV 为它所支持的所有特征检测和描述符提取算法提供了标准的 API。因此，只需要做一些细微的改变，就可以修改前面的代码示例来使用 SURF（而不是

SIFT)。下面是修改后的代码，修改部分用粗体表示：

```
import cv2

img = cv2.imread('../images/varese.jpg')
gray = cv2.cvtColor(img, cv2.COLOR_BGR2GRAY)

surf = cv2.xfeatures2d.SURF_create(8000)
keypoints, descriptor = surf.detectAndCompute(gray, None)

cv2.drawKeypoints(img, keypoints, img, (51, 163, 236),
                  cv2.DRAW_MATCHES_FLAGS_DRAW_RICH_KEYPOINTS)

cv2.imshow('surf_keypoints', img)
cv2.waitKey()
```

cv2.xfeatures2d.SURF_create 的参数是快速 Hessian 算法的一个阈值。通过增加阈值，可以降低保留下来的特征数量。阈值为 8000 时，得到的结果如图 6-6 所示。

图 6-6 阈值为 8000 时 SURF 算法的执行结果

试着调整阈值，看看阈值对结果的影响。作为练习，你可能希望构建带有控制阈值的滑块的 GUI 应用程序。通过这种方式，用户可以调整阈值，查看以反比的形式增加和减少的特征数量。在 4.7 节中，我们构建了一个带有滑块的 GUI 应用程序，因此可以参考那部分内容。

接下来，我们将研究 FAST 角点检测器、BRIEF 关键点描述符和 ORB（把 FAST 和 BRIEF 结合在一起使用）。

6.6 使用基于 FAST 特征和 BRIEF 描述符的 ORB

如果说 SIFT 还很年轻，SURF 更年轻，那么 ORB 就还处于婴儿期。ORB 首次发布于 2011 年，作为 SIFT 和 SURF 的一个快速代替品。

该算法发表在论文“ORB: an efficient alternative to SIFT or SURF”上，可以在 http://

www.willowgarage.com/sites/default/files/orb_final.pdf 处找到 PDF 格式的论文。

ORB 融合了 FAST 关键点检测器和 BRIEF 关键点描述符，所以有必要先了解一下 FAST 和 BRIEF。接下来，我们将讨论蛮力匹配（用于特征匹配的算法）并举一个特征匹配的例子。

6.6.1 FAST

加速分割测试的特征（Feature from Accelerated Segment Test，FAST）算法是通过分析 16 个像素的圆形邻域来实现的。FAST 算法把邻域内每个像素标记为比特定阈值更亮或更暗，该阈值是相对于圆心定义的。如果邻域包含若干标记为更亮或更暗的一系列连续像素，那么这个邻域就被视为角点。

FAST 还使用了一种高速测试，有时可以通过只检查 2 个或者 4 个像素（而不是 16 个像素）来确定邻域不是角点。要了解这个测试如何工作，我们来看一下图 6-7（选自 OpenCV 文档）。

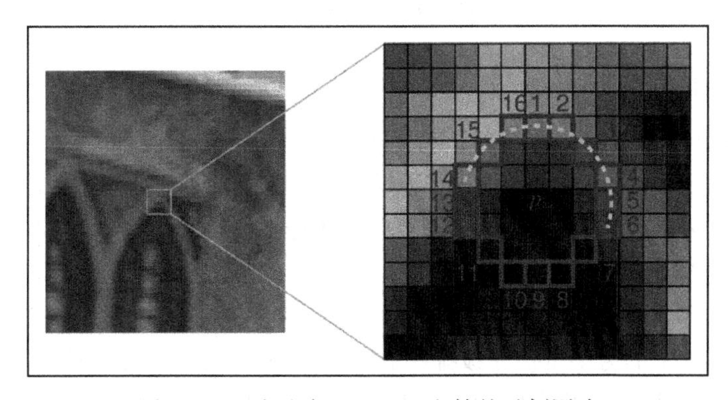

图 6-7　一张选自 OpenCV 文档的示例图片

在图 6-7 中两个不同的放大倍数下，我们可以看到一个 16 像素的邻域。位于 1、5、9 和 13 处的像素对应于圆形邻域边缘的 4 个方位基点。如果邻域是一个角点，那么预计在这 4 个像素中，刚好有 3 个像素或者 1 个像素比阈值亮。（另一种说法是刚好有 1 个或者 3 个像素比阈值暗。）如果其中刚好有 2 个比阈值亮，那么该领域是一条边，而不是一个角点。如果其中刚好有 4 个或者 0 个比阈值亮，那么该领域相对一致，既不是角点也不是边。

FAST 是一个智能算法，但是它并不是没有缺点，为了弥补这些缺点，从事图像分析的开发人员可以实现一种机器学习算法，以便为算法提供一组（与给定应用程序相关的）图像，从而优化阈值等参数。不管开发人员是直接指定参数，还是为机器学习方法提供一个训练集，FAST 都是对输入很敏感的一种算法，也许比 SIFT 更敏感。

6.6.2 BRIEF

另外，二值鲁棒独立基本特征（Binary Robust Independent Elementary Feature，BRIEF）并

非特征检测算法，而是一个描述符。我们来更深入地研究一下描述符的概念，然后再来研究 BRIEF。

在前面用 SIFT 和 SURF 分析图像时，整个过程的核心是调用 `detectAndCompute` 函数。此函数执行两个不同的步骤——检测和计算，它们返回 2 个不同的结果（耦合到一个元组中）。

检测结果是一组关键点，计算结果是这些关键点的一组描述符。这意味着 OpenCV 的 `cv2.SIFT` 和 `cv2.SURF` 类都实现了检测和描述算法。请记住，原始的 SIFT 和 SURF 不是特征检测算法。OpenCV 的 `cv2.SIFT` 实现了 DoG 特征检测和 SIFT 描述，而 OpenCV 的 `cv2.SURF` 实现了快速 Hessian 特征检测和 SURF 描述。

关键点描述符是图像的一种表示，充当特征匹配的通道，因为你可以比较两幅图像的关键点描述符并发现它们的共性。

BRIEF 是目前最快的描述符之一。BRIEF 背后的理论相当复杂，但是可以这样说，BRIEF 采用一系列优化，使其成为特征匹配的一个非常好的选择。

6.6.3　蛮力匹配

蛮力匹配器是一个描述符匹配器，它比较两组关键点描述符并生成匹配列表。之所以称为蛮力匹配，是因为在该算法中几乎不涉及优化。对于第一个集合中的每个关键点描述符，匹配器将之与第二个集合中的每个关键点描述符进行比较。每次比较产生一个距离值，并基于最小距离选择最佳匹配。

概括地说，在计算中，“蛮力”一词是指将所有可能组合（例如，破解已知长度密码的所有可能的字符组合）的穷举按优先级排序的方法。相反，优先考虑速度的算法可能会跳过一些可能性，并试图走一条捷径来找到看似最合理的解决方案。

OpenCV 提供了一个 `cv2.BFMatcher` 类，支持几种蛮力特征匹配的方法。

6.6.4　匹配两幅图像中的标识

既然我们已经大致了解了什么是 FAST 和 BRIEF，我们就可以理解为什么 ORB 背后的团队（由 Ethan Rublee、Vincent Rabaud、Kurt Konolige 和 Gary R. Bradski 组成）选择这两种算法作为 ORB 的基础了。

在其论文中，作者的目标是实现以下结果：

- 为 FAST 增加一个快速且准确的定位组件。
- 面向 BRIEF 特征的高效计算。
- 面向 BRIEF 特征的方差和相关性分析。
- 在旋转不变性下去相关 BRIEF 特征的一种学习方法，在最近邻应用中产生更好的性能。

要点很清晰：ORB 的目标是优化和加速操作，包括非常重要的以旋转感知的方式利用 BRIEF 的步骤，这样匹配就得以改善，即使在训练图像与查询图像有非常不同的旋转状态的情况下也是如此。

不过，在这个阶段，你可能已经了解了足够的理论，希望深入研究一些特征匹配，我们来看一些代码。下面的脚本试图将标识中的特征与包含该标识的照片中的特征进行匹配：

```
import cv2
from matplotlib import pyplot as plt

# Load the images.
img0 = cv2.imread('../images/nasa_logo.png',
                  cv2.IMREAD_GRAYSCALE)
img1 = cv2.imread('../images/kennedy_space_center.jpg',
                  cv2.IMREAD_GRAYSCALE)

# Perform ORB feature detection and description.
orb = cv2.ORB_create()
kp0, des0 = orb.detectAndCompute(img0, None)
kp1, des1 = orb.detectAndCompute(img1, None)

# Perform brute-force matching.
bf = cv2.BFMatcher(cv2.NORM_HAMMING, crossCheck=True)
matches = bf.match(des0, des1)

# Sort the matches by distance.
matches = sorted(matches, key=lambda x:x.distance)

# Draw the best 25 matches.
img_matches = cv2.drawMatches(
    img0, kp0, img1, kp1, matches[:25], img1,
    flags=cv2.DRAW_MATCHES_FLAGS_NOT_DRAW_SINGLE_POINTS)

# Show the matches.
plt.imshow(img_matches)
plt.show()
```

我们一步一步地查看这段代码。在通常的导入语句之后，我们以灰度格式加载两幅图像（查询图像和场景）。图 6-8 是查询图像，它是美国国家航空航天局标识。图 6-9 是肯尼迪航天中心的照片。

图 6-8　查询图像

图 6-9　肯尼迪航天中心照片

现在，我们继续创建 ORB 特征检测器和描述符：

```
# Perform ORB feature detection and description.
orb = cv2.ORB_create()
kp0, des0 = orb.detectAndCompute(img0, None)
kp1, des1 = orb.detectAndCompute(img1, None)
```

与使用 SIFT 和 SURF 的方式类似，我们检测并计算这两幅图像的关键点和描述符。

从这里开始，概念非常简单：遍历描述符并确定是否匹配，然后计算匹配的质量（距离），并对匹配进行排序，这样就可以在一定程度上显示前 *n* 个匹配，它们实际上匹配了两幅图像上的特征。`cv2.BFMatcher` 可以实现这一任务：

```
# Perform brute-force matching.
bf = cv2.BFMatcher(cv2.NORM_HAMMING, crossCheck=True)
matches = bf.match(des0, des1)

# Sort the matches by distance.
matches = sorted(matches, key=lambda x:x.distance)
```

在此阶段，我们已经有了需要的所有信息，但是作为计算机视觉爱好者，我们非常重视数据的可视化表示，所以我们在 `matplotlib` 图表中绘制这些匹配：

```
# Draw the best 25 matches.
img_matches = cv2.drawMatches(
    img0, kp0, img1, kp1, matches[:25], img1,
    flags=cv2.DRAW_MATCHES_FLAGS_NOT_DRAW_SINGLE_POINTS)

# Show the matches.
plt.imshow(img_matches)
plt.show()
```

TIP Python 的切片语法非常健壮。如果 `matches` 列表中包含的项少于 25 个，那么 `matches[:25]` 切片命令将正常运行，并提供与原始列表包含同样多元素的列表。

匹配结果如图 6-10 所示。

图 6-10 匹配结果

你可能会认为这是一个令人失望的结果。实际上，我们可以看到大多数匹配都是假匹配。不幸的是，这很典型。为了改善匹配结果，我们需要应用其他技术来过滤糟糕的匹配。接下来我们将把注意力转向这项任务。

6.7 使用 K 最近邻和比率检验过滤匹配

想象一下，一大群知名哲学家邀请你评判他们关于对生命、宇宙和一切事物都很重要的一个问题的辩论。在每位哲学家轮流发言时，你都会认真听。最后，在所有哲学家都发表完他们所有的论点时，你浏览笔记，会发现以下两件事：

- 每位哲学家都不赞同其他哲学家的观点。
- 没有哲学家比其他哲学家更有说服力。

根据最初的观察，你推断最多只有一位哲学家的观点是正确的，但事实上，也有可能所有哲学家的观点都是错误的。然后，根据第二次观察，即使其中一位哲学家的观点是正确的，你也会开始担心可能会选择一个观点错误的哲学家。不管你怎么看，这些人都会让你的晚宴迟到。你称其为平局，并说辩论中仍有最重要的问题尚未解决。

我们可以对判断哲学家辩论的假想问题与过滤糟糕关键点匹配的实际问题进行比较。

首先，假设查询图像中的每个关键点在场景中最多有一个正确的匹配。也就是说，如果查询图像是 NASA 标识，那么就假定另一幅图像（场景）最多包含一个 NASA 标识。假设一个查询关键点最多有一个正确或者良好的匹配，那么在考虑所有可能的匹配时，我们主要观察糟糕的匹配。因此，蛮力匹配器计算每个可能匹配的距离分值，可以提供大量的对糟糕匹配的距离分值的观察。与无数糟糕的匹配相比，我们期望良好的匹配会有明显更好（更低）的距离分值，因此糟糕的匹配分值可以帮助我们为针对良好的匹配选择一个阈值。这样的阈值不一定能很好地推广到不同的查询关键点或者不同的场景，但是至少在具体案例上会有所帮助。

现在，我们来考虑修改后的蛮力匹配算法的实现，该算法以上述方式自适应地选择距离阈值。在上一节的示例代码中，我们使用 `cv2.BFMatcher` 类的 `match` 方法来获得包含每个查询关键点的单个最佳匹配（最小距离）的列表。这样的实现丢弃了有关所有可能的糟糕匹配的距离分值的信息，而这类信息是自适应方法所需要的。幸运的是，`cv2.BFMatcher` 还提供了 `knnMatch` 方法，该方法接受一个参数 `k`，可以指定希望为每个查询关键点保留的最佳（最短距离）匹配的最大数量。（在某些情况下，得到的匹配数可能比指定的数量最大值更少。）KNN 表示 K 最近邻（K-Nearest Neighbor）。

我们会使用 `knnMatch` 方法为每个查询关键点请求两个最佳匹配的列表。基于每个查询关键点至多有一个正确匹配的假设，我们确信次优匹配是错误的。次优匹配的距离分值乘以一个小于 1 的值，就可以获得阈值。

然后，只有当距离分值小于阈值时，才将最佳匹配视为良好的匹配。这种方法被称为比率检验（ratio test），最先是由 David Lowe（SIFT 算法的作者）提出来的。他在论文“Distinctive Image Features from Scale-Invariant Keypoints”（网址为 https://www.cs.ubc.cs/~lowe/papers/ijcv04.pdf）中描述了比率检验。具体来说，在“Application to object recognition”部分，他声明如下：

> 一个匹配正确的概率可以根据最近邻到第2近邻的距离比例来确定。

我们可以用与前面代码示例相同的方式加载图像、检测关键点，并计算 ORB 描述符。然后，使用下面两行代码执行蛮力 KNN 匹配：

```
# Perform brute-force KNN matching.
bf = cv2.BFMatcher(cv2.NORM_HAMMING, crossCheck=False)
pairs_of_matches = bf.knnMatch(des0, des1, k=2)
```

knnMatch 返回列表的列表，每个内部列表至少包含一个匹配项，且不超过 k 个匹配项，各匹配项从最佳（最短距离）到最差依次排序。下列代码行根据最佳匹配的距离分值对外部列表进行排序：

```
# Sort the pairs of matches by distance.
pairs_of_matches = sorted(pairs_of_matches, key=lambda x:x[0].distance)
```

我们来画出前 25 个最佳匹配，以及 knnMatch 可能与之配对的所有次优匹配。不能使用 cv2.drawMatches 函数，因为该函数只接受一维匹配列表，相反，必须使用 cv2.drawMatchesKnn。下面的代码用来选择、绘制，并显示匹配：

```
# Draw the 25 best pairs of matches.
img_pairs_of_matches = cv2.drawMatchesKnn(
    img0, kp0, img1, kp1, pairs_of_matches[:25], img1,
    flags=cv2.DRAW_MATCHES_FLAGS_NOT_DRAW_SINGLE_POINTS)

# Show the pairs of matches.
plt.imshow(img_pairs_of_matches)
plt.show()
```

到目前为止，我们还没有过滤掉所有糟糕的匹配——实际上，还故意包含了我们认为是糟糕的次优匹配——因此，结果看起来有点乱，如图 6-11 所示。

现在，我们来应用比率检验，把阈值设置为次优匹配距离分值的 0.8 倍。如果 knnMatch 无法提供次优匹配，那么就拒绝最佳匹配，因为无法对其应用检验。下面的代码应用了这些条件，并提供通过测试的最佳匹配列表：

```
# Apply the ratio test.
matches = [x[0] for x in pairs_of_matches
           if len(x) > 1 and x[0].distance < 0.8 * x[1].distance]
```

应用比率检验后，只需处理最佳匹配（而非最佳和次优匹配对），这样就可以用 cv2.drawMatches（而非 cv2.drawMatchesKnn）对其进行绘制。同样，从列表中选择前 25 个匹配项。下面的代码用于选择、绘制，并显示匹配项：

```
# Draw the best 25 matches.
img_matches = cv2.drawMatches(
    img0, kp0, img1, kp1, matches[:25], img1,
    flags=cv2.DRAW_MATCHES_FLAGS_NOT_DRAW_SINGLE_POINTS)

# Show the matches.
plt.imshow(img_matches)
plt.show()
```

图 6-11　过滤掉部分糟糕匹配但包含次优匹配的结果

在图 6-12 中，我们可以看到通过比率检验的匹配项。

将此输出图像与上一节中的输出图像进行比较，可以看到使用 KNN 和比率检验可以过滤掉很多糟糕的匹配项。剩余的匹配项并不完美，但是几乎所有的匹配项都指向了正确的区域——肯尼迪航天中心一侧的 NASA 标识。

我们有了一个良好的开始。接下来，我们将用名为 FLANN 的更快的匹配器来代替蛮力匹配器。在此之后，我们将学习如何根据单应性描述一组匹配，即表示匹配对象的位置、旋转角度、比例以及其他几何特征的二维变换矩阵。

图 6-12　通过比率检验的匹配项

6.8 基于 FLANN 的匹配

FLANN 代表快速近似最近邻库（Fast Library for Approximate Nearest Neighbor），是 2 条款 BSD 许可下的一个开源库。FLANN 的官方网站是 http://www.cs.ubc.ca/research/flann/。以下内容摘自该网站：

> FLANN 是在高维空间执行快速近似最近邻搜索的一个库，包含最适合最近邻搜索的一个算法集，以及根据数据集自动选择最佳算法和最优参数的一个系统。
>
> FLANN 是用 C++ 编写的，包含 C、MATLAB 和 Python 等语言的绑定。

或者说，FLANN 有一个很大的工具箱，知道如何根据任务选择好的工具，而且会几种语言。这些特性使库更方便、快捷。事实上，FLANN 的作者声称：对于很多数据集来说，FLANN 比其他最近邻搜索软件要快 10 倍。

作为一个独立的库，FLANN 可以在 GitHub 平台（https://github.com/mariusmuja/flann/）上找到。但是，我们会将 FLANN 作为 OpenCV 的一部分来使用，因为 OpenCV 为其提供了一个方便的封装包。

要开始 FLANN 匹配的实际示例，需先导入 NumPy、OpenCV 和 Matplotlib，并从文件加载两幅图像。下面是相关代码：

```
import numpy as np
import cv2
from matplotlib import pyplot as plt

img0 = cv2.imread('../images/gauguin_entre_les_lys.jpg',
                  cv2.IMREAD_GRAYSCALE)
img1 = cv2.imread('../images/gauguin_paintings.png',
                  cv2.IMREAD_GRAYSCALE)
```

图 6-13 是脚本加载的第一幅图像（查询图像）。

这件艺术作品是保罗·高更（Paul Gauguin）于 1889 年创作完成的 *Entre les lys*（*Among the lilies*）。我们将在包含多幅高更作品以及本书一位作者所画的一些随意形状的更大图像（见图 6-14）中搜索匹配关键点。

在大图像内，*Entre les lys* 位于第 3 行第 3 列。查询图像和大图像中对应区域不一致，它们用略微不同的颜色和不同的尺度描绘了 *Entre les lys*。尽管如此，对于我们的匹配器来说，这应该是一种比较简单的情况。

我们使用 `cv2.SIFT` 类来检测必要的关键点，并提取特征：

```
# Perform SIFT feature detection and description.
sift = cv2.xfeatures2d.SIFT_create()
kp0, des0 = sift.detectAndCompute(img0, None)
kp1, des1 = sift.detectAndCompute(img1, None)
```

图 6-13 脚本加载的查询图像

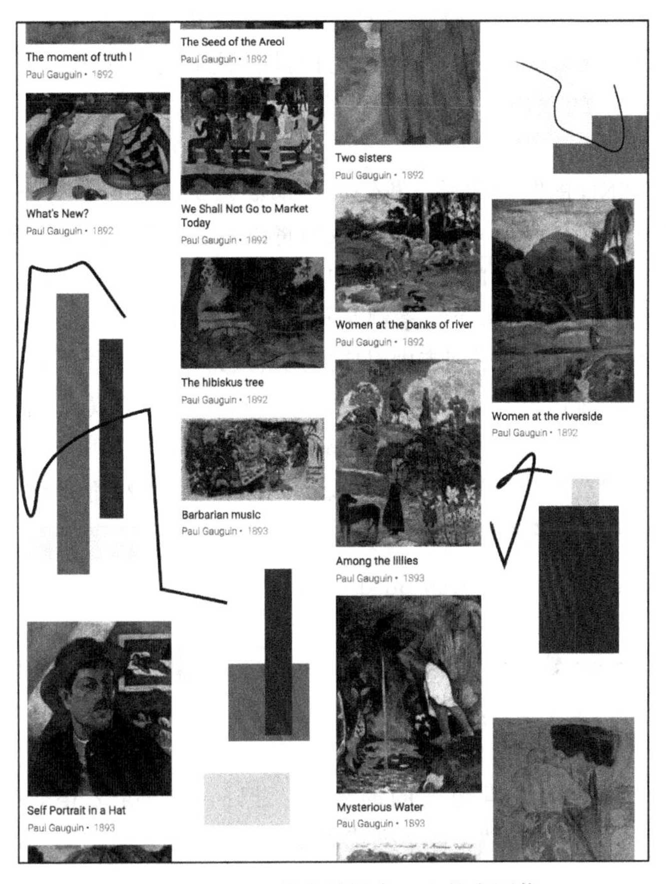

图 6-14 用于搜索关键点匹配的大图像

到目前为止，代码看起来应该很熟悉，因为本章的前几节已专门讨论过SIFT以及其他描述符。在前面的示例中，我们将描述符送入cv2.BFMatcher，用于蛮力匹配。这次，我们将使用cv2.FlannBasedMatcher。下列代码使用自定义参数执行基于FLANN的匹配：

```
# Define FLANN-based matching parameters.
FLANN_INDEX_KDTREE = 1
index_params = dict(algorithm=FLANN_INDEX_KDTREE, trees=5)
search_params = dict(checks=50)
# Perform FLANN-based matching.
flann = cv2.FlannBasedMatcher(index_params, search_params)
matches = flann.knnMatch(des0, des1, k=2)
```

可以看到，FLANN匹配器接受2个参数：indexParams对象和searchParams对象。这些参数以Python中字典（和C++中结构体）的形式传递，确定FLANN内部用于计算匹配的索引和搜索对象的行为。我们选择的参数提供了精度和处理速度之间的合理平衡。具体来说，我们使用了包含5棵树的核密度树（kernel density tree，kd-tree）索引算法，FLANN可以并行处理此算法。FLANN文档建议在1棵树（不提供并行性）和16棵树（如果系统可以利用的话，那么就可以提供高度的并行性）之间进行选择。

我们对每棵树执行50次检查或者遍历。检查次数越多，可以提供的精度也越高，但是计算成本也就更高。

在进行基于FLANN的匹配之后，我们应用乘数为0.7的劳氏比率检验。为了展示不同的编码风格，与上一节的代码示例相比，我们将以一种稍有不同的方式使用比率检验的结果。之前，我们组建了一个新的列表，其中只包含好的匹配项。这次，我们将组建名为mask_matches的列表，其中每个元素都是长度为k（与传给knnMatch的k是一样的）的子列表。如果匹配成功，则将子列表中对应的元素设为1，否则将其设置为0。

例如，如果mask_matches = [[0, 0], [1, 0]]，这意味着有两个匹配的关键点：对于第一个关键点，最优和次优匹配项都是糟糕的；而对于第二个关键点，最佳匹配是好的，次优匹配是糟糕的。请注意，我们假设了所有次优匹配都是糟糕的。使用下列代码来应用比率检验，并建立掩模：

```
# Prepare an empty mask to draw good matches.
mask_matches = [[0, 0] for i in range(len(matches))]

# Populate the mask based on David G. Lowe's ratio test.
for i, (m, n) in enumerate(matches):
    if m.distance < 0.7 * n.distance:
        mask_matches[i]=[1, 0]
```

现在是绘制并显示良好匹配项的时候了。把mask_matches列表传递给cv2.drawMatchesKnn作为可选参数，如下列代码段中粗体所示：

```
# Draw the matches that passed the ratio test.
img_matches = cv2.drawMatchesKnn(
```

```
    img0, kp0, img1, kp1, matches, None,
    matchColor=(0, 255, 0), singlePointColor=(255, 0, 0),
    matchesMask=mask_matches, flags=0)

# Show the matches.
plt.imshow(img_matches)
plt.show()
```

cv2.drawMatchesKnn 只绘制掩模中标记为好的匹配（值为 1）。脚本生成的基于 FLANN 匹配的可视化结果如图 6-15 所示。

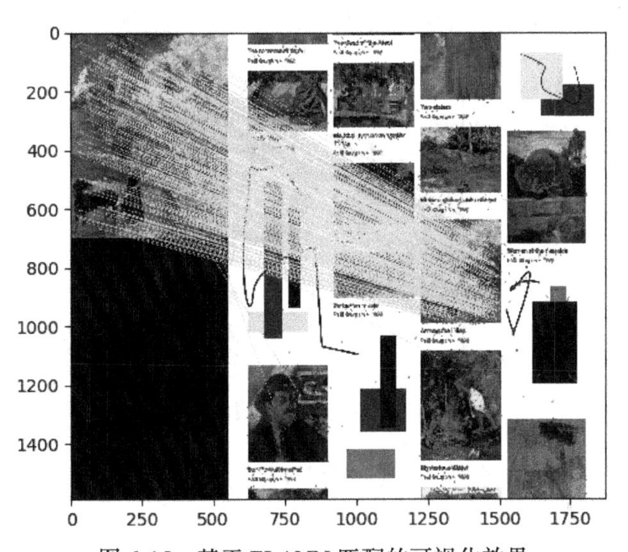

图 6-15 基于 FLANN 匹配的可视化效果

结果令人鼓舞：看上去几乎所有的匹配项都处于正确的位置。接下来，我们试着把这种类型的结果简化为更简洁的几何表示——单应性，它将描述整个匹配对象的姿态，而不是一堆不连续的匹配点。

6.9 基于 FLANN 进行单应性匹配

首先，什么是单应性（homography）？来自网络的一个定义是：

> 两张图之间的一种关系，一张图的任意一点与另一张图的一个点相对应，反之亦然。因此，在圆上滚动的一条切线将圆的两条固定切线切成两组同形点。

如果你像本书的作者一样对前面的定义并不了解，你可能会发现下面的解释可能更清楚一些：单应性是当一张图是另一张图的一个透视畸变时，在两张图中寻找彼此的一种情况。

首先，我们来看想要实现什么，这样就可以完全理解什么是单应性。然后，再检查代码。

假设，我们想搜索图 6-16 中的文身。

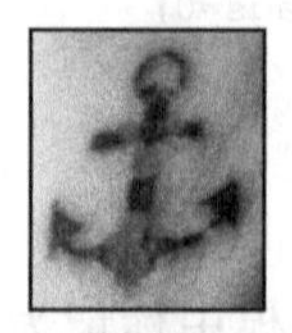

图 6-16　要搜索的文身图案

对于我们人来说，很容易在图 6-17 中找到文身，尽管存在一些旋转角度上的不同。

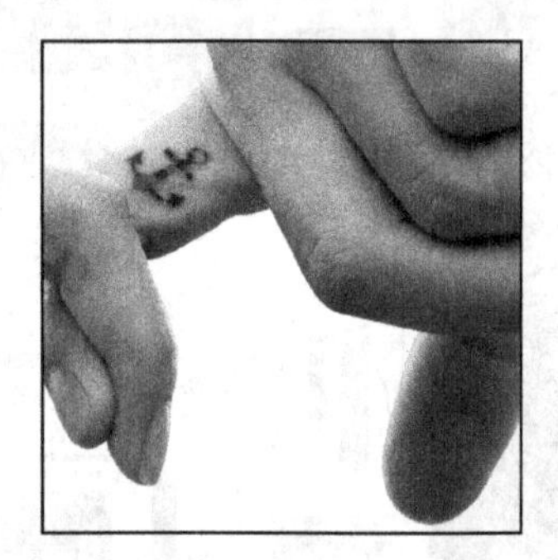

图 6-17　寻找文身图案的图片

作为计算机视觉领域的一个练习，我们想要编写一个脚本生成以下关键点匹配和单应性可视化结果，如图 6-18 所示。

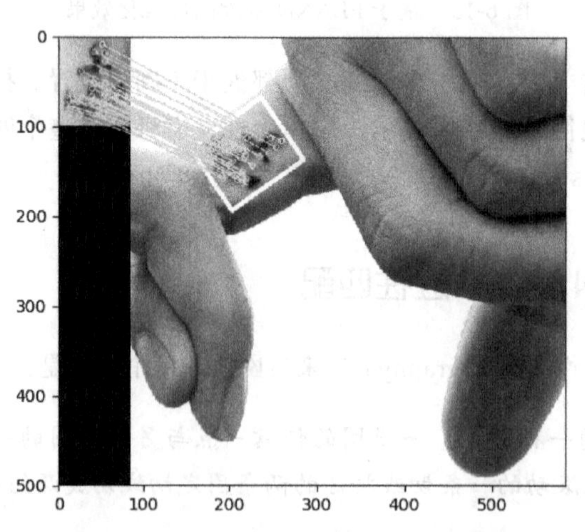

图 6-18　关键点匹配和单应性可视化结果

在图 6-18 中，我们在第一张图中选取了主体，在第二张图中正确地识别了主体，在关键点之间绘制了匹配线，甚至在第二张图中画了一个白色边框，显示相对于第一张图的主体透视畸变。

你可能已经猜到了，脚本的实现从导入库开始，读取灰度格式的图像，检测特征并计算 SIFT 描述符。我们在前面的例子中完成过了所有这些内容，因此这里不再重复。我们来看接下来做些什么吧！

（1）我们组建一个通过了劳氏比率检验的匹配列表，代码如下：

```
# Find all the good matches as per Lowe's ratio test.
good_matches = []
for m, n in matches:
    if m.distance < 0.7 * n.distance:
        good_matches.append(m)
```

（2）从技术上讲，我们最少可以用 4 个匹配项来计算单应性。但是，如果这 4 个匹配项中的任意一个有缺陷，都将会破坏结果的准确性。实际中最少用到 10 个匹配项。对于额外的匹配项，单应性查找算法可以丢弃一些异常值，以便产生与大部分匹配项子集紧密匹配的结果。因此，我们继续检查是否至少有 10 个好的匹配项：

```
MIN_NUM_GOOD_MATCHES = 10

if len(good_matches) >= MIN_NUM_GOOD_MATCHES:
```

（3）如果满足这个条件，那么就查找匹配的关键点的二维坐标，并把这些坐标放入浮点坐标对的两个列表中。一个列表包含查询图像中的关键点坐标，另一个列表包含场景中匹配的关键点坐标：

```
src_pts = np.float32(
    [kp0[m.queryIdx].pt for m in good_matches]).reshape(-1, 1, 2)
dst_pts = np.float32(
    [kp1[m.trainIdx].pt for m in good_matches]).reshape(-1, 1, 2)
```

（4）寻找单应性：

```
M, mask = cv2.findHomography(src_pts, dst_pts, cv2.RANSAC, 5.0)
mask_matches = mask.ravel().tolist()
```

请注意，我们创建了 `mask_matches` 列表，将用于最终的匹配绘制，这样只有满足单应性的点才会绘制匹配线。

（5）在这个阶段，必须执行一个透视转换，取查询图像的矩形角点，并将其投影到场景中，这样就可以画出边界：

```
h, w = img0.shape
src_corners = np.float32(
    [[0, 0], [0, h-1], [w-1, h-1], [w-1, 0]]).reshape(-1, 1, 2)
dst_corners = cv2.perspectiveTransform(src_corners, M)
dst_corners = dst_corners.astype(np.int32)

# Draw the bounds of the matched region based on the homography.
num_corners = len(dst_corners)
```

```
    for i in range(num_corners):
        x0, y0 = dst_corners[i][0]
        if i == num_corners - 1:
            next_i = 0
    else:
        next_i = i + 1
    x1, y1 = dst_corners[next_i][0]
    cv2.line(img1, (x0, y0), (x1, y1), 255, 3, cv2.LINE_AA)
```

然后，继续绘制关键点并显示可视化效果，正如前面的例子那样。

6.10 示例应用程序：文身取证

我们以一个实际生活（或者幻想生活）中的例子来结束这一章。假设你在某市法医部门工作，需要鉴定一个文身。你有罪犯文身的原始图片（可能是在闭路电视录像中拍摄到的），但是不知道这个人的身份。可是，你拥有一个文身数据库，它以文身所属人的名字为索引。

我们把这个任务分成两部分：

- 通过将图像描述符保存到文件中来构建数据库。
- 加载数据库并扫描查询图像的描述符和数据库中描述符之间的匹配项。

在接下来的两个小节中，我们将介绍这些任务。

6.10.1 将图像描述符保存到文件

我们要做的第一件事情是将图像描述符保存到外部文件。这样，我们就不必在每次扫描两个要匹配的图像时都重新创建描述符。

就本示例而言，我们扫描一个图像文件夹，并创建对应的描述符文件，这样在未来的搜索中就可以随时使用这些内容。要创建描述符，我们将使用本章已经多次使用过的方法：加载图像、创建特征检测器、检测特征并计算描述符。要将描述符保存到文件，我们将使用名为 `save` 的 NumPy 数组的便利方法，以优化的方式将数组数据转储到文件中。

> 在 Python 标准库中，`pickle` 模块提供了更通用的序列化功能，支持任何 Python 对象，不仅仅是 NumPy 数组。可是，NumPy 的数组序列化对于数字数据来说是一个很好的选择。

我们将脚本分解为函数。主函数将被命名为 `create_descriptors`，它将遍历给定文件夹中的文件。对于每个文件，`create_descriptors` 将调用名为 `create_descriptor` 的辅助函数，该函数将计算并保存给定图像文件的描述符。

（1）首先，`create_descriptors` 的实现如下：

```
import os

import numpy as np
```

```
import cv2

def create_descriptors(folder):
    feature_detector = cv2.xfeatures2d.SIFT_create()
    files = []
    for (dirpath, dirnames, filenames) in os.walk(folder):
        files.extend(filenames)
    for f in files:
        create_descriptor(folder, f, feature_detector)
```

注意，create_descriptors创建了特征检测器，因为我们只需要创建一次，而不是每次加载文件时都要创建。辅助函数create_descriptor接收特征检测器作为参数。

（2）现在，我们来看辅助函数的实现：

```
def create_descriptor(folder, image_path, feature_detector):
    if not image_path.endswith('png'):
        print('skipping %s' % image_path)
        return
    print('reading %s' % image_path)
    img = cv2.imread(os.path.join(folder, image_path),
                     cv2.IMREAD_GRAYSCALE)
    keypoints, descriptors = feature_detector.detectAndCompute(
        img, None)
    descriptor_file = image_path.replace('png', 'npy')
    np.save(os.path.join(folder, descriptor_file), descriptors)
```

注意，我们将描述符文件保存在与图像相同的文件夹中。此外，我们假设图像文件具有png扩展名。为了使脚本更加鲁棒，可以对其进行修改，使脚本支持额外的图像文件扩展名，如jpg。如果文件有一个意想不到的扩展名，就跳过它，因为它可能是描述符文件（来自之前的脚本运行）或其他非图像文件。

（3）我们已经完成了函数的实现。为了完成脚本，我们将调用create_descriptors，用文件夹名称作为参数：

```
folder = 'tattoos'
create_descriptors(folder)
```

运行这个脚本时，它将生成NumPy数组文件格式的必要描述符文件，文件扩展名为npy。这些文件构成了文身描述符数据库，按名字索引。（每个文件名都是一个人名。）接下来，我们将编写一个独立的脚本，这样就可以对数据库进行查询了。

6.10.2 扫描匹配

既然已经将描述符保存到文件，我们只需要对每个描述符集执行匹配，以确定哪个集合最匹配查询图像。

以下是将实施的过程：

（1）加载查询图像（query.png）。

（2）扫描包含描述符文件的文件夹。打印描述符文件的名称。

（3）为查询图像创建 SIFT 描述符。

（4）对于每个描述符文件，加载 SIFT 描述符，并搜索基于 FLANN 的匹配项。基于比率检验过滤匹配。打印这个人的名字和匹配项的数量。如果匹配项的数量超过了任意阈值，则打印“此人是嫌疑人”。（请记住，我们在调查一起犯罪活动。）

（5）打印主要嫌疑人的名字（匹配次数最多的那个人）。

我们来考虑其实现：

（1）首先，用下面的代码块加载查询图像：

```
import os

import numpy as np
import cv2

# Read the query image.
folder = 'tattoos'
query = cv2.imread(os.path.join(folder, 'query.png'),
                   cv2.IMREAD_GRAYSCALE)
```

（2）汇编并打印描述符文件列表：

```
# create files, images, descriptors globals
files = []
images = []
descriptors = []
for (dirpath, dirnames, filenames) in os.walk(folder):
    files.extend(filenames)
    for f in files:
        if f.endswith('npy') and f != 'query.npy':
            descriptors.append(f)
print(descriptors)
```

（3）建立典型的 cv2.SIFT 和 cv2.FlannBasedMatcher 对象，并且生成查询图像的描述符：

```
# Create the SIFT detector.
sift = cv2.xfeatures2d.SIFT_create()

# Perform SIFT feature detection and description on the
# query image.
query_kp, query_ds = sift.detectAndCompute(query, None)

# Define FLANN-based matching parameters.
FLANN_INDEX_KDTREE = 1
index_params = dict(algorithm=FLANN_INDEX_KDTREE, trees=5)
search_params = dict(checks=50)

# Create the FLANN matcher.
flann = cv2.FlannBasedMatcher(index_params, search_params)
```

（4）寻找嫌疑人，将嫌疑人定义为至少有 10 个与查询文身良好匹配的人。搜索过程包括遍历描述符文件、加载描述符、执行基于 FLANN 的匹配，以及基于比率检验过滤匹配项。打印每个人（每个描述符文件）的匹配结果：

```
# Define the minimum number of good matches for a suspect.
MIN_NUM_GOOD_MATCHES = 10

greatest_num_good_matches = 0
prime_suspect = None

print('>> Initiating picture scan...')
for d in descriptors:
    print('--------- analyzing %s for matches ------------' % d)
    matches = flann.knnMatch(
    query_ds, np.load(os.path.join(folder, d)), k=2)
good_matches = []
for m, n in matches:
    if m.distance < 0.7 * n.distance:
        good_matches.append(m)
num_good_matches = len(good_matches)
name = d.replace('.npy', '').upper()
if num_good_matches >= MIN_NUM_GOOD_MATCHES:
    print('%s is a suspect! (%d matches)' % \
        (name, num_good_matches))
    if num_good_matches > greatest_num_good_matches:
        greatest_num_good_matches = num_good_matches
        prime_suspect = name
else:
    print('%s is NOT a suspect. (%d matches)' % \
        (name, num_good_matches))
```

注意 np.load 方法的用法，它将指定的 NPY 文件加载到 NumPy 数组中。

（5）最后，打印主要嫌疑人的名字（如果找到了嫌疑人的话）：

```
if prime_suspect is not None:
    print('Prime suspect is %s.' % prime_suspect)
else:
    print('There is no suspect.')
```

运行上述脚本，产生的输出如下：

```
>> Initiating picture scan...
--------- analyzing anchor-woman.npy for matches ------------
ANCHOR-WOMAN is NOT a suspect. (2 matches)
--------- analyzing anchor-man.npy for matches ------------
ANCHOR-MAN is a suspect! (44 matches)
--------- analyzing lady-featherly.npy for matches ------------
LADY-FEATHERLY is NOT a suspect. (2 matches)
--------- analyzing steel-arm.npy for matches ------------
STEEL-ARM is NOT a suspect. (0 matches)
--------- analyzing circus-woman.npy for matches ------------
CIRCUS-WOMAN is NOT a suspect. (1 matches)
Prime suspect is ANCHOR-MAN.
```

如果愿意，就像在前一节中所完成的那样，也可以用图形表示匹配项和单应性。

6.11　本章小结

本章中，我们介绍了关键点检测、关键点描述符的计算、描述符的匹配、糟糕匹配的过滤，以及两组匹配关键点之间单应性的寻找。我们讨论了 OpenCV 中可用于完成上述任务的一些算法，并将这些算法应用到各种图像和用例中。

如果把关于关键点的新知识和摄像头以及透视的知识相结合，我们就能够跟踪三维空间中的物体。这将是第 9 章的主题。如果你非常渴望进入三维领域，那么可以先跳到第 9 章进行学习。

相反，如果你认为接下来的内容对于你完善有关物体检测、识别以及跟踪的二维解决方案的知识有帮助，那么可以继续学习第 7 章和第 8 章的内容。最好了解一下二维和三维组合技术，这样就可以选择为给定应用程序提供正确输出类型和恰当计算速度的方法。

CHAPTER 7

第7章 建立自定义物体检测器

本章将深入探讨物体检测的概念，这是计算机视觉中最常见的挑战之一。既然在这本书中已经讲了很多内容了，读到这里，你也许会想，什么时候才能把计算机视觉应用实践中呢。你是否想过建立一个系统来检测车辆和人呢？实际上，你离目标已经不远了。

在前面的章节中，我们已经研究了一些物体检测和识别的具体例子。我们在第5章中关注的是直立、正面的人脸，在第6章中关注的是具有类似角点或者类似斑点特征的物体。在本章中，我们将探讨具有良好泛化性能或推广能力的算法，在某种意义上，这些算法可以应对存在于给定物体类中的真实世界的多样性。例如，不同车辆有不同的设计，人们所穿的衣服不同，呈现出的形状也不同。

本章将介绍以下主题：

- 学习另一种特征描述符：面向梯度直方图（Histogram of Oriented Gradient，HOG）的描述符。
- 理解非极大值抑制（Non-Maximum Suppression，NMS），帮助我们选择检测窗口集的最佳重叠。
- 获得对支持向量机（Support Vector Machine，SVM）的高层次理解。这些通用分类器是基于监督机器学习的，在某种程度上与线性回归类似。
- 基于HOG描述符用预训练分类器检测人。
- 训练词袋（Bag-of-Word，BoW）分类器来检测车辆。对于这个示例，我们将使用图像金字塔、滑动窗口和NMS的自定义实现，以便更好地理解这些技术的内部工作原理。

本章的大多数技术并不是相互排斥的，而是作为检测器的组成部分一起工作的。在本章结束时，你将知道如何训练和使用实际用于街道的分类器！

7.1 技术需求

本章使用了Python、OpenCV以及NumPy。安装说明请参阅第1章。

本章的完整代码可以在本书的GitHub库（https://github.com/PacktPublishing/Learning-OpenCV-4-Computer-Vision-with-Python-Third-Edition）的 `chapter07` 文件夹中找到。示例图像可以在 `images` 文件夹中找到。

7.2 理解HOG描述符

HOG是一种特征描述符，因此它与尺度不变特征变换（Scale Invariant Feature Transform，SIFT）、加速鲁棒特征（Speeded-Up Robust Feature，SURF），以及ORB（这些已在第6章中介绍过）都属于同一算法家族。与其他特征描述符一样，HOG能够提供对特征匹配以及对物体检测和识别至关重要的信息类型。HOG常用于物体检测。该算法——尤其是作为人的检测器——是Navneet Dalal和Bill Triggs在论文“Histograms of Oriented Gradients for Human Detection”（INRIA，2005）中提出的，该论文可在https://lear.inrialpes.fr/people/triggs/pubs/Dalal-cvpr05.pdf上找到。

HOG的内部机制非常智能，能把图像划分为若干单元，并针对每个单元计算一组梯度。每个梯度描述了在给定方向上像素密度的变化。这些梯度共同构成了单元的直方图表示。在第5章中使用局部二值模式直方图研究人脸识别时，我们遇到过类似的方法。

在深入了解HOG工作原理的技术细节之前，先来了解一下HOG是如何看世界的。

7.2.1 HOG的可视化

Carl Vondrick、Aditya Khosla、Hamed Pirsiavash、Tomasz Malisiewicz和Antonio Torralba开发了名为HOGgles（HOG护目镜）的HOG可视化技术。获取HOGgles摘要以及代码和出版物的链接，请参阅Carl Vondrick在麻省理工学院的网页http://www.cs.columbia.edu/~vondrick/ihog/index.html。Vondrick等人使用一辆卡车照片作为其中一幅测试图像，如图7-1所示。

Vondrick等人基于Dalal和Triggs早期论文中的一种方法，生成了HOG描述符的可视化结果，如图7-2所示。

图7-1　作为测试图像的卡车照片

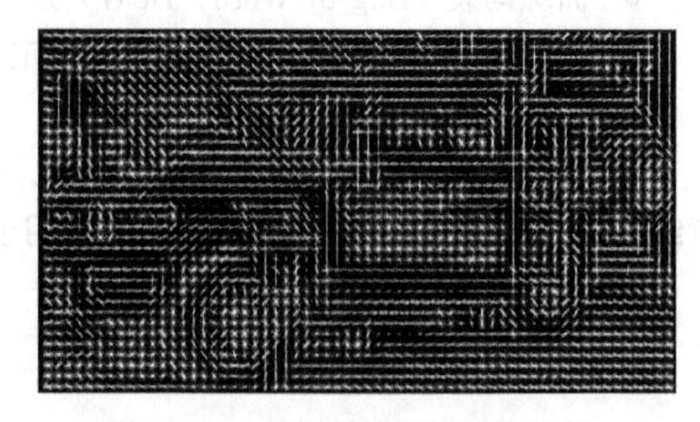

图7-2　HOG描述符的可视化结果

然后，Vondrick 等人利用 HOGgles 对特征描述算法进行反演，重构 HOG 所看到的卡车图像，如图 7-3 所示。

图 7-3　卡车图像的重构结果

在这两个可视化中，你可以看到 HOG 把图像划分为多个单元，而且可以很容易地识别出车轮以及车辆的主要结构。在图 7-2 的可视化中，每个单元的计算梯度可视化为一组纵横交错的线，有时看起来像一颗拉长的星星，星星的轴越长，梯度也就越强。在图 7-3 的可视化中，沿着单元的不同轴，将梯度可视化为亮度的一种平滑过渡。

现在，我们来进一步考虑 HOG 的工作方式，以及它对物体检测解决方案的贡献。

7.2.2　使用 HOG 描述图像的区域

对于每个 HOG 单元，直方图包含箱体（bin）的数量与梯度的数量相等，或者说 HOG 考虑的是轴方向的数量。计算完所有的单元直方图之后，HOG 会处理一组直方图以产生更高级别的描述符。具体来说就是这些单元将组合成称为“块”的更大区域。这些块可以由任意数量的单元组成，但是 Dalal 和 Triggs 发现，在进行人员检测时，2×2 的单元块产生的结果最好。创建块大小的矢量，这样就可以对其进行标准化，补偿局部的光照和阴影变化。(单个单元太小，无法检测到这些变化。) 这种标准化提升了基于 HOG 的检测器在光照条件变化时的鲁棒性。

和其他检测器一样，基于 HOG 的检测器需要处理物体位置和尺度的变化。在图像上移动一个固定大小的滑动窗口可以解决在不同位置搜索的需求。将图像缩放到各种大小，形成一个所谓的图像金字塔，可以解决在各种尺度上进行搜索的需求。在 5.2 节，我们已学习了这些技术。但是，我们来详细说明一个难点：如何在重叠窗口中处理多个检测。

假设我们正在使用滑动窗口在图像上执行人员的检测。我们以小的步长滑动窗口，每次只滑动几个像素，因此我们期望它能够多次框入所有给定的人。假设重叠检测到的确实是一个人，我们不希望报告多个位置，而是只报告我们认为正确的一个位置。或者说，即使在给定位置的检测结果有很好的置信度，如果重叠检测结果有更好的置信度，那么我们可能会拒绝它，因此，对于一组重叠检测结果，我们将选择具有最好置信度的检测结果。

这就是NMS发挥作用的地方。给定一组重叠区域，我们可以抑制（或拒绝）分类器没有产生最大分数的所有区域。

7.3　理解非极大值抑制

非极大值抑制（NMS）的概念听起来可能很简单，即从一组重叠的解中选出一个最好的！但是，其实现要比你最初想象的复杂得多。还记得图像金字塔吗？重叠检测可以发生在不同的尺度上。我们必须收集所有的正检测，并在检查重叠之前将它们的边界转换到常规尺度。下面是NMS的一个典型实现方法：

（1）构建图像金字塔。

（2）对于物体检测，用滑动窗口方法扫描金字塔的每一层。对于每个产生正检测结果（超过某个任意置信度阈值）的窗口，将窗口转换回原始图像尺度。将窗口及其置信度添加到正检测结果列表中。

（3）将正检测结果列表按照置信度降序排序，这样最佳检测结果就排在了第一的位置。

（4）对于在正检测结果列表中的每个窗口*W*，移除与*W*明显重叠的后续窗口，就得到一个满足NMS标准的正检测结果列表。

除了NMS，过滤正检测结果的另一种方法是淘汰所有子窗口。在谈到子窗口（或者子区域）时，我们指的是完全包含在另一个窗口（或者区域）内的窗口（或者图像中的区域）。要检查子窗口，只需要比较各种窗口矩形的角点坐标。我们会在7.5节中第一个实际示例中采用这种简单方法。也可以将NMS和子窗口抑制结合在一起。

这些步骤中有几个步骤是迭代的，因此就有一个有趣的优化问题。Tomasz Malisiewicz在http://www.computervisionblog.com/2011/08/blazing-fast-nmsm-from-exemplar-svm.html上提供了一个基于MATLAB的快速示例实现。Adrian Rosebrock在https://www.pyimagesearch.com/2015/02/16/faster-non-maximum-suppression-python/上提供了该示例实现到Python的一个端口。7.7.2节中的示例将在该示例实现的基础上进行构建。

那么，如何确定窗口的置信度呢？我们需要一个分类系统来确定是否存在某个特征，以及分类的置信度。这就是支持向量机发挥作用的地方。

7.4　理解支持向量机

在不深入研究支持向量机工作细节的情况下，我们来试着理解它在机器学习和计算机视觉的背景下可以帮助我们完成什么。给定有标记的训练数据，支持向量机通过寻找最优超平面来学习分类同类数据。简单地说，该超平面是对不同标记数据进行最大限度划分的平面。为了帮助我们理解，我们来考虑图7-4，这是扎克·韦恩伯格（Zach Weinberg）

Creative Commons Attribution-Share Alike 3.0 Unported License 下的示例。

超平面 H_1 并没划分这两个类（黑色点和白色点）。超平面 H_2 和 H_3 都划分了类，但是只有超平面 H_3 以最大限度划分了类。

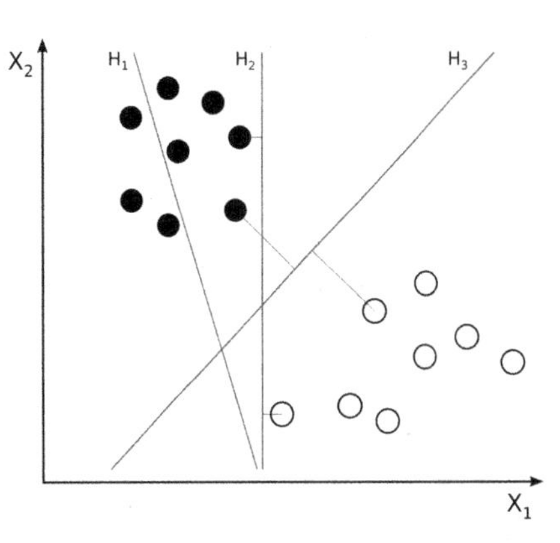

图 7-4 Creative Commons Attribution-Share Alike 3.0 Unported License 下的示例

假设我们正在训练一个支持向量机作为人员检测器。我们有两个类：人和非人。我们提供包含人或者不包含人的各种窗口的 HOG 描述符的向量作为训练样本。这些窗口可能来自不同的图像。支持向量机通过寻找最优超平面来学习，该超平面最大限度地把多维 HOG 描述符空间划分为人（在超平面的一侧）和非人（在超平面的另一侧）两类。之后，当给训练过的支持向量机提供一个 HOG 描述符向量（来自任何图像的任何其他窗口）时，支持向量机可以判断该窗口是否包含人。支持向量机甚至可以给出与向量到最优超平面的距离有关的置信度值。

支持向量机模型在 20 世纪 60 年代初就出现了。然而，从那时起，它经历了改进，现代支持向量机实现的基础可以在 Corinna Cortes 和 Vladimir 的论文“Support-vector networks”（*Machine Learning*，1995）中找到。该论文网址为 http://link.springer.com/article/10.1007/BF00994018。

既然我们已经对实现物体检测器的关键组件有了概念上的理解，那么就来看几个例子。我们先研究 OpenCV 的一个现成物体检测器，然后再继续设计和训练自定义物体检测器。

7.5 基于 HOG 描述符检测人

OpenCV 自带一个能够进行人员检测的名为 `cv2.HOGDescriptor` 的类。该接口与我们在第 5 章中用过的 `cv2.CascadeClassifier` 类有一些类似之处。但是，与 `cv2.CascadeClassifier` 不同，`cv2.HOGDescriptor` 有时返回嵌套的检测矩形。或者说，`cv2.HOGDescriptor` 可能告诉我们它检测到某个人的矩形框完全位于另一个人的矩形框内。这种情况是有可能的，例如，一个孩子可能站在一个成年人的前面，而且孩子的矩形框可能完全落在成年人矩形框内。但是，在常规情况下，嵌套检测可能是错误的，因此 `cv2.HOGDescriptor` 经常和过滤所有嵌套检测的代码一起使用。

我们通过测试来确定矩形是否嵌套在另一个矩形中，首先需要编写测试的实现脚本。为此，我们将编写函数 `is_inside(i, o)`，此处，`i` 是可能的内部矩形，`o` 是可能的外部矩形。如果 `i` 在 `o` 内，函数将返回 `True`，否则，函数返回 `False`。下面是脚本的开头部分：

```
import cv2

def is_inside(i, o):
    ix, iy, iw, ih = i
    ox, oy, ow, oh = o
    return ix > ox and ix + iw < ox + ow and \
        iy > oy and iy + ih < oy + oh
```

现在，我们创建一个 cv2.HOGDescriptor 实例，通过运行下列代码指定它将使用 OpenCV 内置的默认人员检测器：

```
hog = cv2.HOGDescriptor()
hog.setSVMDetector(cv2.HOGDescriptor_getDefaultPeopleDetector())
```

请注意，我们使用 setSVMDetector 方法指定人员检测器。希望根据本章前一节的内容，这能讲得通。支持向量机是一个分类器，因此支持向量机的选择决定了 cv2.HOGDescriptor 将要检测的物体类型。

现在，加载一幅图像（在本例中，为正在干草地里工作的妇女的一张旧照片），尝试运行以下代码来检测图像中的人：

```
img = cv2.imread('../images/haying.jpg')

found_rects, found_weights = hog.detectMultiScale(
    img, winStride=(4, 4), scale=1.02, finalThreshold=1.9)
```

请注意，cv2.HOGDescriptor 有一个 detectMultiScale 方法，它返回两个列表：

（1）检测到的物体（在本例中是检测到的人）的矩形框列表。

（2）检测到的物体的权重或者置信度列表。值越高表示检测结果正确的置信度也就越大。

detectMultiScale 接受几个可选参数，包括：

- winStride：这个元组定义了滑动窗口在连续的检测尝试之间移动的 x 和 y 距离。HOG 可以很好地处理重叠窗口，因此相对于窗口大小，步长可能较小。步长越小，检测次数越多，计算成本也越高。默认步长是让窗口无重叠，也就是与窗口大小相同，即 (64,128)，用于默认的人员检测器。
- scale：该尺度因子应用于图像金字塔的连续层之间。尺度因子越小，检测次数越多，计算成本也会越高。尺度因子必须大于 1.0，默认值是 1.5。
- finalThreshold：这个值决定检测标准的严格程度。值越小，严格程度越低，检测次数越多。默认值是 2.0。

现在，对检测结果进行过滤，去掉嵌套矩形。要确定矩形是否是嵌套矩形，我们可能需要将其与其他所有矩形进行比较。请注意，下面的嵌套循环使用了 is_inside 函数：

```
found_rects_filtered = []
found_weights_filtered = []
for ri, r in enumerate(found_rects):
```

```
    for qi, q in enumerate(found_rects):
        if ri != qi and is_inside(r, q):
            break
    else:
found_rects_filtered.append(r)
found_weights_filtered.append(found_weights[ri])
```

最后，绘制其余的矩形和权重，以突出显示检测到的人，并显示和保存可视化结果：

```
for ri, r in enumerate(found_rects_filtered):
    x, y, w, h = r
    cv2.rectangle(img, (x, y), (x + w, y + h), (0, 255, 255), 2)
    text = '%.2f' % found_weights_filtered[ri]
    cv2.putText(img, text, (x, y - 20),
                cv2.FONT_HERSHEY_SIMPLEX, 1, (0, 255, 255), 2)

cv2.imshow('Women in Hayfield Detected', img)
cv2.imwrite('./women_in_hayfield_detected.jpg', img)
cv2.waitKey(0)
```

如果运行脚本，你会看到图像中的人周围都有矩形，如图 7-5 所示。

图 7-5 运行脚本产生的人员检测结果

这张照片是谢尔盖·普罗库金–戈尔斯基（Sergey Prokudin-Gorsky，彩色摄影的先驱）的另一个作品。这张照片拍摄于 1909 年，其中的场景位于俄罗斯西北部的卢辛斯基修道院。

对于离摄像头最近的 6 名女性，成功地检测到 5 名。与此同时，背景中的一个塔被错误地检测为人。在实际应用中，通过分析视频中的一系列帧可以提升人的检测结果的准确性。例如，想象我们正在看卢辛斯基修道院干草地的一个监控录像，而不是一张单独的照片。我们应该能够添加代码来确定这座塔不可能是一个人，因为它没有移动。此外，我们应该能够在其他帧中检测到其他的人，并跟踪每个人在帧与帧之间的运动。我们将在第 8 章讨论人的跟踪问题。

接下来将研究另一种物体检测器，并训练它来检测给定类型的物体。

7.6 创建并训练物体检测器

使用预训练过的检测器建立快速原型很容易，非常感谢 OpenCV 的开发人员，是他们让人脸检测和人员检测等功能变得触手可及。但是，无论是业余爱好者还是计算机视觉专业人士，都不可能只处理人和人脸。

此外，如果你和本书的作者一样，你会想知道最初是如何创建“人员检测器”的，以及是否可以对其进行改进。此外，你可能还想知道是否可以应用相同的概念来检测从汽车到精灵的不同物体。

事实上，在工业上，你可能不得不处理检测非常具体的物体（如注册牌照、书的封面，或者对雇主或客户来说，所有可能重要的内容）的问题。

因此，问题是如何产生我们自己的分类器？

有许多流行的方法。在本章的其余部分，我们将看到其中之一依赖于支持向量机和 BoW 技术。

我们已经讨论过支持向量机和 HOG 了。现在，我们来仔细研究一下 BoW。

7.6.1 理解 BoW

最初，BoW（词袋）的概念并不是为计算机视觉设计的，而是我们在计算机视觉的背景下使用了这个概念的进化版本。我们先来讨论 BoW 的基本版本，正如你可能已经猜到的那样，BoW 最初属于语言分析和信息检索领域。

有时，在计算机视觉背景下，BoW 被称为视觉词袋（Bag of Visual Word，BoVW）。但是，我们还是使用 BoW，因为这是 OpenCV 使用的术语。

BoW 是一种技术，通过 BoW 可以给一系列文档中的每个单词指定权重或计数，然后用这些计数的向量表示这些文档。我们来看一个例子：

- 文档 1：I like OpenCV and I like Python。
- 文档 2：I like C++ and Python。
- 文档 3：I don’t like artichokes。

利用这 3 个文档，我们可以构建一个字典，也称为码本（codebook）或词表（vocabulary），其值如下：

```
{
    I: 4,
    like: 4,
    OpenCV: 1,
    and: 2,
    Python: 2,
    C++: 1,
    don't: 1,
    artichokes: 1
}
```

它有 8 个元素。现在我们使用 8 个元素的向量来表示原始文档。对于给定的文档，每个向量包含的值表示按字典中的顺序计算所有单词的数量。上述三个句子的向量表示如下：

```
[2, 2, 1, 1, 1, 0, 0, 0]
[1, 1, 0, 1, 1, 1, 0, 0]
[1, 1, 0, 0, 0, 0, 1, 1]
```

可以把这些向量概念化为文档的直方图表示，或者概念化为用来训练分类器的描述符向量。例如，可以根据这样的表示将文档分类为垃圾邮件或非垃圾邮件。事实上，垃圾邮件过滤是 BoW 的众多实际应用之一。

既然我们已经掌握了 BoW 的基本概念，那么就来看看如何将 BoW 应用于计算机视觉领域吧！

7.6.2 将 BoW 应用于计算机视觉领域

现在，我们已经熟悉了特征和描述符的概念。我们曾使用 SIFT 和 SURF 等算法从图像的特征中提取描述符，以便在另一幅图像中匹配这些特征。

目前，我们还掌握了基于码本或字典的另一种描述符。我们学习了支持向量机，它可以接受标记的描述符向量作为训练数据，可以找到描述符空间在给定类中的最优划分，并可以预测新数据的类。

有了这些知识，我们可以采用以下方法来构建分类器：

（1）获取图像的一个样本数据集。

（2）对于数据集中的每一幅图像，(用 SIFT、SURF、ORB 或者类似的算法）提取描述符。

（3）向 BoW 训练器添加描述符向量。

（4）将描述符聚成 *k* 个聚类，这些聚类的中心（质心）是视觉词汇。最后一点可能听起来有点晦涩，但是我们将在下一节中进一步对其进行探讨。

在这个过程的最后，我们将获得一个可供使用的视觉词汇字典。正如你可以想象的那样，大的数据集将有助于使字典的视觉词汇更加丰富。在某种程度上，词汇越多越好！

训练了分类器之后，我们应该对其继续进行测试。好消息是，测试过程在概念上与前面概述的训练过程非常相似。给定测试图像，我们可以提取描述符并通过计算描述符到质心距离的直方图来量化这些描述符（或降低描述符的维度)。在此基础上，我们可以尝试识别视觉词汇，并在图像中定位这些视觉词汇。

这就是本章的重点，至此你已经对建立更深入的实际示例产生了兴趣，并渴望编写代码。但是，在继续之前，我们来快速了解一下 *k* 均值聚类理论，以充分理解如何创建视觉词汇，从而更好地理解使用 BoW 和支持向量机的物体检测过程。

7.6.3 *k* 均值聚类

k 均值（*k*-means）聚类是一种量化方法，借此我们可以通过分析大量的向量得到少量的聚类。给定一个数据集，*k* 表示该数据集将要划分的聚类数。“均值”一词是指数学上的

平均数，当直观地表示时，聚类的均值是它的质心或聚类的几何中心点。

聚类是指将数据集中的点分组的过程。

OpenCV 提供了名为 cv2.BOWKMeansTrainer 的类，可以用来帮助我们训练分类器。正如你所期望的，OpenCV 文档给出了这个类的摘要，如下所述：

> 基于 *k* 均值的类使用词袋方法训练视觉词表。

介绍了这个冗长的理论之后，我们可以看一个例子，并开始训练我们的自定义分类器。

7.7 检测汽车

要训练任何类型的分类器，我们必须先创建或者获取训练数据集。我们将训练一个汽车检测器，因此数据集必须包含代表汽车的正样例，以及代表检测器在搜索汽车时可能遇到的其他物体（非汽车）的负样例。例如，如果检测器的目标是搜索街道上的汽车，那么路边、人行横道、行人或者自行车的图片可能是比土星环的图片更具有代表性的负样例。除了表示预期的主体内容，理想情况下，训练样本应该代表特定摄像头和算法看到主体的方式。

最终，在本章，我们打算使用一个固定大小的滑动窗口，因此重要的是训练样本要遵循固定的大小，并且为了框住没有太多背景的汽车，应紧密裁剪正样例。

在一定程度上，在不断添加好的训练图像时，我们期望分类器的准确率会提升。另外，大的数据集会使训练变慢，而且有可能会过度训练分类器，以至于分类器不能推断训练集之外的样本。在本节后面，我们将以一种允许我们轻松修改训练图像数量的方式来编写代码，这样就能通过实验找到一个合适的大小。

如果我们要自己组建完成汽车图像的数据集（尽管这是完全可行的），但会非常耗时。为避免重新发明车轮——或者整个汽车——我们可以利用现成的数据集，如下所示：

- 汽车检测 UIUC 图像数据集：https://cogcomp.seas.upenn.edu/Data/Car/。
- 斯坦福大学汽车数据集：http://ai.stanford.edu/~jkrause/cars/car_dataset.html。

我们的示例将使用 UIUC 数据集。获取该数据集并在脚本中对其进行使用，涉及几个步骤。下面来介绍每个步骤：

（1）从 http://l2r.cs.uiuc.edu/~cogcomp/Data/Car/CarData.tar.gz 下载 UIUC 数据集。将其解压到某个文件夹，我们称该文件夹为 <project_path>。现在，解压数据应该位于 <project_path>/CarData。具体来说，我们将使用 <project_path>/CarData/TrainImages 和 <project_path>/CarData/TestImages 中的一些图像。

（2）同样在 <project_path> 中，创建名为 detect_car_bow_svm.py 的 Python

脚本。要开始脚本的实现，编写以下代码查看是否存在 CarData 子文件夹：

```
import cv2
import numpy as np
import os

if not os.path.isdir('CarData'):
    print(
        'CarData folder not found. Please download and unzip '
        'http://l2r.cs.uiuc.edu/~cogcomp/Data/Car/CarData.tar.gz '
        'into the same folder as this script.')
    exit(1)
```

如果你可以运行这个脚本，并且该脚本不打印任何内容，就表示一切正常。

（3）接下来，在该脚本中定义以下常量：

```
BOW_NUM_TRAINING_SAMPLES_PER_CLASS = 10
SVM_NUM_TRAINING_SAMPLES_PER_CLASS = 100
```

请注意，我们的分类器将有两个训练阶段：一个阶段用于 BoW 词表，将使用大量图像作为样本；另一个阶段用于支持向量机，将使用大量 BoW 描述符向量作为样本。我们可以为每个阶段定义不同数量的训练样本。在每个阶段，还可以为两个类（汽车和非汽车）定义不同数量的训练样本，但是，我们将使用相同数量的样本。

（4）我们将使用 cv2.SIFT 提取描述符，并使用 cv2.FlannBasedMatcher 匹配这些描述符。我们用下面的代码初始化这些算法：

```
sift = cv2.xfeatures2d.SIFT_create()

FLANN_INDEX_KDTREE = 1
index_params = dict(algorithm=FLANN_INDEX_KDTREE, trees=5)
search_params = {}
flann = cv2.FlannBasedMatcher(index_params, search_params)
```

请注意，我们以与第 6 章中使用的同样方式，初始化了 SIFT 和 FLANN。可是，这一次，描述符匹配并不是最终目标，相反，它将成为 BoW 功能的一部分。

（5）OpenCV 提供了名为 cv2.BOWKMeansTrainer 的类来训练 BoW 词表，还提供了名为 cv2.BOWImgDescriptorExtractor 的类来将某种底层描述符（在我们的示例中是 SIFT 描述符）转换为 BoW 描述符。我们用下面的代码初始化这些对象：

```
bow_kmeans_trainer = cv2.BOWKMeansTrainer(40)
bow_extractor = cv2.BOWImgDescriptorExtractor(sift, flann)
```

在初始化 cv2.BOWKMeansTrainer 时，必须指定聚类数（在本示例中是 40）。在初始化 cv2.BOWImgDescriptorExtractor 时，必须指定描述符提取器和描述符匹配器（在本示例中分别是之前创建的 cv2.SIFT 对象和 cv2.FlannBasedMatcher 对象）。

（6）要训练 BoW 词表，需要根据各种汽车和非汽车图像提供 SIFT 描述符的样本。我们将从 CarData/TrainImages 子文件夹加载图像，其中包含名为 pos-x.pgm 的正（汽车）图像，以及名为 neg-x.pgm 的负（非汽车）图像，其中 x 是从 1 开始的数字。我们编写以下实用函数来返回到第 i 个正的和负的训练图像的一对路径，其中 i 是一个从 0 开始的数字：

```
def get_pos_and_neg_paths(i):
    pos_path = 'CarData/TrainImages/pos-%d.pgm' % (i+1)
    neg_path = 'CarData/TrainImages/neg-%d.pgm' % (i+1)
    return pos_path, neg_path
```

在本节的后面部分，当需要获取训练样本时，我们将在循环中调用上面的函数，其值 i 是变化的。

（7）对于每个训练样本的路径，我们需要加载图像、提取 SIFT 描述符并把描述符添加到 BoW 训练器中。我们编写另一个实用函数来精确地实现这一任务，如下所示：

```
def add_sample(path):
    img = cv2.imread(path, cv2.IMREAD_GRAYSCALE)
    keypoints, descriptors = sift.detectAndCompute(img, None)
    if descriptors is not None:
        bow_kmeans_trainer.add(descriptors)
```

如果在图像中没有找到特征，那么 keypoints 和 descriptors 变量将为 None。

（8）在这一阶段，我们已经有了训练 BoW 词表所需的一切。我们读取每个类（汽车作为正类，非汽车作为负类）的一些图像，并添加到训练集，如下所示：

```
for i in range(BOW_NUM_TRAINING_SAMPLES_PER_CLASS):
    pos_path, neg_path = get_pos_and_neg_paths(i)
    add_sample(pos_path)
    add_sample(neg_path)
```

（9）既然已经组建好了训练集，我们将调用词表训练器的 cluster 方法，执行 k 均值分类并返回词表。把这个词表分配给 BoW 描述符提取器，如下所示：

```
voc = bow_kmeans_trainer.cluster()
bow_extractor.setVocabulary(voc)
```

请记住，我们前面使用 SIFT 描述符提取器和 FLANN 匹配器初始化 BoW 描述符提取器。现在，我们也给 BoW 描述符提取器一个词表，这个词表是我们用 SIFT 描述符样本训练的。在这一阶段，BoW 描述符提取器拥有了从高斯差分（Difference of Gaussian，DoG）特征提取 BoW 描述符所需要的一切。

请记住，正如在 6.4 节中讨论的那样，cv2.SIFT 检测 DoG 特征并提取 SIFT 描述符。

（10）接下来，我们将声明另一个实用函数，接受图像并返回由 BoW 描述符提取器计算的描述符向量。这涉及图像的 DoG 特征提取以及基于 DoG 特征的 BoW 描述符向量的计算，如下所示：

```
def extract_bow_descriptors(img):
    features = sift.detect(img)
```

```
    return bow_extractor.compute(img, features)
```

（11）准备组建包含 BoW 描述符样本的另一个训练集。我们创建两个数组来容纳训练数据和标签，并用 BoW 描述符提取器生成的描述符填充这两个数组。我们将每个描述符向量标记为表示正样本的 1 或表示负样本的 -1，代码块如下：

```
training_data = []
training_labels = []
for i in range(SVM_NUM_TRAINING_SAMPLES_PER_CLASS):
    pos_path, neg_path = get_pos_and_neg_paths(i)
    pos_img = cv2.imread(pos_path, cv2.IMREAD_GRAYSCALE)
    pos_descriptors = extract_bow_descriptors(pos_img)
    if pos_descriptors is not None:
        training_data.extend(pos_descriptors)
        training_labels.append(1)
    neg_img = cv2.imread(neg_path, cv2.IMREAD_GRAYSCALE)
    neg_descriptors = extract_bow_descriptors(neg_img)
    if neg_descriptors is not None:
        training_data.extend(neg_descriptors)
        training_labels.append(-1)
```

如果希望训练分类器来区分多个正类，只需要简单地添加带有标签的其他描述符。例如，我们可以训练一个分类器，它使用标签 1 表示汽车，2 表示人，-1 表示背景。没有要求必须有负类或背景类，但是，如果没有负类或背景类，分类器将假定所有内容都属于正类。

（12）OpenCV 提供了名为 `cv2.ml_SVM` 的类，代表支持向量机。我们创建一个支持向量机，并用之前组建的数据和标签对其进行训练，如下所示：

```
svm = cv2.ml.SVM_create()
svm.train(np.array(training_data), cv2.ml.ROW_SAMPLE,
          np.array(training_labels))
```

请注意，必须把训练数据和标签从列表转换为 NumPy 数组，然后再将它们传递给 `cv2.ml_SVM` 的 `train` 方法。

（13）最后，我们准备通过对不在训练集中的一些图像进行分类来测试支持向量机。我们将遍历测试图像的路径列表。对于每个路径，加载图像、提取 BoW 描述符，并获得 SVM 的预测或分类结果，根据之前使用的训练标签，它将是 1.0（汽车）或 -1.0（非汽车）。我们将在图像上绘制文本以显示分类结果，并在窗口中显示图像。显示完所有图像后，等待用户按下任意键，然后结束脚本。所有这些都可以在下面的代码块中实现：

```
for test_img_path in ['CarData/TestImages/test-0.pgm',
                      'CarData/TestImages/test-1.pgm',
                      '../images/car.jpg',
                      '../images/haying.jpg',
                      '../images/statue.jpg',
                      '../images/woodcutters.jpg']:
```

```
    img = cv2.imread(test_img_path)
    gray_img = cv2.cvtColor(img, cv2.COLOR_BGR2GRAY)
    descriptors = extract_bow_descriptors(gray_img)
    prediction = svm.predict(descriptors)
    if prediction[1][0][0] == 1.0:
        text = 'car'
        color = (0, 255, 0)
    else:
        text = 'not car'
        color = (0, 0, 255)
    cv2.putText(img, text, (10, 30), cv2.FONT_HERSHEY_SIMPLEX, 1,
                color, 2, cv2.LINE_AA)
    cv2.imshow(test_img_path, img)
cv2.waitKey(0)
```

保存并运行脚本。你应该看到包含各种分类结果的6个窗口。图7-6是真正例结果的一个截图，图7-7是真负例结果的一个截图。

图7-6　真正例的结果

图7-7　真负例的结果

在简单测试的 6 张图片中，只有图 7-8 这一张图片分类错误。

图 7-8 分类错误的结果

尝试调整训练样本的数量，并试着在更多的图像上测试分类器，看看可以得到什么结果。

我们来总结一下我们到目前为止所做的工作。我们使用 SIFT、BoW 和支持向量机训练了一个分类器，以区分两个类：汽车和非汽车。我们已将该分类器应用于整个图像。下一个逻辑步骤是应用滑动窗口技术，这样就可以将分类结果缩小到图像的特定区域。

7.7.1 支持向量机和滑动窗口相结合

通过把支持向量机（SVM）分类器与滑动窗口技术和图像金字塔相结合，我们可以实现下列改进：

- 检测图像中同类型的多个物体。
- 确定图像中检测到的每个物体的位置和大小。

我们将采用以下方法：

（1）取图像的一个区域，对其进行分类，按照预定义的步长把窗口移动到右侧。当到达图像最右端时，将 x 坐标重置为 0，向下移动一步，重复整个过程。

（2）在每一步，使用经 BoW 训练的 SVM 执行分类。

（3）根据 SVM，持续跟踪正检测的所有窗口。

（4）在对完整图像中每个窗口分类之后，缩小图像，并利用滑动窗口重复整个过程。因此，我们使用的是图像金字塔。继续缩小并分类直到到达最小尺度。

在此过程结束时，我们已经收集了有关图像内容的重要信息。但是，有一个问题：在所有的可能中，我们会发现一些重叠块，每个重叠块都生成高置信度的正检测结果。也就是说，图像可能包含一个多次被检测的物体。如果报告了这些多重检测结果，我们的报告很可能会有误导性，因此我们将使用 NMS 过滤结果。

作为复习，请参考7.3节。

接下来，我们来看如何修改并扩展之前的脚本，以实现刚介绍的方法。

7.7.2 检测场景中的汽车

现在，我们已经准备好应用目前为止所学的所有概念，创建一个汽车检测脚本，扫描图像并在汽车周围绘制矩形。我们通过复制之前的脚本 `detect_car_bow_svm.py`，创建一个新的Python脚本 `detect_car_bow_svm_sliding_window.py`。（前面刚介绍了 `detect_car_bow_svm.py` 的实现。）新脚本的大部分实现将保持不变，因为我们仍然以几乎与之前相同的方式训练BoW描述符提取器和SVM。但是，在训练完成后，我们会用一种新的方式来处理测试图像。我们不对每幅图像进行整体分类，而是将每幅图像分解到金字塔层和窗口中，对每个窗口进行分类，并将NMS应用于产生正检测结果的窗口列表。

对于NMS，我们将依赖于Malisiewicz和Rosebrock的实现（如7.3节中所述）。你可以在这本书的GitHub库中找到一个稍做修改的实现副本，具体在 `chapter7/non_max_suppression.py` 的Python脚本中。该脚本提供了一个具有以下签名的函数：

```
def non_max_suppression_fast(boxes, overlapThresh):
```

该函数接受包含矩形坐标和得分的NumPy数组作为第1个参数。如果有 N 个矩形，数组的形状就是 $N \times 5$。对于索引 i 处的给定矩形，数组中的值有以下含义：

- `boxes[i][0]`：最左边的 x 坐标。
- `boxes[i][1]`：顶端的 y 坐标。
- `boxes[i][2]`：最右边的 x 坐标。
- `boxes[i][3]`：底部的 y 坐标。
- `boxes[i][4]`：得分，分数越高代表矩形是正确检测结果的置信度越大。

该函数接受一个阈值（代表矩形之间重叠的最大比例）作为第2个参数。如果两个矩形的重叠比例大于这个参数，将会过滤掉较低的得分结果。最后，该函数将返回由剩余矩形组成的数组。

现在，我们把注意力转向对 `detect_car_bow_svm_sliding_window.py` 脚本的修改，如下所述：

（1）首先，为NMS函数添加一个新的 `import` 语句，如代码中的粗体所示：

```
import cv2
import numpy as np
import os

from non_max_suppression import non_max_suppression_fast as nms
```

（2）在脚本开始处定义一些额外的参数，如下面的粗体所示：

```
BOW_NUM_TRAINING_SAMPLES_PER_CLASS = 10
SVM_NUM_TRAINING_SAMPLES_PER_CLASS = 100

SVM_SCORE_THRESHOLD = 1.8
NMS_OVERLAP_THRESHOLD = 0.15
```

我们将使用 `SVM_SCORE_THRESHOLD` 作为阈值来区分正窗口和负窗口。稍后，我们将看到如何获得得分。使用 `NMS_OVERLAP_THRESHOLD` 作为 NMS 步骤中可接受的最大重叠比例。这里，我们随机选择 15%，所以将剔除重叠超过该比例的窗口。在用支持向量机做实验时，可以根据自己的喜好调整这些参数，直到找到能在应用程序中产生最佳结果的值。

（3）把 k 均值聚类数从 40 个减少到 12 个（根据实验随机选择的一个数），如下所述：

```
bow_kmeans_trainer = cv2.BOWKMeansTrainer(12)
```

（4）同时调整 SVM 的参数，如下所示：

```
svm = cv2.ml.SVM_create()
svm.setType(cv2.ml.SVM_C_SVC)
svm.setC(50)
svm.train(np.array(training_data), cv2.ml.ROW_SAMPLE,
          np.array(training_labels))
```

在对支持向量机进行上述修改后，我们将指定分类器的严格或严重程度。随着 `C` 参数值的增加，假正例风险降低，但是假负例风险增加。在我们的应用程序中，假正例是指当窗口中实际上并不是汽车时，检测为汽车，而假负例是指窗口中实际上是一辆汽车时，但却检测为非汽车。

在完成训练 SVM 的代码之后，我们想再添加两个辅助函数，其中一个用于生成图像金字塔层，另一个用于基于滑动窗口技术生成感兴趣的区域。除了添加这些辅助函数之外，我们还需要以不同的方式处理测试图像，以便利用滑动窗口和 NMS。以下步骤将介绍这些更改：

（1）首先，我们来看处理图像金字塔的辅助函数，如下列代码块所示：

```
def pyramid(img, scale_factor=1.25, min_size=(200, 80),
            max_size=(600, 600)):
    h, w = img.shape
    min_w, min_h = min_size
    max_w, max_h = max_size
    while w >= min_w and h >= min_h:
        if w <= max_w and h <= max_h:
            yield img
        w /= scale_factor
        h /= scale_factor
        img = cv2.resize(img, (int(w), int(h)),
                         interpolation=cv2.INTER_AREA)
```

此函数将获取一幅图像并生成一系列调整大小的图像版本，但有最大和最小限制。

你可能已经注意到，返回调整后的图像时没有使用 return 关键字，而是使用了 yield 关键字。这是因为该函数是所谓的生成器。它产生一系列可以在循环中轻松使用的图像。如果你不熟悉生成器，那么可以参阅 https://wiki.python.org/moin/Generators 上的官方 Python 维基百科。

（2）接下来是基于滑动窗口技术生成感兴趣区域的函数。此函数如下面的代码块所示：

```
def sliding_window(img, step=20, window_size=(100, 40)):
    img_h, img_w = img.shape
    window_w, window_h = window_size
    for y in range(0, img_w, step):
        for x in range(0, img_h, step):
            roi = img[y:y+window_h, x:x+window_w]
            roi_h, roi_w = roi.shape
            if roi_w == window_w and roi_h == window_h:
                yield (x, y, roi)
```

同样，这也是一个生成器。尽管它嵌套得有点深，但是其机制非常简单：给定一幅图像，返回左上角坐标和代表下一个窗口的子图像。连续的窗口通过任意大小的步长从左到右移动，直到到达图像的最右端，并从上到下移动，直到到达图像的底端。

（3）现在，我们来考虑测试图像的处理。和之前版本的脚本一样，循环遍历测试图像路径列表，以加载和处理每幅图像。循环的开始部分没有变化。下面是其内容：

```
for test_img_path in ['CarData/TestImages/test-0.pgm',
                      'CarData/TestImages/test-1.pgm',
                      '../images/car.jpg',
                      '../images/haying.jpg',
                      '../images/statue.jpg',
                      '../images/woodcutters.jpg']:
    img = cv2.imread(test_img_path)
    gray_img = cv2.cvtColor(img, cv2.COLOR_BGR2GRAY)
```

（4）对于每幅测试图像，遍历金字塔层，对于每一金字塔层，遍历滑动窗口的位置。对于每个窗口或者感兴趣区域（Region Of Interest，ROI），提取 BoW 描述符并使用 SVM 对其进行分类。如果分类产生的正检测结果超过了某个置信度阈值，就将矩形的角点坐标和置信度添加到正检测结果列表中。继前面的代码块之后，我们继续处理给定的测试图像，代码如下：

```
pos_rects = []
for resized in pyramid(gray_img):
    for x, y, roi in sliding_window(resized):
        descriptors = extract_bow_descriptors(roi)
        if descriptors is None:
            continue
prediction = svm.predict(descriptors)
if prediction[1][0][0] == 1.0:
    raw_prediction = svm.predict(
        descriptors,
        flags=cv2.ml.STAT_MODEL_RAW_OUTPUT)
```

```
        score = -raw_prediction[1][0][0]
        if score > SVM_SCORE_THRESHOLD:
            h, w = roi.shape
            scale = gray_img.shape[0] / \
                float(resized.shape[0])
            pos_rects.append([int(x * scale),
                              int(y * scale),
                              int((x+w) * scale),
                              int((y+h) * scale),
                              score])
```

我们注意到，上述代码中有一些复杂的地方：

- 为了获得支持向量机预测的置信度，我们必须使用可选标志 cv2.ml.STAT_MODEL_RAW_OUTPUT 来运行 predict 方法。然后，该方法返回一个得分作为其输出的一部分，而不是返回一个标签。这个得分可能为负，而且低的值表示置信度高。为使得分更直观并匹配 NMS 函数的假设（得分越高越好），我们对得分取负，这样高的值就代表了置信度高。
- 因为使用的是多层金字塔，窗口坐标没有共同的尺度。在将它们添加到正检测结果列表之前，需要将其转换到共同的尺度，即原始图像的尺度。

到目前为止，我们已经在不同的尺度和位置进行了汽车检测，结果就是可以得到一个检测到的汽车矩形列表（包括矩形坐标和得分）。预计在矩形列表中会有很多重叠内容。

（5）现在，调用 NMS 函数，以便在重叠的情况下，选出得分最高的矩形，如下所示：

```
pos_rects = nms(np.array(pos_rects), NMS_OVERLAP_THRESHOLD)
```

注意，我们已经将矩形坐标和得分列表转换为 NumPy 数组（该函数所期望的格式）。

在这个阶段，我们有一个检测到的汽车矩形及其得分的数组，已经确保这些是我们可以选择的最好的非重叠检测（在模型参数内）。

（6）现在，把下列内循环添加到代码中，绘制矩形及其得分：

```
for x0, y0, x1, y1, score in pos_rects:
    cv2.rectangle(img, (int(x0), int(y0)), (int(x1), int(y1)),
                  (0, 255, 255), 2)
    text = '%.2f' % score
    cv2.putText(img, text, (int(x0), int(y0) - 20),
                cv2.FONT_HERSHEY_SIMPLEX, 1, (0, 255, 255), 2)
```

在该脚本的前一个版本中，外循环的主体以显示当前测试图像（包括在其上绘制的注释）结束。在循环遍历所有测试图像之后，等待用户按下任意键，然后，程序结束，代码如下：

```
    cv2.imshow(test_img_path, img)
cv2.waitKey(0)
```

运行修改后的脚本，看看它能如何回答这个永恒的问题：老兄，我的车呢？

图 7-9 显示了一个成功的检测结果。

另一幅测试图像中有两辆汽车。脚本成功地检测到一辆，没有检测到另一辆，如图 7-10 所示。

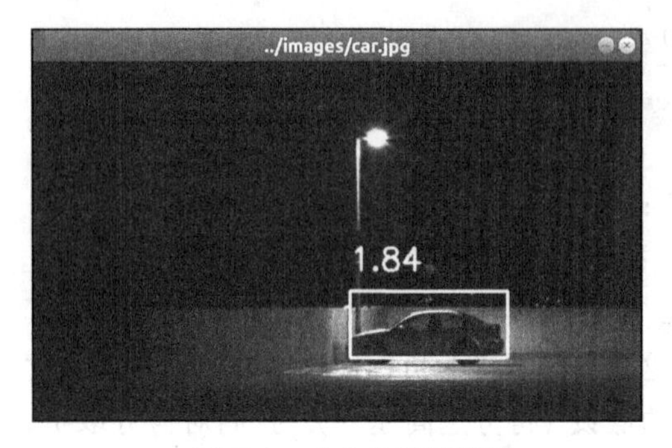

图 7-9　成功的检测结果

图 7-10　图像中两辆车的检测结果

有时，也会把具有许多特征的背景区域错误地检测为汽车，如图 7-11 所示。

图 7-11　把包含许多特征的背景错误地检测为汽车的示例

请记住，在这个示例脚本中，我们的训练集很小。训练集越大，背景也就越多样化，因此可以提升检测结果的准确性。同时，请记住，图像金字塔和滑动窗口会产生大量感兴趣区域（ROI）。考虑到这个问题，我们应该意识到检测器的假正例比率实际上相当低。如果对视频的帧进行检测，那么可以通过过滤仅发生在单个帧或少数几帧中的检测结果（而不是过滤任意最小长度的检测序列），进一步降低假正例比率。

请使用前面脚本的参数和训练集随意进行实验。等你准备好了，我们对其进行一些总结以结束这一章。

7.7.3 保存并加载经过训练的支持向量机

关于支持向量机（SVM）的最后一条建议：你不需要在每次使用检测器时都对其进行训练，实际上，你应该避免这样做，因为训练很慢。使用如下代码可以把训练好的 SVM 模型保存到 XML 文件：

```
svm = cv2.ml.SVM_create()
svm.train(np.array(training_data), cv2.ml.ROW_SAMPLE,
          np.array(training_labels))
svm.save('my_svm.xml')
```

随后，可以使用下列代码重新加载训练好的 SVM：

```
svm = cv2.ml.SVM_create()
svm.load('my_svm.xml')
```

通常，你可能需要有一个脚本来训练和保存 SVM 模型，而其他脚本加载并使用 SVM 来解决各种检测问题。

7.8 本章小结

本章，我们介绍了包括 HOG、BoW、SVM、图像金字塔、滑动窗口以及 NMS 在内的各种概念和技术。我们知道了这些技术在物体检测以及其他领域都有应用。我们编写了一个脚本，将这些技术中的大多数（BoW、SVM、图像金字塔、滑动窗口以及 NMS）结合在一起，通过对自定义检测器进行训练和测试的练习，获得了机器学习方面的实际经验。最后，我们证明了我们可以检测汽车！

本章的知识是第 8 章的基础，在第 8 章我们将对视频中的帧序列使用物体检测和分类技术。我们将学习如何跟踪物体并保留有关跟踪物体的信息——在许多实际应用程序中，这是一个很重要的目标。

CHAPTER 8

第8章 物体跟踪

本章，我们将从物体跟踪这一宽泛主题中选择一些技术进行探讨，物体跟踪是在电影或摄像头拍摄的视频片段中定位运动物体的过程。实时物体跟踪是监控、感知用户界面、增强现实、基于对象的视频压缩以及辅助驾驶等许多计算机视觉应用程序中的一项关键任务。

可以以多种方式实现物体跟踪，最优的技术很大程度上取决于手头的任务。在物体跟踪的研究中，我们将采取以下路线：

- 基于当前帧和代表背景的帧之间的差异检测运动物体。首先，我们将尝试这种方法的一个简单实现。然后，我们将使用OpenCV实现更高级的算法，即混合高斯（Mixture Of Gaussian，MOG）和K最近邻（K-Nearest Neighbor，KNN）背景差分。我们还将考虑如何修改脚本以使用OpenCV支持的其他背景差分，如Godbehere-Matsukawa-Goldberg（GMG）背景差分。
- 基于物体的颜色直方图跟踪运动物体。这种方法涉及直方图的反投影，即计算图像各区域与直方图之间的相似程度的过程。或者说，把直方图当作我们所期望的物体外观的一个模板。我们将会用到名为MeanShift和CamShift的跟踪算法，它们在直方图反投影的结果上进行运算。
- 利用卡尔曼滤波器发现物体的运动趋势，并预测物体接下来的运动趋势。
- 回顾OpenCV中所支持的面向对象编程（Object-Oriented Programming，OOP）范式，并考虑面向对象编程范式与函数式编程（Functional Programming，FP）范式有哪些不同。
- 结合KNN背景差分、MeanShift和卡尔曼滤波器，实现行人跟踪器。

如果你一直是按顺序阅读这本书的，那么在本章结束时，你将会知道很多描述、检测、分类和跟踪二维物体的方法。至此，你应该已经准备好在第9章中进行三维跟踪了。

8.1 技术需求

本章使用了Python、OpenCV以及NumPy。安装说明请参阅第1章。

本章的完整代码和示例视频可以在本书的GitHub库（https://github.com/PacktPublishing/

Learning-OpenCV-4-Computer-Vision-with-Python-Third-Edition）的 `chapter08` 文件夹中找到。

8.2 基于背景差分检测运动物体

为了跟踪视频中的物体，首先，我们必须识别视频帧中与运动物体相对应的区域。许多运动检测技术都是基于简单的背景差分概念的。例如，假设我们有一个静止的摄像头来观察基本上也是静止的场景。除此之外，假设摄像头的曝光和场景中的光照条件是稳定的，这样视频帧在亮度方面不会有太大的变化。在这些条件下，我们可以很容易地捕捉到代表背景的参考图像（或者说，场景中的静态分量）。然后，在摄像头捕捉到新的帧时，我们可以从参考图像中减去该帧，并取这个差的绝对值，以获得帧中每个像素位置的运动测量值。如果帧的任何区域与参考图像有很大的不同，我们就得认为给定区域中是一个运动物体。

一般来说，背景差分技术有以下限制：

- 任何摄像头的运动、曝光的变化或光照条件的变化都可以导致整个场景像素值的变化，因此，整个背景模型（或参考图像）就过时了。
- 如果物体进入场景并停留很长一段时间，那么背景模型的一部分就会失效。例如，假设场景是一条走廊。有人进入走廊，把海报贴在墙上，然后把海报留在那里。实际上，海报现在只是静止背景的一部分，但并不是参考图像的一部分，所以背景模型已经部分过时了。

这些问题说明需要基于一系列新的帧来动态更新背景模型。高级背景差分技术试图以各种方式解决这一需求。

另一个普遍存在的限制是阴影和实物会以类似方式对背景差分产生影响。例如，得到的运动物体的大小和形状可能会不准确，因为我们无法区分物体与其阴影。可是，高级背景差分技术确实尝试使用各种方法来区分阴影区域和实物。

通常，背景差分还有一个限制：它们不对检测到的运动类型提供细粒度控制。例如，如果场景显示一辆地铁的车厢在轨道上行驶时不断地摇晃，这种重复的运动将影响背景差分器。从实用性来讲，我们可以把地铁车厢的振动看作半静止背景下的正常变化。我们甚至可能知道这些振动的频率。可是，背景差分器不嵌入任何关于运动频率的信息，因此，它并没有提供一种方便或精确的方法来过滤掉这些可预测的运动。为了弥补这些缺点，我们可以应用预处理步骤，比如模糊参考图像和模糊每一帧，尽管这种方式不是很直观、高效或精确，但是通过这种方式，抑制了某些频率。

运动频率分析不在本书的研究范围。有关计算机视觉背景下这个主题的介绍，请参阅约瑟夫·豪斯的著作 *OpenCV 4 for Secret Agents*[⊖]（原书于 2019 年由 Packt 出

⊖ 本书第 2 版的中文版《OpenCV 项目开发实战（原书第 2 版）》（ISBN 978-7-111-65234-2）已于 2020 年由机械工业出版社出版。——编辑注

版社出版）的第 7 章。

既然我们已经对背景差分有了一个概览，并理解了背景差分所面临的一些障碍，那么就来研究几个背景差分实现在实际操作中是如何进行的。我们将从一个简单但并不鲁棒的实现开始，我们可以用几行代码手工实现它，然后再逐步实现 OpenCV 提供的更复杂的替代方案。

8.2.1 实现基本背景差分器

为了实现基本背景差分器，我们采用以下几步：

（1）开始用摄像头捕捉帧。

（2）丢弃 9 帧，这样摄像头才有时间适当调整自动曝光，以适应场景中的光照条件。

（3）取第 10 帧，将其转换为灰度图像，对其进行模糊，并把模糊图像作为背景的参考图像。

（4）对于每个后续帧，对其进行模糊，将其转换为灰度图像，再计算模糊帧和背景参考图像之间的绝对差值。对差值图像进行阈值化、平滑和轮廓检测处理。绘制并显示主要轮廓的边框。

> 高斯模糊的使用会使背景差分器不太容易受到小振动和数字噪声的影响。形态学运算也提供了这些优势。

为了模糊图像，我们使用高斯模糊算法（已在 3.3 节讨论过）。为了平滑阈值图像，我们将使用形态学腐蚀和膨胀处理（已在 4.9 节讨论过）。轮廓检测和边框也是 3.9 节介绍的主题之一。

将前面的几步展开为更小的步骤，我们可以考虑用 8 个连续的代码块来实现脚本：

（1）首先，导入 OpenCV，并定义 `blur`、`erode` 和 `dilate` 运算的核的大小：

```
import cv2

BLUR_RADIUS = 21
erode_kernel = cv2.getStructuringElement(cv2.MORPH_ELLIPSE, (5, 5))
dilate_kernel = cv2.getStructuringElement(
    cv2.MORPH_ELLIPSE, (9, 9))
```

（2）试着从摄像头捕捉 10 帧：

```
cap = cv2.VideoCapture(0)

# Capture several frames to allow the camera's autoexposure to
adjust.
for i in range(10):
    success, frame = cap.read()
if not success:
    exit(1)
```

（3）如果无法采集到 10 帧，就退出。否则，将第 10 帧图像转换为灰度图像，并对其进行模糊：

```
gray_background = cv2.cvtColor(frame, cv2.COLOR_BGR2GRAY)
gray_background = cv2.GaussianBlur(gray_background,
                                   (BLUR_RADIUS, BLUR_RADIUS), 0)
```

（4）在这一阶段，我们有了背景的参考图像。现在，我们继续采集更多帧，这样就可以检测运动物体了。对每一帧的处理都从灰度转换和高斯模糊操作开始：

```
success, frame = cap.read()
while success:

    gray_frame = cv2.cvtColor(frame, cv2.COLOR_BGR2GRAY)
    gray_frame = cv2.GaussianBlur(gray_frame,
                                  (BLUR_RADIUS, BLUR_RADIUS), 0)
```

（5）现在，我们对当前帧的模糊、灰度版本，以及背景图像的模糊、灰度版本进行比较。具体来说，我们将使用 OpenCV 的 `cv2.absdiff` 函数求这两幅图像之间差值的绝对值（或大小）。然后，应用阈值来获得纯黑白图像，并通过形态学运算对阈值化图像进行平滑处理。以下是相关的代码：

```
diff = cv2.absdiff(gray_background, gray_frame)
_, thresh = cv2.threshold(diff, 40, 255, cv2.THRESH_BINARY)
cv2.erode(thresh, erode_kernel, thresh, iterations=2)
cv2.dilate(thresh, dilate_kernel, thresh, iterations=2)
```

（6）现在，如果技术运行良好，阈值图像应该在运动物体处包含白色斑点。我们想找到白色斑点的轮廓，并在其周围绘制边框。为了进一步过滤可能不是真实物体的微小变化，我们将应用一个基于轮廓面积的阈值。如果轮廓太小，就认为它不是真正的运动物体。（当然，"太小"的界定可能会因摄像头的分辨率和应用程序而有所不同，在某些情况下，你可能根本不希望应用此测试。）下面是检测轮廓和绘制边框的代码：

```
_, contours, hier = cv2.findContours(thresh, cv2.RETR_EXTERNAL,
                                     cv2.CHAIN_APPROX_SIMPLE)

for c in contours:
    if cv2.contourArea(c) > 4000:
        x, y, w, h = cv2.boundingRect(c)
        cv2.rectangle(frame, (x, y), (x+w, y+h), (255, 255, 0), 2)
```

（7）显示差值图像、阈值化图像以及带有矩形边框的检测结果：

```
cv2.imshow('diff', diff)
cv2.imshow('thresh', thresh)
cv2.imshow('detection', frame)
```

（8）继续读取帧，直到用户按下 Esc 键退出：

```
k = cv2.waitKey(1)
```

```
    if k == 27: # Escape
        break

    success, frame = cap.read()
```

这样就有了一个基本的运动检测器，它可以在运动物体周围绘制矩形。最终的结果如图 8-1 所示。

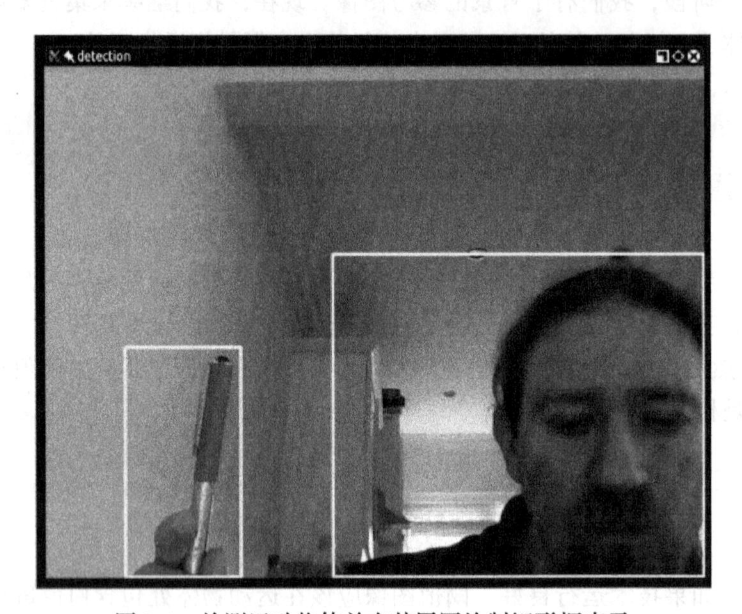

图 8-1　检测运动物体并在其周围绘制矩形框表示

> TIP 为了使用脚本获得良好的结果，请确保你（和其他运动物体）在背景图像初始化之前不要进入摄像头的视野。

对于这样一个简单的技术，这个结果是很诱人的。但是，此脚本不会动态更新背景图像，所以如果摄像头运动或光线变化，背景图像很快就会过时。因此，我们应该寻求更灵活、更智能的背景差分器。幸运的是，OpenCV 提供了几个现成的背景差分器供我们使用。首先来看实现了 MOG 算法的背景差分器。

8.2.2　使用 MOG 背景差分器

OpenCV 提供了一个名为 `cv2.BackgroundSubtractor` 的类，它有实现各种背景差分算法的子类。

你可能还记得，我们在 4.8 节使用了 OpenCV 的 GrabCut 算法实现来执行前景 / 背景分割。类似于 `cv2.grabCut`，`cv2.BackgroundSubtractor` 的各种子类实现可以生成掩模，给图像的不同部分分配不同的值。具体来说，背景差分器可以将前景部分标记为白色（即8位灰度值255），将背景部分标记为黑色（0），在某些实现中还会将阴影部分标记为灰色（127）。此外，不同于GrabCut，通常背景差分器通过对一系列帧应用机器学习，随着时间的推移更新前景/背景模型。许多背景差分器都是以统计聚类技术命名的，而统计聚类技术是机器学习方法的基础。因此，我们将从基于MOG聚类技术的背景差分器开始介绍。

OpenCV对于MOG背景差分器有两种实现，分别命名为cv2.BackgroundSubtractorMOG和cv2.BackgroundSubtractorMOG2。cv2.BackgroundSubtractorMOG2是最近改进的实现，它增加了对阴影检测的支持，所以我们将使用它。

我们以上一节的基本背景差分脚本为起点，对它做如下修改：

（1）用MOG背景差分器替换基本背景差分模型。

（2）使用视频文件（而不是摄像头）作为输入。

（3）取消高斯模糊。

（4）调整阈值、形态学和轮廓分析步骤中使用的参数。

这些修改会影响位于整个脚本中几个不同地方的几行代码。靠近脚本的顶部，我们初始化MOG背景差分器并修改形态学核的大小，如下面代码块中的粗体所示：

```
import cv2

bg_subtractor = cv2.createBackgroundSubtractorMOG2(detectShadows=True)

erode_kernel = cv2.getStructuringElement(cv2.MORPH_ELLIPSE, (3, 3))
dilate_kernel = cv2.getStructuringElement(cv2.MORPH_ELLIPSE, (7, 7))
```

注意OpenCV提供了一个函数cv2.createBackgroundSubtractorMOG2来创建cv2.BackgroundSubtractorMOG2实例。该函数接受一个参数detectShadows，将其设置为True，就会标记出阴影区域，而不会标记为前景的一部分。

其余的更改，包括使用MOG背景差分器来获得前景/阴影/背景掩模，在下面代码块中以粗体标记：

```
cap = cv2.VideoCapture('hallway.mpg')
success, frame = cap.read()
while success:

    fg_mask = bg_subtractor.apply(frame)

    _, thresh = cv2.threshold(fg_mask, 244, 255, cv2.THRESH_BINARY)
    cv2.erode(thresh, erode_kernel, thresh, iterations=2)
    cv2.dilate(thresh, dilate_kernel, thresh, iterations=2)

    contours, hier = cv2.findContours(thresh, cv2.RETR_EXTERNAL,
                                      cv2.CHAIN_APPROX_SIMPLE)

    for c in contours:
        if cv2.contourArea(c) > 1000:
            x, y, w, h = cv2.boundingRect(c)
```

```
            cv2.rectangle(frame, (x, y), (x+w, y+h), (255, 255, 0), 2)

    cv2.imshow('mog', fg_mask)
    cv2.imshow('thresh', thresh)
    cv2.imshow('detection', frame)

    k = cv2.waitKey(30)
    if k == 27:  # Escape
        break

    success, frame = cap.read()
```

当我们把帧传递给背景差分器的 apply 方法时，差分器会更新它的内部背景模型，然后返回一个掩模。正如我们前面所讨论的，前景部分的掩模是白色（255），阴影部分是灰色（127），背景部分是黑色（0）。为此，我们把阴影作为背景，所以对掩模应用一个接近白色的阈值（244）。

图 8-2 显示了 MOG 检测器的一个掩模（左上角图片）、掩模的阈值和演变版本（右上角图片）以及检测结果（底部图片）。

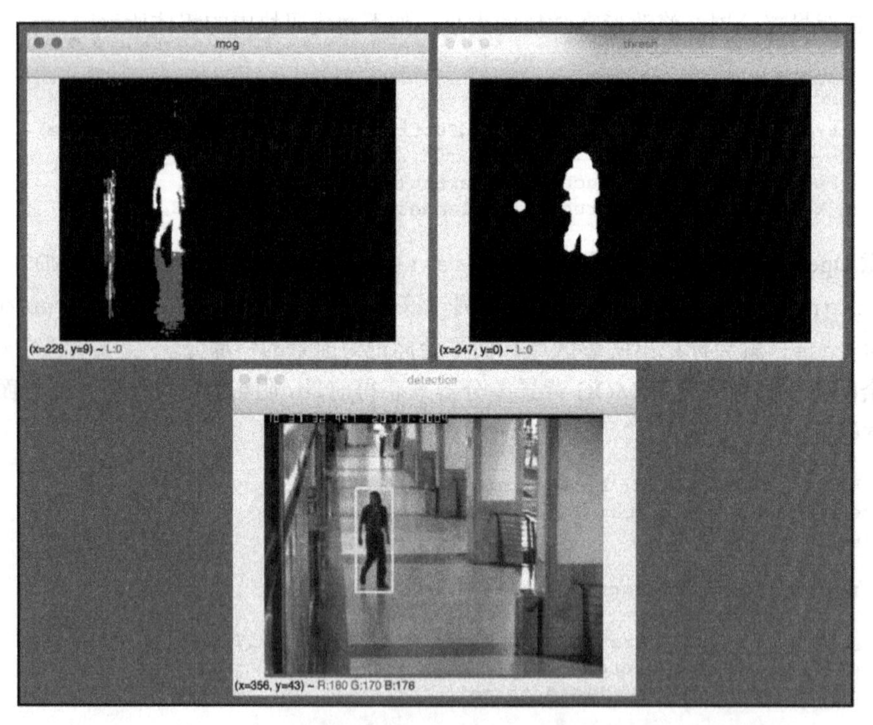

图 8-2　MOG 检测器的掩模及其掩模的阈值和演变版本以及检测结果

为了比较，我们设置 detectShadows=False，禁用阴影检测，得到图 8-3 所示的结果。

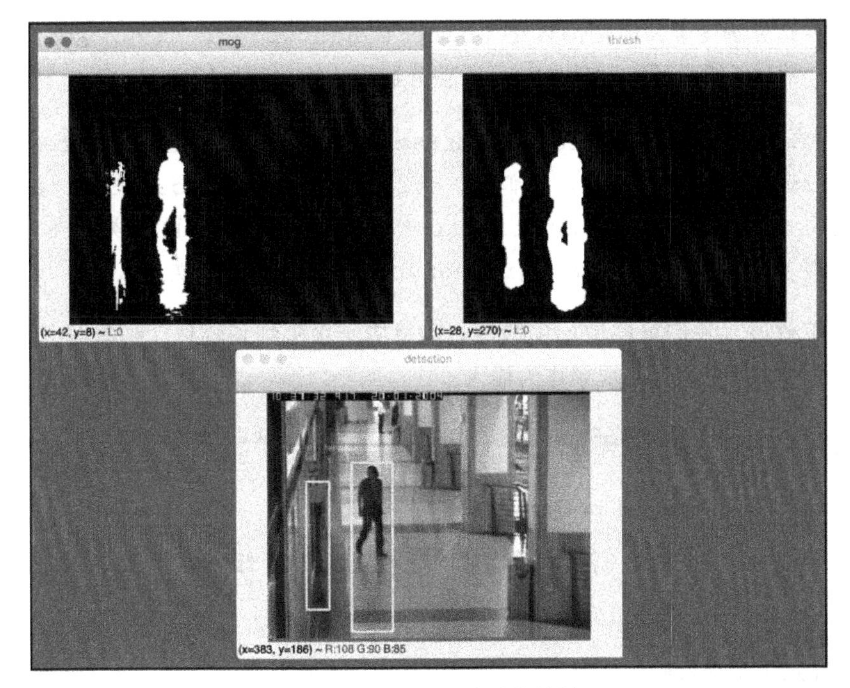

图 8-3 禁用阴影检测的结果

由于抛光的地板和墙壁，这个场景不仅包含阴影，也包含反射内容。当启用阴影检测时，我们可以使用一个阈值来移除掩模上的阴影和反射部分，大厅里的人周围只留下一个准确的检测矩形。可是，当禁用阴影检测时，有两个检测结果，可以说，两个检测结果都是不准确的。其中一个覆盖了男子及其影子和地板上的倒影。第二个则覆盖了该男子在墙上的倒影。可以说，这些都是不准确的检测，因为即使这个人的影子和反射是运动物体的视觉产物，但是它们并不是真正的运动物体。

至此，我们已经看到，背景差分脚本可以非常简洁，一些小的改变可以彻底改变算法和结果，无论好坏。继续以同样的方式，我们看看如何轻松地调整代码来使用 OpenCV 的另一个高级背景差分器寻找另一种运动物体。

8.2.3 使用 KNN 背景差分器

通过修改 MOG 背景差分脚本中的 5 行代码，我们可以使用不同的背景差分算法、不同的形态学参数和不同的输入视频。因为 OpenCV 提供的高级接口，即使是这样简单的更改也能让我们成功地处理各种各样的背景差分任务。

只要用 `cv2.createBackgroundSubtractorKNN` 替换 `cv2.createBackgroundSubtractorMOG2`，就可以使用基于 KNN 聚类（而非 MOG 聚类）的背景差分器：

```
bg_subtractor = cv2.createBackgroundSubtractorKNN(detectShadows=True)
```

注意，尽管算法变了，但是仍然支持 detectShadows 参数。此外，仍然支持 apply 方法，因此，稍后不需要更改脚本中与背景差分器用法相关的任何内容。

还记得 cv2.createBackgroundSubtractorMOG2 返回 cv2.BackgroundSubtractorMOG2 类的新实例。类似地，cv2.createBackgroundSubtractorKNN 返回 cv2.BackgroundSubtractorKNN 类的新实例。两个类都是定义了 apply 等常见方法的 cv2.BackgroundSubtractor 类的子类。

通过以下修改，我们可以使用稍微好点的适应于水平细长物体（在本例中，是一辆汽车）的形态学核，并使用交通视频作为输入：

```
erode_kernel = cv2.getStructuringElement(cv2.MORPH_ELLIPSE, (7, 5))
dilate_kernel = cv2.getStructuringElement(cv2.MORPH_ELLIPSE, (17, 11))

cap = cv2.VideoCapture('traffic.flv')
```

为了反映算法的变化，我们把掩模窗口的标题从 'mog' 修改为 'knn'：

```
cv2.imshow('knn', fg_mask)
```

图 8-4 显示了运动检测的结果。

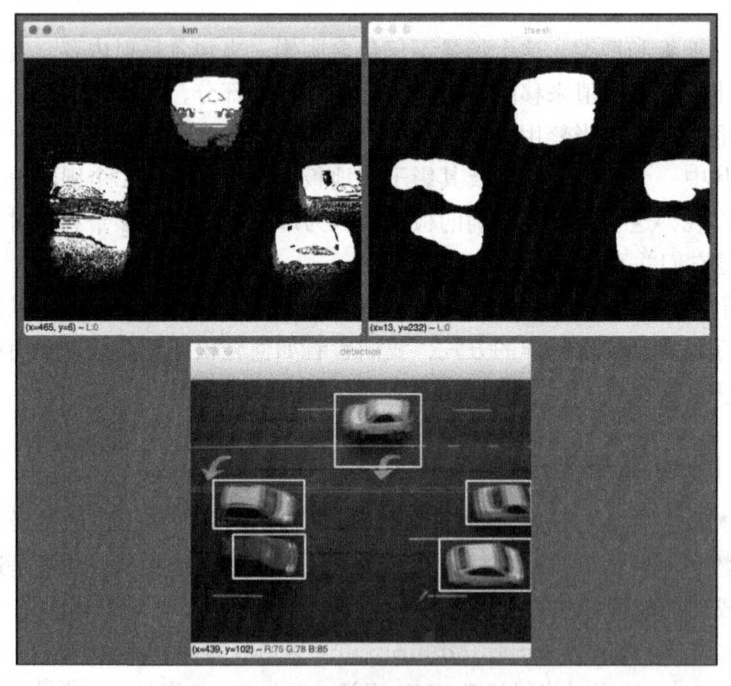

图 8-4　运动检测结果

KNN 背景差分器以及它区分物体和阴影的能力，在这里的效果很好。逐一检测到了所有车辆，尽管有些车离得很近，但是检测时它们并没有被合并成一辆车。5 辆车中有 3 辆车的检测矩形是准确的。对于视频画面左下角的黑色汽车，背景差分器未能完全区分出汽车尾部和沥青路面。对于画面中上部的白色汽车，背景差分器未能完全将汽车及其阴影与道路上的白色标记区分开来。尽管如此，总的来说，这是一个有用的检测结果，它可以让我们计算每条车道上行驶的汽车数量。

正如我们所看到的，脚本的一些简单变化可以产生非常不同的背景差分结果。我们来考虑如何进一步探索这一观察结果。

8.2.4 使用 GMG 和其他背景差分器

你可以随意对背景差分脚本进行修改以进行实验。如果你已经获得了 OpenCV，且具有可选模块 `opencv_contrib`（如第 1 章所述），那么可以在 `cv2.bgsegm` 模块中找到更多可用的背景差分器。可以使用以下函数创建：

- `cv2.bgsegm.createBackgroundSubtractorCNT`。
- `cv2.bgsegm.createBackgroundSubtractorGMG`。
- `cv2.bgsegm.createBackgroundSubtractorGSOC`。
- `cv2.bgsegm.createBackgroundSubtractorLSBP`。
- `cv2.bgsegm.createBackgroundSubtractorMOG`。
- `cv2.bgsegm.createSyntheticSequenceGenerator`。

这些函数不支持 `detectShadows` 参数，而且它们创建的背景差分器不支持阴影检测。但是，所有的背景差分器都支持 `apply` 方法。

关于如何修改背景差分样本来使用上述列表中的一个 `cv2.bgsegm` 差分器，我们以 GMG 背景差分器为例进行说明。相关的修改在下面的代码块中以粗体突出显示：

```
import cv2

bg_subtractor = cv2.bgsegm.createBackgroundSubtractorGMG()

erode_kernel = cv2.getStructuringElement(cv2.MORPH_ELLIPSE, (13, 9))
dilate_kernel = cv2.getStructuringElement(cv2.MORPH_ELLIPSE, (17, 11))

cap = cv2.VideoCapture('traffic.flv')
success, frame = cap.read()
while success:

    fg_mask = bg_subtractor.apply(frame)

    _, thresh = cv2.threshold(fg_mask, 244, 255, cv2.THRESH_BINARY)
    cv2.erode(thresh, erode_kernel, thresh, iterations=2)
    cv2.dilate(thresh, dilate_kernel, thresh, iterations=2)

    contours, hier = cv2.findContours(thresh, cv2.RETR_EXTERNAL,
                                      cv2.CHAIN_APPROX_SIMPLE)
```

```
    for c in contours:
        if cv2.contourArea(c) > 1000:
            x, y, w, h = cv2.boundingRect(c)
            cv2.rectangle(frame, (x, y), (x+w, y+h), (255, 255, 0), 2)

    cv2.imshow('gmg', fg_mask)
    cv2.imshow('thresh', thresh)
    cv2.imshow('detection', frame)

    k = cv2.waitKey(30)
    if k == 27: # Escape
        break

    success, frame = cap.read()
```

注意，这些修改与我们在8.2.3节中看到的修改类似。只是使用不同的函数来创建GMG差分器，调整形态学核的大小使其更适合这个算法，并将其中一个窗口标题改为`'gmg'`。

GMG算法是以其作者Andrew B. Godbehere、Akihiro Matsukawa和Ken Goldberg的名字来命名的。他们在论文“Visual Tracking of Human Visitors under Variable-Lighting Conditions for a Responsive Audio Art Installation”（ACC，2012）中对GMG算法进行了介绍（该论文可以在https://ieeexplore.ieee.org/document/6315174上找到）。GMG背景差分器需要一些帧来初始化，然后才开始产生一个带有白色（物体）区域的掩模。

与KNN背景差分器相比，GMG背景差分器对交通样本视频的效果更差。这在一定程度上是因为OpenCV的GMG实现不区分阴影和实物，所以在汽车阴影或反射的方向上拉长了检测矩形。图8-5是输出示例。

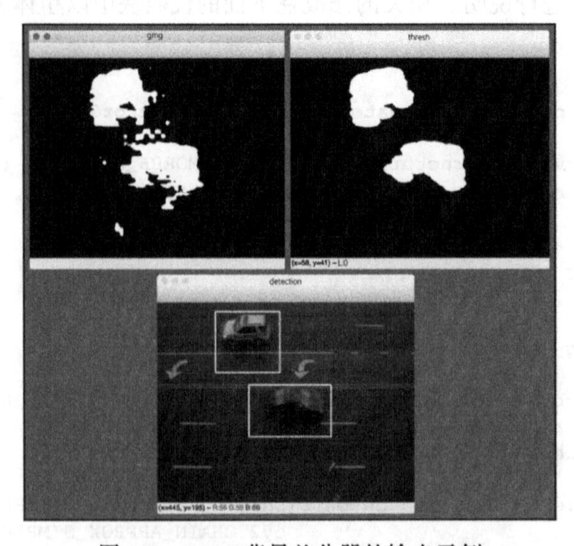

图8-5 GMG背景差分器的输出示例

在完成背景差分器的实验后，我们继续研究其他跟踪技术，这些跟踪技术依赖于我们正在试图跟踪的物体的模板，而不是背景模板。

8.3 利用 MeanShift 和 CamShift 跟踪彩色物体

我们已经看到背景差分可以有效检测运动物体，可是，我们也知道背景差分有一些固有的局限性。值得注意的是，背景差分假设当前的背景可以根据过去的帧预测。这种假设比较脆弱。例如，如果摄像头移动，整个背景模型可能突然就过时了。因此，在鲁棒的跟踪系统中，重要的是建立前景物体的某种模型，而不是只建立背景的模型。

我们已经在第 5 ～ 7 章看到了物体检测的各种方法。在物体检测方面，我们喜欢那些能够处理一类物体中有很多变化的算法，这样汽车检测器就不会太在意它要检测的汽车的形状和颜色。对于物体跟踪，我们的需求有所不同。如果我们在跟踪汽车，我们希望场景中的每辆汽车都有不同的模型，这样红色汽车和蓝色汽车就不会混淆。我们想要分别跟踪每辆车的运动。

一旦检测到运动的物体（通过背景差分或其他方法），我们就会想用能够将其与其他运动物体区分开的方式来描述这个物体。通过这种方式，我们可以继续识别并跟踪这个物体，即使它与另一个运动物体的路径有交叉。颜色直方图可以作为一种足够独特的描述。本质上，物体的颜色直方图是物体中像素颜色概率分布的估计。例如，直方图可以表明物体中的每个像素有 10% 的概率是蓝色的。直方图是基于在参考图像的物体区域观察到的实际颜色的。例如，参考图像可以是我们第一次检测到运动物体的视频帧。

与其他描述物体的方法相比，在运动跟踪方面颜色直方图具有一些特别吸引人的属性。直方图作为一个查找表，直接将像素值映射到概率，因此它使我们能够以较低的计算成本使用每个像素作为特征。这样，我们就能以非常高的空间分辨率进行实时跟踪。为了找到我们正在跟踪物体的最可能位置，只需要根据直方图找到像素值映射到最大概率的感兴趣区域。

很自然地，MeanShift 算法就利用了这种方法。对于视频中的每一帧，MeanShift 算法进行迭代跟踪，根据当前跟踪矩形中的概率值计算一个质心，将矩形的中心移动到质心上，根据新矩形中的值重新计算质心，再次移动矩形，以此类推。此过程一直持续，直到实现收敛（意味着质心停止移动或几乎停止移动），或者直到达到最大迭代次数。本质上，MeanShift 是一种聚类算法，其应用范围超出了计算机视觉。该算法首先由 K. Fukunaga 和 L. Hostetler 在一篇题为“ The estimation of the gradient of a density function, with applications in pattern recognition”（IEEE, 1975）的论文中进行了介绍。该论文在 https://ieeexplore.ieee.org/document/1055330 上可供 IEEE 订阅者阅读。

在深入研究示例脚本之前，我们来考虑一下我们想要用 MeanShift 实现的跟踪结果的类型，并了解更多与颜色直方图相关的 OpenCV 功能。

8.3.1　规划 MeanShift 示例

对于 MeanShift 的第一个演示，我们不关心运动物体的初始检测方法。我们将使用一种简单的方法，简单地选择第一个视频帧的中心部分作为初始感兴趣区域。（用户必须确保感兴趣的物体最初位于视频的中心。）我们将计算该初始感兴趣区域的直方图。然后，在后续帧中，我们将使用这个直方图和 MeanShift 算法来跟踪物体。

从视觉上看，MeanShift demo 类似于之前编写的许多物体检测样本。对于每一帧，我们将在跟踪矩形框周围绘制一个蓝色的轮廓，如图 8-6 所示。

图 8-6　跟踪物体周围的蓝色跟踪框

玩具电话是淡紫色的，场景中不存在任何其他淡紫色物体。因此，玩具手机有一个独特的直方图，很容易跟踪。接下来，我们来考虑如何计算直方图，然后将其用作概率查找表。

8.3.2　计算和反投影颜色直方图

为了计算颜色直方图，OpenCV 提供了名为 `cv2.calcHist` 的函数。为了应用直方图作为查找表，OpenCV 提供了名为 `cv2.calcBackProject` 的函数。后一种操作称为直方图反投影，它将给定的图像转换成基于给定直方图的概率图。首先，我们将两个函数的输出可视化，然后检查它们的参数。

直方图可以使用任何颜色模型，如 BGR、HSV 或者灰度模型。（关于颜色模型的介绍，请参见 3.2 节。）对于此处的样本，我们将只使用 HSV 颜色模型的色调（hue，H）通道的直方图。图 8-7 是色调直方图的可视化效果。

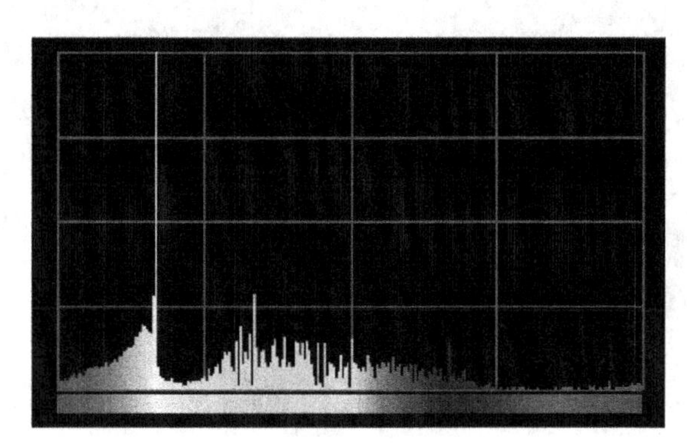

图 8-7 色调直方图的可视化效果

这个可视化直方图是名为 DPEx（http://www.rysys.co.jp/en/）的图像查看应用程序的一个输出样本。

图 8-7 的 x 轴为色调，y 轴为色调的估计概率（也就是图像中有给定色调的像素比例）。图 8-7 是根据色调进行颜色编码的。从左到右，图 8-7 沿着色轮的色调发展：红色、黄色、绿色、青色、蓝色、品红，最后回到红色。这个特殊的直方图似乎代表一个以黄色为主的物体。

OpenCV 表示的 H 值的取值范围为 0 ~ 179。一些其他系统使用的范围为 0 ~ 359（如圆中角度）或者 0 ~ 255。

在解释色调直方图时需要注意一些事项，因为纯黑和纯白像素没有有意义的色调，但是，它们的色调通常表示为 0（红色）。

当使用 `cv2.calcHist` 生成色调直方图时，它返回一个一维数组（在概念上与图 8-7 相似）。另外，根据提供的参数，我们可以使用 `cv2.calcHist` 生成不同通道的直方图或者同时生成两个通道的直方图。在后一种情况下，`cv2.calcHist` 将返回一个二维数组。

一旦有了直方图，我们就可以把直方图反投影到任何图像上。`cv2.calcBackProject` 以 8 位灰度图像的格式生成反投影，其像素值可能从 0（表示小概率）到 255（表示大概率），这取决于我们如何缩放值。例如，考虑图 8-8 的两张图片，它们分别显示了反投影和可视化 MeanShift 跟踪结果。

这里，我们正在跟踪一个小物体，其主色是黄色、红色和棕色。实际上，物体所在的区域是反投影最亮的区域。反投影在其他相似颜色的区域也会显得有些明亮，比如约瑟夫·豪斯的棕色胡子、他的黄色眼镜框，以及背景中一张海报的红色边框。

既然我们已经对 `cv2.calcHist` 和 `cv2.calcBackProject` 的输出进行了可视化，那么就让我们查看一下这些函数接受的参数吧。

图8-8　反投影和可视化MeanShift跟踪结果

1. 理解cv2.calcHist的参数

cv2.calcHist函数有以下签名：

```
calcHist(images, channels, mask, histSize, ranges[, hist[,
        accumulate]]) -> hist
```

表8-1给出了参数的描述（改编自官方OpenCV文档）。

表8-1　cv2.calcHist函数的参数描述

参数	描述
images	这个参数是一幅或多幅源图像的列表，它们都应该具有相同的位深（8位、16位或32位）以及相同的大小
channels	这个参数是用于计算直方图的通道索引的列表。例如，channels=[0]表示只有第一个通道（即索引为0的通道）用来计算直方图
mask	这个参数表示掩模。如果为None，则不执行掩模，图像的每个区域都用于直方图的计算。如果不是None，那么这个参数必须是一个8位数组，与images中的每幅图像大小相同。掩模的非零元素标记了在直方图计算中应该使用的图像区域

（续）

参数	描述
histSize	这个参数是每个通道要使用的直方图 bin 数量的列表。histSize 列表的长度必须与 channels 列表的长度相同。例如，如果 channels=[0] 且 histSize=[180]，那么直方图有 180 个 bin 用于第一个通道（其他通道都未使用）
ranges	这个参数是一个列表，指定每个通道使用的值的范围（包含下界，不包含上界）。ranges 列表的长度必须是 channels 列表长度的两倍。例如，如果 channels=[0]、histSize=[180] 且 ranges=[0, 180]，直方图中第一个通道有 180 个 bin，这些 bin 的值的范围为 0 ～ 179，即每个 bin 都有一个输入值
hist	这个可选参数表示输出直方图。如果它是 None（默认值），一个新的数组将作为输出直方图返回
accumulate	这个可选参数表示 accumulate 标志，默认值是 False。如果是 True，那么就不清除 hist 的原始内容，而是把新的直方图添加到 hist 的原始内容中。此功能使你能够从多幅图像列表计算单个直方图，或者随时间更新直方图

在我们的示例中，我们计算感兴趣区域的色调直方图的方式如下：

```
roi_hist = cv2.calcHist([hsv_roi], [0], mask, [180], [0, 180])
```

接下来，我们来考虑 cv2.calcBackProject 的参数。

2. 理解 cv2.calcBackProject 的参数

cv2.calcBackProject 函数有以下签名：

```
calcBackProject(images, channels, hist, ranges,
                scale[, dst]) -> dst
```

表 8-2 给出了参数的描述（改编自官方 OpenCV 文档）。

表 8-2　cv2.calcBackProject 函数的参数描述

参数	描述
images	这个参数是一幅或多幅源图像的列表，它们都应该具有相同的位深（8 位、16 位或 32 位）和相同的大小
channels	这个参数必须与 cv2.calcHist 中使用的 channels 参数保持一致
hist	这个参数表示直方图
ranges	这个参数必须与 cv2.calcHist 中使用的 ranges 参数保持一致
scale	这个参数表示尺度因子，反投影将乘以这个尺度因子
dst	这个可选参数表示输出的反投影。如果为 None（默认值），则返回一个新的数组作为反投影

在我们的示例中，使用的代码类似于下列代码行，将在 HSV 图像上反投影色调直方图：

```
back_proj = cv2.calcBackProject([hsv], [0], roi_hist, [0, 180], 1)
```

查看了 cv2.calcHist 和 cv2.calcBackProject 函数的详细介绍，接着我们进行实践，在脚本中使用 MeanShift 进行跟踪。

8.3.3 实现 MeanShift 示例

我们按顺序来看看 MeanShift 示例的实现：

（1）类似于基本背景差分示例，MeanShift 示例也先从摄像头采集（并丢弃）几帧，这样就可以调整自动曝光了：

```
import cv2

cap = cv2.VideoCapture(0)

# Capture several frames to allow the camera's autoexposure to
# adjust.
for i in range(10):
    success, frame = cap.read()
if not success:
    exit(1)
```

（2）到第 10 帧的时候，我们假设曝光效果很好，因此，可以提取感兴趣区域的精确直方图。下面的代码定义了感兴趣区域（ROI）的边界：

```
# Define an initial tracking window in the center of the frame.
frame_h, frame_w = frame.shape[:2]
w = frame_w//8
h = frame_h//8
x = frame_w//2 - w//2
y = frame_h//2 - h//2
track_window = (x, y, w, h)
```

（3）然后，用下面的代码选择感兴趣区域的像素，并将其转换到 HSV 颜色空间：

```
roi = frame[y:y+h, x:x+w]
hsv_roi = cv2.cvtColor(roi, cv2.COLOR_BGR2HSV)
```

（4）接下来，计算感兴趣区域的色调直方图：

```
mask = None
roi_hist = cv2.calcHist([hsv_roi], [0], mask, [180], [0, 180])
```

（5）计算直方图之后，将其值规范化到 0 ～ 255 的范围：

```
cv2.normalize(roi_hist, roi_hist, 0, 255, cv2.NORM_MINMAX)
```

（6）请记住，MeanShift 在收敛之前会执行多次迭代，但是，这种收敛是不确定的。因此，OpenCV 允许我们指定所谓的终止标准。终止标准定义如下：

```
# Define the termination criteria:
# 10 iterations or convergence within 1-pixel radius.
term_crit = \
    (cv2.TERM_CRITERIA_COUNT | cv2.TERM_CRITERIA_EPS, 10, 1)
```

根据这些标准，MeanShift 将在 10 次迭代后（计数标准）或位移不再大于 1 个像素（ ε 标准）时停止计算质心位移。组合标志（`cv2.TERM_CRITERIA_COUNT | cv2.TERM_`

CRITERIA_EPS）表示同时使用这两个标准。

（7）既然已经计算了直方图并定义了MeanShift的终止标准，我们开始通常的循环，在循环中从摄像头中捕捉并处理帧。对于每一帧，首先要做的是将其转换为HSV颜色空间：

```
success, frame = cap.read()
while success:

    hsv = cv2.cvtColor(frame, cv2.COLOR_BGR2HSV)
```

（8）有了HSV图像，就可以执行期待已久的直方图反投影操作了：

```
back_proj = cv2.calcBackProject(
    [hsv], [0], roi_hist, [0, 180], 1)
```

（9）可以把反投影、跟踪窗口以及终止标准传递给 cv2.meanShift（MeanShift算法的OpenCV实现）。以下是函数调用：

```
# Perform tracking with MeanShift.
num_iters, track_window = cv2.meanShift(
    back_proj, track_window, term_crit)
```

注意，MeanShift返回它运行的迭代次数以及它发现的新的跟踪窗口。我们可以将迭代次数与终止标准进行比较，以确定结果是否收敛。（如果实际迭代次数小于最大值，结果一定是收敛的。）

（10）最后，绘制并显示更新后的跟踪矩形：

```
# Draw the tracking window.
x, y, w, h = track_window
cv2.rectangle(
    frame, (x, y), (x+w, y+h), (255, 0, 0), 2)

cv2.imshow('back-projection', back_proj)
cv2.imshow('meanshift', frame)
```

这就是完整的例子。如果运行该程序，它将产生类似于图8-8的输出（见8.3.2节）。

现在，大家应该对颜色直方图、反投影和MeanShift的工作原理有了一个很好的了解。然而，前面的程序（以及通常的MeanShift）有一个限制：窗口的大小不会随着帧中跟踪物体的大小而变化。

OpenCV项目的创始人之一Gary Bradski在1988年发表了一篇提高MeanShift准确率的论文。他描述了名为连续自适应（continuously adaptive）MeanShift（CAMShift或CamShift）的算法，该算法与MeanShift非常相似，但是会在MeanShift达到收敛时调整跟踪窗口的大小。接下来，我们看一个CamShift的例子。

8.3.4 使用CamShift

虽然CamShift比MeanShift更复杂，但是OpenCV为这两种算法提供了非常相似的接口。主要的区别是调用 cv2.CamShift 会返回具有特定旋转角度的矩形，该旋转角度遵照跟踪物体的旋转。对前面的 MeanShift 例子稍做修改，就可以改用 CamShift 算法，绘制旋转跟踪矩形。下面的代码片段中以粗体突出显示所有必要的更改：

```
import cv2
import numpy as np

# ... Initialize the tracking window and histogram as previously ...

success, frame = cap.read()
while success:

    # Perform back-projection of the HSV histogram onto the frame.
    hsv = cv2.cvtColor(frame, cv2.COLOR_BGR2HSV)
    back_proj = cv2.calcBackProject([hsv], [0], roi_hist, [0, 180], 1)

    # Perform tracking with CamShift.
    rotated_rect, track_window = cv2.CamShift(
        back_proj, track_window, term_crit)

    # Draw the tracking window.
    box_points = cv2.boxPoints(rotated_rect)
    box_points = np.int0(box_points)
    cv2.polylines(frame, [box_points], True, (255, 0, 0), 2)

    cv2.imshow('back-projection', back_proj)
    cv2.imshow('camshift', frame)

    k = cv2.waitKey(1)
    if k == 27: # Escape
        break

    success, frame = cap.read()
```

cv2.CamShift 的参数不变，这些参数与之前示例中的 cv2.meanShift 参数具有相同的含义和值。

我们使用 cv2.boxPoints 函数寻找旋转跟踪矩形的顶点。然后，使用 cv2.polylines 函数绘制连接这些顶点的线，结果如图 8-9 所示。

图 8-9　cv2.polylines 函数绘制结果

现在，大家应该已经熟悉了这两组跟踪技术。第一组使用背景差分法。第二组使用直方图反投影和 MeanShift 或 CamShift。现在，我们来看看卡尔曼滤波器，它是第三组跟踪技术的典型例子。卡尔曼滤波器寻找运动趋势，或者说根据过去的运动预测未来的运动。

8.4 使用卡尔曼滤波器寻找运动趋势

卡尔曼滤波器主要（但不完全）是由鲁道夫·卡尔曼（Rudolf Kalman）在 20 世纪 50 年代后期开发出来的一种算法。卡尔曼滤波器在许多领域都有实际应用，尤其是从核潜艇到飞机的各种交通工具的导航系统。

卡尔曼滤波器递归地对有噪声的输入数据流进行操作，以产生底层系统状态的统计最优估计。在计算机视觉背景下，卡尔曼滤波器可以对跟踪物体的位置进行平滑估计。

我们来考虑一个简单的例子。想象桌子上有一个红色小球，并想象有一个摄像头对着此场景。将球作为要跟踪的主体，然后用手指轻弹小球。球将根据运动规律开始在桌子上滚动。

如果球在特定的方向上以 1 米 / 秒的速度滚动，那么很容易估计出球在 1 秒后的位置：它将在 1 米远的地方。卡尔曼滤波器应用这样的规律，根据先前收集到的帧的跟踪结果来预测当前视频帧中物体的位置。卡尔曼滤波器本身并没有收集这些跟踪结果，但是它会根据来自另一种算法（如 MeanShift）的跟踪结果更新物体的运动模型。自然，卡尔曼滤波器无法预见作用在球上的力（例如与桌上的铅笔的碰撞），但是它可以在事后根据跟踪结果更新它的运动模型。通过使用卡尔曼滤波器，我们可以获得比单独跟踪的结果更稳定、更符合运动规律的估计结果。

8.4.1 理解预测和更新阶段

根据前面的描述，我们认为卡尔曼滤波器算法有两个阶段：

- 预测（在第一阶段）：卡尔曼滤波器使用计算到当前时间点的协方差估计物体的新位置。
- 更新（在第二阶段）：卡尔曼滤波器记录物体的位置，并调整协方差用于下一个计算周期。

更新阶段——用 OpenCV 的术语来说——是一个修正阶段。因此，OpenCV 提供了具有下列方法的 `cv2.KalmanFilter` 类：

```
predict([, control]) -> retval
correct(measurement) -> retval
```

为了平滑跟踪物体，我们将调用 `predict` 方法来估计物体的位置，然后使用 `correct` 方法来指示卡尔曼滤波器根据另一种算法（如 MeanShift）的新的跟踪结果调整其计算。在将卡尔曼滤波器与计算机视觉算法结合使用之前，我们先来看看卡尔曼滤波器如何处理来自简单运动传感器的位置数据。

8.4.2 跟踪鼠标光标

在用户界面中，运动传感器已经普及很长时间了。计算机的鼠标能感知自己相对于桌面等表面的运动。鼠标是一个真实的物理物体，所以运用运动定律来预测鼠标坐标的变化是合理的。我们以此为例做卡尔曼滤波器的一个 demo。

该 demo 将实现以下一系列操作：

（1）首先，初始化一幅黑色图像和一个卡尔曼滤波器。在窗口中显示黑色图像。

（2）每次窗口应用程序处理输入事件时，都使用卡尔曼滤波器预测鼠标的位置。然后，根据实际的鼠标坐标对卡尔曼滤波器模型进行修正。在黑色图像的顶部，从原来的预测位置到新的预测位置画一条红线，然后从原来的实际位置到新的实际位置画一条绿线。在窗口中显示绘图结果。

（3）当用户按下 Esc 键时，退出并将绘图结果保存到文件中。

为了开始这个脚本，下面的代码初始化一个 800×800 的黑色图像：

```
import cv2
import numpy as np

# Create a black image.
img = np.zeros((800, 800, 3), np.uint8)
```

现在，我们初始化卡尔曼滤波器：

```
# Initialize the Kalman filter.
kalman = cv2.KalmanFilter(4, 2)
kalman.measurementMatrix = np.array(
    [[1, 0, 0, 0],
     [0, 1, 0, 0]], np.float32)
kalman.transitionMatrix = np.array(
    [[1, 0, 1, 0],
     [0, 1, 0, 1],
     [0, 0, 1, 0],
     [0, 0, 0, 1]], np.float32)
kalman.processNoiseCov = np.array(
    [[1, 0, 0, 0],
     [0, 1, 0, 0],
     [0, 0, 1, 0],
     [0, 0, 0, 1]], np.float32) * 0.03
```

根据前面的初始化，卡尔曼滤波器将跟踪一个二维物体的位置和速度。我们将在第 9 章中更深入地研究初始化卡尔曼滤波器的过程，届时将跟踪一个三维物体的位置、速度、加速度、旋转角度、角速度和角加速度。现在，我们只记录 `cv2.KalmanFilter (4, 2)` 中的两个参数。第 1 个参数是卡尔曼滤波器跟踪（或预测）的变量数量，在本例中为 4，包括 x 位置、y 位置、x 速度以及 y 速度。第 2 个参数是提供给卡尔曼滤波器作为测量值的变量数量，在本例中为 2：x 位置和 y 位置。我们还初始化了描述所有变量之间关系的几个矩阵。

初始化图像和卡尔曼滤波器之后，还必须声明变量来保存实际（测量）和预测的鼠标坐标。最初，我们没有坐标，所以将 None 赋值给这些变量：

```
last_measurement = None
last_prediction = None
```

然后，声明处理鼠标运动的回调函数。这个函数将更新卡尔曼滤波器的状态，并绘制未经过滤的鼠标运动和经过卡尔曼滤波后的鼠标运动的可视化图。第一次接收到鼠标坐标时，初始化卡尔曼滤波器的状态，使其初始预测坐标与实际的初始鼠标坐标相同。（如果不这样做，卡尔曼滤波器将假定鼠标的初始位置是（0,0）。）随后，每当收到新的鼠标坐标时，就用当前测量值对卡尔曼滤波器进行校正，计算卡尔曼预测坐标，最后画两条线：从上次测量坐标到当前测量坐标的绿线以及从上次预测坐标到当前预测坐标的红线。下面是回调函数的实现：

```
def on_mouse_moved(event, x, y, flags, param):
    global img, kalman, last_measurement, last_prediction

    measurement = np.array([[x], [y]], np.float32)
    if last_measurement is None:
        # This is the first measurement.
        # Update the Kalman filter's state to match the measurement.
        kalman.statePre = np.array(
            [[x], [y], [0], [0]], np.float32)
        kalman.statePost = np.array(
            [[x], [y], [0], [0]], np.float32)
        prediction = measurement
    else:
        kalman.correct(measurement)
        prediction = kalman.predict()  # Gets a reference, not a copy
    # Trace the path of the measurement in green.
    cv2.line(img, (last_measurement[0], last_measurement[1]),
             (measurement[0], measurement[1]), (0, 255, 0))

    # Trace the path of the prediction in red.
    cv2.line(img, (last_prediction[0], last_prediction[1]),
             (prediction[0], prediction[1]), (0, 0, 255))

last_prediction = prediction.copy()
last_measurement = measurement
```

下一步是初始化窗口并将回调函数传递给 cv2.setMouseCallback 函数：

```
cv2.namedWindow('kalman_tracker')
cv2.setMouseCallback('kalman_tracker', on_mouse_moved)
```

由于程序的大部分逻辑处理都在鼠标回调中，所以主循环的实现很简单，只是不断地显示更新的图像，直到用户按下 Esc 键：

```
while True:
    cv2.imshow('kalman_tracker', img)
    k = cv2.waitKey(1)
    if k == 27:  # Escape
        cv2.imwrite('kalman.png', img)
        break
```

运行程序并移动鼠标。如果鼠标在高速下突然转弯，你会注意到预测线（红色）会比测量线（绿色）更宽。这是因为预测跟随鼠标运动到那时的动量。图 8-10 是一个示例结果。

图 8-10　绘制的鼠标运动跟踪结果

也许图 8-10 会给我们下一个示例应用程序带来灵感，在接下来的示例应用程序中，我们将跟踪行人。

8.5　跟踪行人

到目前为止，我们已经熟悉了运动检测、物体检测和物体跟踪的概念。你可能急于将这一新知识很好地运用到现实生活中。为此我们跟踪监控摄像头视频中的行人。

在 samples/data/vtest.avi 中可以找到 OpenCV 库中的监控视频。该视频的副本在这本书的 GitHub 库 chapter08/pedestrians.avi 中。

我们来制定一个规划，然后实现应用程序！

8.5.1　规划应用程序的流程

应用程序将遵循以下逻辑：

（1）从视频文件中捕获帧。

（2）使用前 20 帧来填充背景差分器的历史记录。

（3）基于背景差分，使用第 21 帧识别运动的前景物体。我们将把这些当作行人对待。对于每个行人，分配一个 ID 和一个初始跟踪窗口，然后计算直方图。

（4）对于随后的每一帧，使用卡尔曼滤波器和 MeanShift 跟踪每个行人。

如果这是一个实际的应用程序，可能需要存储每个行人在场景中的路径记录，以便用户稍后对其进行分析。然而，这种类型的记录保存不在本示例中探讨。

此外，在实际的应用程序中，需要确保能够识别进入场景的新的行人，但是目前我们将只专注于跟踪场景中靠近视频开始处的那些物体。

你可以在这本书的 GitHub 库的 `chapter08/track_pedestrians.py` 中找到这个应用程序的代码。在查看实现之前，我们暂时离开主题，考虑一下编程范式以及它们与 OpenCV 使用之间的关系。

8.5.2 比较面向对象范式和函数范式

尽管大多数程序员要么熟悉（要么经常使用）OOP，但另一种称为 FP 的范式多年来一直得到喜欢纯数学基础的程序员的支持。

> Samuel Howse 的成果以纯数学为基础，展示了编程语言的一种规范。他的博士论文“NummSquared 2006a0 Explained”见 https://nummist.com/poohbist/NummSquared2006a0Explained.pdf，论文“NummSquared: a New Foundation for Formal Methods”见 https://nummist.com/poohbist/NummSquaredFormalMethods.pdf。

FP 将程序视为数学函数的求值，允许函数返回函数，并允许函数作为函数中的参数。FP 的优势不仅在于它能做什么，而且在于它能避免什么，或者旨在避免什么：例如，副作用和状态变化。如果 FP 的主题引发了你的兴趣，那么一定要看看 Haskell、Clojure 或元语言（Meta Language，ML）等语言。

> 那么，编程术语中的副作用是什么呢？如果函数产生了可以在其局部作用域之外访问的任何更改（返回值除外），则称该函数有副作用。与许多其他语言一样，Python 容易受到副作用的影响，因为 Python 允许访问成员变量和全局变量——有时，这种访问可能是偶然的！

在那些不是纯函数式的语言中，即使反复传递相同的参数，函数的输出也可能会发生变化。例如，如果函数以一个对象作为参数，并且计算过程依赖于该对象的内部状态，那么函数将根据对象状态的变化返回不同的结果。这在 Python 和 C++ 等面向对象编程语言中很常见。

那么，为什么要讲这个题外话呢？嗯，这是一个很好的机会，可以考虑一下在我们自己的示例和 OpenCV 中使用的范式，以及它们与纯数学方法的区别。在本书中，我们经常使用全局变量或带有成员变量的面向对象类。接下来的程序是 OOP 的另一个例子。OpenCV 也包含许多带有副作用的函数和许多面向对象的类。

例如，任何 OpenCV 绘图函数（如 cv2.rectangle 或 cv2.circle）都会修改作为参数传递给它的图像。这种方法与 FP 的一个基本原则（避免副作用和状态的变化）相违背。

作为一个简单的练习，我们在另一个 Python 函数中封装 cv2.rectangle，以一种 FP 的风格执行绘图，没有任何副作用。下面的实现依赖于输入图像的一个副本，而不是修改原始图像：

```
def draw_rect(img, top_left, bottom_right, color,
              thickness, fill=cv2.LINE_AA):
    new_img = img.copy()
    cv2.rectangle(new_img, top_left, bottom_right, color,
                  thickness, fill)
    return new_img
```

尽管由于 copy 操作，计算成本更高，但该方法允许运行如下代码而不会产生副作用：

```
frame = camera.read()
frame_with_rect = draw_rect(
    frame, (0, 0), (10, 10), (0, 255, 0), 1)
```

这里，frame 和 frame_with_rect 是对两个包含不同值的不同 NumPy 数组的引用。如果使用 cv2.rectangle，而不使用受 FP 启发的 draw_rect 封装包，那么 frame 和 frame_with_rect 将是对同一个 NumPy 数组的引用（包含在原始图像顶部的矩形绘图）。

总而言之，各种编程语言和范式都可以成功地应用于计算机视觉问题。了解多种语言和范式是很有用的，这样就可以根据给定的工作选择合适的工具。

现在，我们回到监控应用程序，并探讨其实现，跟踪视频中的运动物体。

8.5.3　实现行人类

卡尔曼滤波器的性质为创建 Pedestrian 类提供了主要的理论基础。卡尔曼滤波器可以根据历史观测数据预测物体的位置，也可以根据实际数据修正预测结果，但是它只针对一个物体。因此，我们需要对每个跟踪物体使用一个卡尔曼滤波器。

每个 Pedestrian 对象都将作为一个卡尔曼滤波器、一个颜色直方图（根据检测到的第一个物体计算，并作为后续帧的参考）以及 MeanShift 算法所使用的一个跟踪窗口的持有者。此外，每个行人都有一个 ID，我们将显示该 ID，以轻松地区分所有跟踪的行人。我们按顺序进行这个类的实现：

（1）Pedestrian 类的构造函数取 ID、HSV 格式的初始帧以及初始跟踪窗口作为参数。以下是类及其构造函数的声明：

```
import cv2
import numpy as np

class Pedestrian():
    """A tracked pedestrian with a state including an ID, tracking
    window, histogram, and Kalman filter.
```

```
    """

    def __init__(self, id, hsv_frame, track_window):
```

（2）为了开始构造函数的实现，我们定义 ID 变量、跟踪窗口以及 MeanShift 算法的终止准则：

```
self.id = id

self.track_window = track_window
self.term_crit = \
    (cv2.TERM_CRITERIA_COUNT | cv2.TERM_CRITERIA_EPS, 10, 1)
```

（3）在初始化的 HSV 图像中创建感兴趣区域的标准化色调直方图：

```
# Initialize the histogram.
x, y, w, h = track_window
roi = hsv_frame[y:y+h, x:x+w]
roi_hist = cv2.calcHist([roi], [0], None, [16], [0, 180])
self.roi_hist = cv2.normalize(roi_hist, roi_hist, 0, 255,
                              cv2.NORM_MINMAX)
```

（4）然后，初始化卡尔曼滤波器：

```
# Initialize the Kalman filter.
self.kalman = cv2.KalmanFilter(4, 2)
self.kalman.measurementMatrix = np.array(
    [[1, 0, 0, 0],
     [0, 1, 0, 0]], np.float32)
self.kalman.transitionMatrix = np.array(
    [[1, 0, 1, 0],
     [0, 1, 0, 1],
     [0, 0, 1, 0],
     [0, 0, 0, 1]], np.float32)
self.kalman.processNoiseCov = np.array(
    [[1, 0, 0, 0],
     [0, 1, 0, 0],
     [0, 0, 1, 0],
     [0, 0, 0, 1]], np.float32) * 0.03
cx = x+w/2
cy = y+h/2
self.kalman.statePre = np.array(
    [[cx], [cy], [0], [0]], np.float32)
self.kalman.statePost = np.array(
    [[cx], [cy], [0], [0]], np.float32)
```

就像在鼠标跟踪示例中一样，我们配置卡尔曼滤波器来预测一个二维点的运动。使用初始跟踪窗口的中心作为初始点。构造函数的实现到此结束。

（5）Pedestrian 类还有一个 update 方法，每一帧调用一次。update 方法以（在绘制跟踪结果的可视化图时使用的）BGR 帧以及相同帧的 HSV 版本（用于直方图的反投影）为参数。update 方法的实现从我们熟悉的直方图反投影和 MeanShift 代码开始，代码行如下：

```
def update(self, frame, hsv_frame):

    back_proj = cv2.calcBackProject(
        [hsv_frame], [0], self.roi_hist, [0, 180], 1)
    ret, self.track_window = cv2.meanShift(
        back_proj, self.track_window, self.term_crit)
    x, y, w, h = self.track_window
    center = np.array([x+w/2, y+h/2], np.float32)
```

（6）请注意，我们已经提取了跟踪窗口的中心坐标，因为我们希望在其上执行卡尔曼滤波。继续这样做，然后更新跟踪窗口，使其位于正确的坐标中心：

```
prediction = self.kalman.predict()
estimate = self.kalman.correct(center)
center_offset = estimate[:,0][:2] - center
self.track_window = (x + int(center_offset[0]),
                     y + int(center_offset[1]), w, h)
x, y, w, h = self.track_window
```

（7）作为 update 方法的结尾，将卡尔曼滤波器的预测结果绘制为蓝色圆圈，修正后的跟踪窗口绘制为青色矩形，行人的 ID 绘制为矩形上方的蓝色文本：

```
# Draw the predicted center position as a circle.
cv2.circle(frame, (int(prediction[0]), int(prediction[1])),
           4, (255, 0, 0), -1)

# Draw the corrected tracking window as a rectangle.
cv2.rectangle(frame, (x,y), (x+w, y+h), (255, 255, 0), 2)

# Draw the ID above the rectangle.
cv2.putText(frame, 'ID: %d' % self.id, (x, y-5),
            cv2.FONT_HERSHEY_SIMPLEX, 0.6, (255, 0, 0),
            1, cv2.LINE_AA)
```

这就是需要与单个行人关联的所有功能和数据。接下来，我们需要实现一个程序，该程序提供创建和更新 Pedestrian 对象所需的视频帧。

8.5.4 实现主函数

既然我们有了 Pedestrian 类来维护有关每个行人的跟踪数据，接着我们来实现程序的 main 函数。我们将按顺序介绍实现的各个部分：

（1）首先，加载视频文件，初始化背景差分器，并设置背景差分器的历史记录长度（即影响背景模型的帧数）：

```
def main():
cap = cv2.VideoCapture('pedestrians.avi')

# Create the KNN background subtractor.
bg_subtractor = cv2.createBackgroundSubtractorKNN()
history_length = 20
bg_subtractor.setHistory(history_length)
```

（2）然后，定义形态学核：

```
erode_kernel = cv2.getStructuringElement(
    cv2.MORPH_ELLIPSE, (3, 3))
dilate_kernel = cv2.getStructuringElement(
    cv2.MORPH_ELLIPSE, (8, 3))
```

（3）定义名为 pedestrians 的列表，初始化为空。稍后，我们将添加 Pedestrian 对象到这个列表。我们还设置了一个帧计数器，用以确定是否已经有足够的帧来填充背景差分器的历史记录。以下是变量的相关定义：

```
pedestrians = []
num_history_frames_populated = 0
```

（4）现在，我们开始一个循环。在每次迭代开始时，尝试着读取一个视频帧。如果失败（例如，在视频文件的末尾），就退出循环：

```
while True:
    grabbed, frame = cap.read()
    if (grabbed is False):
        break
```

（5）在循环体，根据最新采集的帧更新背景差分器。如果背景差分器的历史记录还没有满，只需继续循环的下一个迭代。以下是相关的代码：

```
# Apply the KNN background subtractor.
fg_mask = bg_subtractor.apply(frame)
# Let the background subtractor build up a history.
if num_history_frames_populated < history_length:
    num_history_frames_populated += 1
    continue
```

（6）一旦背景差分器的历史记录满了，我们将在每一个新采集的帧上完成更多处理。具体来说，我们使用本章前面曾使用过的背景差分器方法：在前景掩模上执行阈值化、腐蚀和膨胀操作，然后检测可能是运动物体的轮廓：

```
# Create the thresholded image.
_, thresh = cv2.threshold(fg_mask, 127, 255,
                          cv2.THRESH_BINARY)
cv2.erode(thresh, erode_kernel, thresh, iterations=2)
cv2.dilate(thresh, dilate_kernel, thresh, iterations=2)

# Detect contours in the thresholded image.
contours, hier = cv2.findContours(
    thresh, cv2.RETR_EXTERNAL, cv2.CHAIN_APPROX_SIMPLE)
```

（7）把帧转换为 HSV 格式，因为我们打算用这种格式的直方图执行 MeanShift。下面是执行转换的代码行：

```
hsv_frame = cv2.cvtColor(frame, cv2.COLOR_BGR2HSV)
```

（8）一旦有了轮廓以及帧的 HSV 版本，就准备检测和跟踪运动物体。为每个轮廓寻找并绘制一个足够大的行人矩形框。此外，如果还没有填充 pedestrians 列表，那么现在可以根据每个矩形框（以及对应的 HSV 图像区域）添加一个新的 Pedestrian 对象。下面是以刚才描述的方式处理轮廓的子循环：

```
# Draw rectangles around large contours.
# Also, if no pedestrians are being tracked yet, create
some.
should_initialize_pedestrians = len(pedestrians) == 0
id = 0
for c in contours:
    if cv2.contourArea(c) > 500:
        (x, y, w, h) = cv2.boundingRect(c)
        cv2.rectangle(frame, (x, y), (x+w, y+h),
                      (0, 255, 0), 1)
        if should_initialize_pedestrians:
            pedestrians.append(
                Pedestrian(id, frame, hsv_frame,
                           (x, y, w, h)))
    id += 1
```

（9）现在，我们有了正在跟踪的行人列表。调用每个 Pedestrian 对象的 update 方法，将原始的 BGR 帧（用于绘图）和 HSV 帧（用于 MeanShift 跟踪）传递给它。请记住，每个 Pedestrian 对象都负责绘制自己的信息（文本、跟踪矩形和卡尔曼滤波器的预测结果）。下面是更新 pedestrians 列表的子循环：

```
# Update the tracking of each pedestrian.
for pedestrian in pedestrians:
    pedestrian.update(frame, hsv_frame)
```

（10）最后，在窗口中显示跟踪结果，并且允许用户在任何时候按下 Esc 键退出程序：

```
        cv2.imshow('Pedestrians Tracked', frame)

        k = cv2.waitKey(110)
        if k == 27:  # Escape
            break

if __name__ == "__main__":
    main()
```

就这样，MeanShift 与卡尔曼滤波器协同工作来跟踪运动物体。如果一切顺利，你将看到类似图 8-11 的可视化跟踪结果。

图 8-11　跟踪结果的可视化效果

在图 8-11 中，细边矩形是检测到的轮廓，粗边矩形是卡尔曼校正后的 MeanShift 跟踪矩形，圆点是卡尔曼滤波器预测的中心位置。

像往常一样，你可以随意用脚本进行实验，可以试着调整参数，用 MOG 背景差分器代替 KNN，或用 CamShift 代替 MeanShift。这些更改只影响几行代码。实验完成后，接下来，我们将考虑其他可能对脚本结构产生较大影响的修改。

8.5.5 考虑接下来的步骤

根据特定应用程序的需求，可以通过多种方式对上述程序进行扩展和改进。虑以下示例：

- 如果卡尔曼滤波器预测到行人的位置在帧外，你可以从 `pedestrians` 列表中删除该 `Pedestrian` 对象（从而销毁 `Pedestrian` 对象）。
- 你可以检查每个检测到的运动物体是否对应于 `pedestrians` 列表中的一个现有 `Pedestrian` 实例，如果没有，则向列表中添加一个新对象以便在后续帧中对其进行跟踪。
- 你可以训练一个支持向量机（SVM）来对每个运动的物体进行分类。使用这些方法，可以确定运动物体是否是你想要跟踪的物体。例如，一只狗可能会进入场景，但是应用程序可能只需要跟踪人。更多有关训练支持向量机的内容，请参阅第 7 章。

无论你需要什么，希望本章已经为你提供了构建满足需求的二维跟踪应用程序所需的知识。

8.6 本章小结

本章讨论了视频分析技术，尤其是物体跟踪的有用技术的选择。

首先，我们学习了背景差分，基于计算帧差的一个基本运动检测技术。接着，学习了更复杂且有效的背景差分算法，即 MOG 和 KNN（用 OpenCV 的 `cv2.BackgroundSubtractor` 类实现的）。

接着，我们进一步研究了 MeanShift 和 CamShift 跟踪算法。在这个过程中，我们讨论了颜色直方图和反投影。我们还了解了卡尔曼滤波器及其在平滑跟踪算法结果中的作用。最后，我们将所有知识运用到示例监控应用程序中，该示例监控程序能够跟踪视频中的行人（或其他运动物体）。

至此，我们巩固了 OpenCV、计算机视觉以及机器学习方面的基础知识。在第 9 章中，我们将跟踪知识扩展到三维空间，在第 10 章中，将讨论人工神经网络（Artificial Neural Network，ANN）并深入讨论人工智能。

CHAPTER 9

第 9 章 摄像头模型和增强现实

如果你喜欢几何、摄影或 3D 图形，那么本章的主题应该对你特别有吸引力。我们将学习 3D 空间和 2D 投影之间的关系，根据摄像头和镜头的基本光学参数对这种关系建模。最后，我们将同样的关系应用到在精确的透视投影中绘制 3D 形状的任务。通过这些内容，我们将整合之前图像匹配和物体跟踪的知识，跟踪实际物体的 3D 运动，其 2D 投影是由摄像头实时捕捉的。

在实践层面，我们将构建使用有关摄像头、物体、运动等信息的增强现实应用程序，以便将 3D 图形实时地叠加到跟踪物体的顶部。

本章将介绍以下主题：

- 摄像头和镜头参数的建模。
- 利用 2D 和 3D 关键点建模 3D 物体。
- 通过关键点匹配检测物体。
- 利用 `cv2.solvePnPRansac` 函数寻找物体的 3D 姿态。
- 利用卡尔曼滤波器平滑 3D 姿态。
- 在物体上方绘制图形。

如果你要继续构建自己的增强现实引擎，或者任何其他依赖于 3D 跟踪的系统（如机器人导航系统），你从本章学到的技能将对你有所帮助。

9.1 技术需求

本章使用了 Python、OpenCV 以及 NumPy。安装说明请参阅第 1 章。

本章的完整代码和示例视频可以在本书的 GitHub 库（https://github.com/PacktPublishing/Learning-OpenCV-4-Computer-Vision-with-Python-Third-Edition）的 `chapter09` 文件夹中找到。

> 本章代码摘录自由约瑟夫·豪斯（本书作者之一）编写的名为“Visualizing the Invisible”的开源 demo 项目。要想了解有关这个项目的更多内容，请访问库 https://github.com/JoeHowse/VisualizingTheInvisible/。

9.2 理解 3D 图像跟踪和增强现实

我们已经在第 6 章解决了图像匹配的问题。此外，我们在第 8 章解决了连续跟踪问题。因此，虽然还没有解决任何 3D 跟踪问题，但是我们已经熟悉了图像跟踪系统的许多组成部分。

那么，3D 跟踪到底是什么呢？这是一个在 3D 空间中不断更新物体姿态估计的过程，通常涉及 6 个变量：3 个变量代表物体的 3D 平移坐标（即位置），其他 3 个变量代表物体的 3D 旋转。

> 3D 跟踪的一个更专业的术语是 6DOF 跟踪，即有 6 个自由度（也就是刚才提到的 6 个变量）的跟踪。

用 3 个变量表示 3D 旋转有几种不同的方法。在其他地方，你可能会遇到各种的欧拉角表示，它们以特定顺序围绕 x、y 和 z 轴的 3 个单独的 2D 旋转来描述 3D 旋转。OpenCV 没有使用欧拉角来表示 3D 旋转，而是使用名为罗德里格斯旋转矢量（Rodrigues rotation vector）的一种表示。具体来说，OpenCV 使用以下 6 个变量来表示 6DOF 姿态：

（1）t_x：物体沿 x 轴的平移。

（2）t_y：物体沿 y 轴的平移。

（3）t_z：物体沿 z 轴的平移。

（4）r_x：物体的罗德里格斯旋转矢量的第 1 个元素。

（5）r_y：物体的罗德里格斯旋转矢量的第 2 个元素。

（6）r_z：物体的罗德里格斯旋转矢量的第 3 个元素。

可是，在罗德里格斯表示中，要把 r_x、r_y 和 r_z 分开解释并不是一件容易的事情。总的来说，作为向量 $\boldsymbol{r}$，它们编码了旋转轴以及围绕旋转轴的旋转角。具体来说，下面的公式定义了 $\boldsymbol{r}$ 向量元素之间的关系，其中包含角 θ、归一化轴向量 $\hat{\boldsymbol{r}}$ 以及 3×3 旋转矩阵 $\boldsymbol{R}$：

$$\theta = |\boldsymbol{r}|$$

$$\hat{\boldsymbol{r}} = \boldsymbol{r} / \theta$$

$$\boldsymbol{R} = \cos(\theta)\boldsymbol{I} + (1 - \cos\theta)\hat{\boldsymbol{r}}\hat{\boldsymbol{r}}^{\mathrm{T}} + \sin(\theta)\begin{bmatrix} 0 & -\hat{r}_z & \hat{r}_y \\ \hat{r}_z & 0 & -\hat{r}_x \\ -\hat{r}_y & \hat{r}_x & 0 \end{bmatrix}$$

> 作为 OpenCV 程序员，我们没有义务直接计算或解释这些变量。OpenCV 提供的函数会返回罗德里格斯旋转矢量，我们也可以将旋转矢量作为参数传递给其他 OpenCV 函数，不需要我们自己操控它的内容。

对于本书目标（实际上，对于计算机视觉中的许多问题）而言，摄像头是 3D 坐标系统的原点。因此，在任意给定的帧中，摄像头当前的 t_x、t_y、t_z、r_x、r_y 和 r_z 值都被定义为 0。我们将努力跟踪相对于摄像头当前姿态的其他物体。

当然，我们想要可视化 3D 跟踪结果。这就把我们带入了增强现实（Augmented Reality，AR）领域。广义地说，增强现实技术就是不断追踪现实世界物体之间的关系，并将这些关系应用到虚拟物体上的过程，这样用户就会感知到虚拟物体与现实世界中的某样东西固定在一起了。通常，视觉增强现实是基于 3D 空间和透视投影的关系。的确，我们的例子很典型，我们希望通过在跟踪的画面中的物体上绘制一些 3D 图形的投影来可视化 3D 跟踪结果。

一会儿我们将回到透视投影的概念。同时，对 3D 图像跟踪和视觉增强现实所涉及的典型步骤进行概述：

（1）定义摄像头和镜头参数。我们会在本章介绍这个主题。

（2）初始化一个卡尔曼滤波器以稳定 6DOF 跟踪结果。有关卡尔曼滤波器的更多信息，请参阅第 8 章。

（3）选择一幅参考图像，代表想要跟踪的物体表面。对于示例 demo，物体将是一个平面，例如打印图像的一张纸。

（4）创建 3D 点列表，代表物体的顶点。坐标单位可以是任意单位，例如米、毫米或者其他任意单位。例如，你可以任意定义一个单位，使其等于物体的高度。

（5）从参考图像中提取特征描述符。对于 3D 跟踪应用程序，ORB 是一种流行的描述符选择，因为 ORB 即使在智能手机这样的普通硬件上也可以实时计算。示例 demo 将使用 ORB。有关 ORB 的更多信息，请参阅第 6 章。

（6）利用步骤（4）中使用的相同映射，把特征描述符从像素坐标转换为 3D 坐标。

（7）开始从摄像头捕捉帧。对于每一帧，执行以下步骤：

1）提取特征描述符，尝试找到参考图像和帧之间的良好匹配。示例 demo 将使用基于 FLANN 的匹配和比率检验。有关匹配描述符方法的更多信息，请参见第 6 章。

2）如果找到的好的匹配数不够，则继续下一帧。否则，继续下面的步骤。

3）基于摄像头和镜头参数、匹配信息和参考物体的 3D 模型，尝试寻找跟踪物体的 6DOF 姿态的一个好的估计。为此，我们会使用 `cv2.solvePnPRansac` 函数。

4）应用卡尔曼滤波器稳定 6DOF 姿态，这样帧间就不会有太多抖动。

5）根据摄像头和镜头参数以及 6DOF 跟踪结果，在被跟踪的画面中的物体顶部绘制一些 3D 图形的投影。

在继续示例 demo 代码之前，我们先进一步讨论这个概述的两个方面：摄像头和镜头参数以及神秘函数 `cv2.solvePnPRansac` 的作用。

9.2.1 理解摄像头和镜头参数

通常，当我们捕捉一幅图像时，至少涉及 3 个对象：

- **主体**是我们想要在图像中捕捉的事物。通常，它是一个反光物体，并且我们希望这个物体在图像中出现在焦点处（清晰）。

- **镜头**将光透射并将从**焦平面**反射的光聚焦到**图像平面**上。焦平面是包含主体的圆形空间切片（如前所述）。图像平面是包含图像传感器的圆形空间切片（稍后定义）。通常，这些平面垂直于镜头的主（纵向）轴。镜头有一个**光学中心**，从焦平面射入的光在被反射回图像平面之前汇聚在这里。**焦距**（即光学中心到焦平面的距离）的大小取决于光学中心到图像平面的距离。如果把光学中心移到图像平面附近，焦距就会增加；反之，如果把光学中心移到离图像平面更远的地方，焦距就会减小（通常，在摄像头系统中，通过简单地前后移动镜头来调整焦距）。当焦距无穷大时，焦距长度定义为光学中心到图像平面之间的距离。
- **图像传感器**是一种感光表面，接收光并将其记录为图像，可以是模拟介质（如胶片），也可以是数字介质。通常，图像传感器是矩形的。因此，它不覆盖圆形图像平面的角点。图像的对角线视角（Field Of View，FOV，被成像的 3D 空间的角度范围）与焦距长度、图像传感器的宽度和图像传感器的高度呈三角关系。我们马上将探讨这一关系。

图 9-1 说明了上述定义。

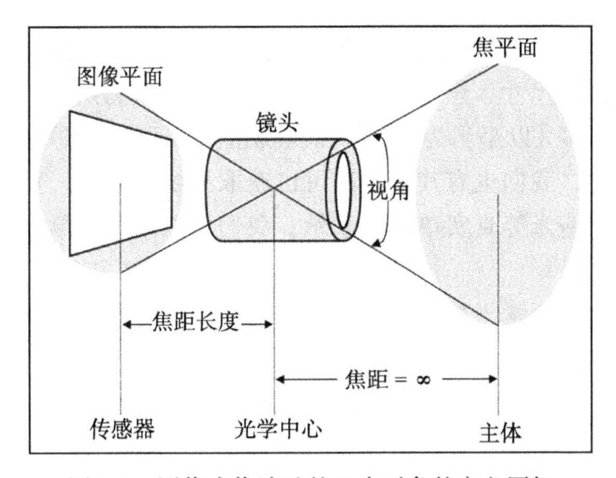

图 9-1　图像成像涉及的 3 个对象的定义图解

> 对于计算机视觉，我们通常使用固定焦距长度的镜头，这对于特定的应用是最佳的。但是，镜头也可以有一个可变焦距长度，这样的镜头叫作变焦镜头。放大意味着增加焦距长度，缩小意味着减小焦距长度。机械上，变焦镜头通过移动镜头内的光学元件来实现这一点。

我们用变量 f 表示焦距长度，用变量 (c_x, c_y) 表示图像传感器在图像平面内的中心点。OpenCV 使用名为摄像头矩阵（camera matrix）的矩阵表示摄像头和镜头的基本参数：

$$\begin{bmatrix} f & 0 & c_x \\ 0 & f & c_y \\ 0 & 0 & 1 \end{bmatrix}$$

假设图像传感器位于图像平面的中心（通常应该如此），我们可以根据图像传感器的宽度 w 和高度 h 计算出 c_x 和 c_y：

$$c_x = w/2$$
$$c_y = h/2$$

如果知道对角线视角 θ，则可以用下面的三角公式计算焦距长度：

$$f = \frac{\sqrt{w^2 + h^2}}{2\left(\tan\frac{\theta}{2}\right)}$$

如果不知道对角线视角，但知道水平视角 ϕ 和垂直视角 ψ，则可以计算出焦距长度：

$$f = \frac{\sqrt{w^2 + h^2}}{2\sqrt{\left(\tan\frac{\phi}{2}\right)^2 + \left(\tan\frac{\psi}{2}\right)^2}}$$

你可能想知道如何获得这些变量的值作为起始点。有时，摄像头或镜头的制造商会在产品说明书中提供传感器尺寸、焦距长度或者视角的数据。例如，产品说明书可能会列出传感器的尺寸和焦距长度（以毫米为单位）以及视角（以度为单位）。但是，如果产品说明书没有提供足够的信息，我们也有其他方法可以获取必要的数据。重要的是，传感器的尺寸和焦距长度不需要以毫米等真实单位来表示。我们可以用任意单位来表示它们，例如像素当量单位。

你可能会问，什么是像素当量单位？从摄像头捕获一帧时，图像中的每个像素都对应于图像传感器的某个区域，该区域具有真实世界的宽度（和真实世界的高度，通常与宽度相同）。因此，如果捕捉帧的分辨率为 1280 × 720，那么就可以说图像传感器的宽度 w 是 1280 个像素当量单位，其高度 h 是 720 个像素当量单位。这些单位在不同的真实传感器尺寸或不同的分辨率下是不可比的，但是，对于给定的摄像头和分辨率，我们可以在内部进行一致的测量，无须知道这些测量的真实大小。

这个技巧让我们能够定义任何图像传感器的 w 和 h（因为我们总是可以查看捕获帧的像素尺寸）。现在，为了能够计算焦距长度，我们只需要另外一种类型的数据：视角。我们可以用一个简单的实验来测量。拿一张纸，把它粘在墙上（或另一个垂直的表面）。放置摄像头和镜头，使它们直接面对纸张，纸张对角线填满帧。（如果纸张的长宽比与帧的长宽比不匹配，就裁剪纸张使其匹配。）从纸的一个角到对角线的另一个角测量对角线的长度 s。另外，从纸张到镜头筒中间的一个点测量距离 d。然后，根据三角关系计算对角线视角 θ：

$$\theta = 2\left(\arctan\frac{s}{2d}\right)$$

假设在这个实验中，我们确定给定的摄像头和镜头的对角线视角为70°。如果正在采集的帧的分辨率是1280×720，那么可以以像素当量单位计算焦距长度，如下所示：

$$f = \frac{\sqrt{w^2+h^2}}{2\left(\tan\frac{\theta}{2}\right)} = \frac{\sqrt{1280^2+720^2}}{2\sqrt{\tan\ (70\times\pi/180/2)}} = 1048.7$$

除此之外，我们还可以计算图像传感器的中心坐标：

$$c_x = w/2 = 1280/2 = 640$$
$$c_y = h/2 = 720/2 = 360$$

因此，我们有以下摄像头矩阵：

$$\begin{bmatrix} 1048.7 & 0 & 640 \\ 0 & 1048.7 & 360 \\ 0 & 0 & 1 \end{bmatrix}$$

上述参数对于3D跟踪是必要的，这些参数可以正确地表示理想的摄像头和镜头。但是，真实设备可能与理想状态明显不同，摄像头矩阵本身并不能代表所有可能的偏差类型。畸变系数是一组附加参数，可以表示下列几种偏离理想模型的情况：

- **径向畸变**：这表示镜头不会平等地放大图像所有部分，因此会使直线边缘出现弯曲或者波浪形状。对于径向畸变系数，常用的变量名称为k_n（k_1，k_2，$k_3\cdots$）。$k_1 < 0$通常意味着镜头经历了**桶形畸变**，表示直线边出现了朝向图像边界的向外弯曲。相反，$k_1 > 0$通常表示镜头经历了**枕行畸变**，表示直线边出现朝向图像中心的向内弯曲。如果符号在系数序列中交替变化（例如，$k_1 > 0$，$k_2 < 0$，$k_3 > 0$），这可能意味着镜头出现了**胡行畸变**，这意味着直线边看上去是波浪状的。
- **切向畸变**：这意味着镜头的主（纵向）轴不垂直于图像传感器，因此透视是倾斜的，直线边缘之间的角度似乎与正常的透视投影不同。对于切向畸变系数，通常使用诸如p_n（p_1，p_2，…）这样的变量名称。系数的符号取决于镜头相对于图像传感器的倾斜方向。

图9-2展示了某些类型的径向畸变。

OpenCV提供了可以处理多达5个畸变系数（k_1、k_2、p_1、p_2和k_3）的函数。（OpenCV期望它们作为一个数组的元素，并以上述顺序出现。）你不太可能从摄像头或镜头的供应商那里获得有关畸变系数的官方数据。你可以使用OpenCV的棋盘校准过程估计畸变系数以及摄像头矩阵。这包括从各种位置和角度捕捉一系列打印棋盘图案的图像。更多细节，请参看https://docs.opencv.org/master/dc/dbb/tutorial_py_calibration.html上的官方指南。

就示例demo而言，我们将简单地假设所有的畸变系数为0，表示没有畸变。当然，我们并不是真的认为网络摄像头是光学工程的无失真杰作，只是认为畸变不是很严重，对 3D 跟踪和虚拟现实的 demo 的影响并不明显。如果我们正在试着构建一种精确的测量设备，而不是一个视觉演示，那么我们可能会更关注畸变的影响。

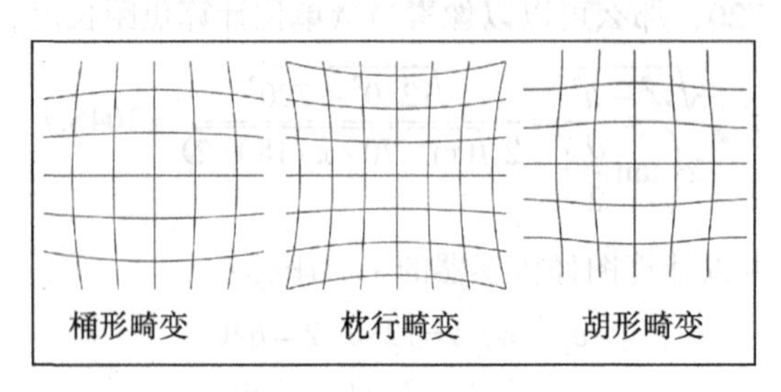

图 9-2　径向畸变类型

与棋盘校准过程相比，我们在本节中概述的公式和假设会产生一个更具约束的模型或者更理想的模型。但是，我们的方法拥有更简单且更容易复制的优势。棋盘校准过程更费力，每个用户的执行方式不同，产生的结果也就不同（有时会产生错误的结果）。

了解了摄像头和镜头参数的背景信息之后，现在我们来检验一个 OpenCV 函数，使用这些参数作为求解 6DOF 跟踪问题的一部分。

9.2.2　理解 cv2.solvePnPRansac

`cv2.solvePnPRansac` 函数实现了一种名为 *n* 点透视（Perspective-n-Point，PnP）问题的求解器。给定 3D 和 2D 点之间的 *n* 个唯一匹配，以及生成 3D 点的 2D 投影的摄像头和镜头的参数，求解器尝试着估算 3D 对象相对于摄像头的 6DOF 姿态。这个问题有点类似于第 6 章中所完成的寻找一组 2D 到 2D 关键点匹配的单应性。但是，在 PnP 问题中，我们有足够的附加信息估计一个更具体的空间关系——DOF 姿态——与单应性相反，单应性只告诉我们一个投影关系。

`cv2.solvePnPRansac` 是如何工作的呢？顾名思义，`cv2.solvePnPRansac` 实现了 Ransac 算法，这是一种通用迭代方法，用于处理可能包含异常值（在本例中是糟糕的匹配）的一组输入。每次 Ransac 迭代都将找到一个潜在的解，使输入的平均误差测量值最小化。然后，在下一次迭代之前，把具有不可接受的大误差的所有输入都标记为异常值，并将其丢弃。这个过程一直持续到解收敛为止，这意味着没有发现新的异常值，而且平均误差低得可以接受。

对于 PnP 问题，误差是通过重投影误差来测量的，重投影误差是指 2D 点的观测位置与基于摄像头和镜头参数以及目前认为的潜在解决方案的 6DOF 姿态的预测位置之间的距离。这个过程的最后，我们希望获得与多数 3D 到 2D 关键点匹配相一致的 6DOF 姿态。另外，我们希望知道哪些匹配是这个解的内点。

我们来看 cv2.solvePnPRansac 函数的签名：

```
retval, rvec, tvec, inliers = cv.solvePnPRansac(
    objectPoints,
    imagePoints,
    cameraMatrix,
    distCoeffs,
    rvec=None,
    tvec=None,
    useExtrinsicGuess=False
    iterationsCount=100,
    reprojectionError=8.0,
    confidence=0.98,
    inliers=None,
    flags=cv2.SOLVEPNP_ITERATIVE)
```

可以看到，此函数有 4 个返回值：

- retval：如果求解器收敛于一个解，就为 True，否则为 False。
- rvec：该数组包含 r_x、r_y 和 r_z（6DOF 姿态中的 3 个旋转自由度）。
- tvec：该数组包含 t_x、t_y 和 t_z（6DOF 姿态中的 3 个平移（位置）自由度）。
- inliers：如果求解器收敛于一个解，则该向量包含与解一致的输入点（在 objectPoints 和 imagePoints 中）的索引。

此函数有 12 个参数：

- objectPoints：这是一个 3D 点数组，表示没有平移和旋转时（或者，当 6DOF 姿态变量都为 0 时）对象的关键点。
- imagePoints：这是一个 2D 点数组，表示图像中匹配的对象关键点。具体来说，把 imagePoints[i] 看作 objectPoints[i] 的匹配。
- cameraMatrix：这个 2D 数组就是摄像头矩阵，可以用 9.2.1 节中描述的方式推导出来。
- distCoeffs：这是畸变系数数组。如果它们未知，那么可以（简单地）假设它们都是 0，如 9.2.1 节所述。
- rvec：如果求解器收敛于一个解，它会把解的 r_x、r_y 和 r_z 值都放入这个数组。
- tvec：如果求解器收敛于一个解，它会把解的 t_x、t_y 和 t_z 值都放入这个数组。
- useExtrinsicGuess：如果为 True，求解器将 rvec 和 tvec 中的参数值作为初始猜测，再尝试找到接近这些值的一个解。否则，求解器在其求解过程中采用无偏方法。
- iterationsCount：这是求解器应该尝试的最大迭代次数。如果在这个迭代数后，它仍不收敛到某个解，它就放弃。
- reprojectionError：这是求解器可以接受的最大重投影误差。如果点的重投影误差比它大，求解器就把该点当作异常值来处理。

- confidence：求解器尝试收敛到置信度大于或等于该值的解。
- inliers：如果求解器收敛于一个解，它将把解的内点索引放入这个数组。
- flags：该标志指定求解器的算法。默认情况下为 cv2.SOLVEPNP_ITERATIVE，它是最小化重投影误差的一种方法，并且没有特殊的限制，所以通常是最好的选择。一个有用的替代方案是 cv2.SOLVEPNP_IPPE（IPPE 是 Infinitesimal Plane-based Pose Estimation 的缩写，即基于无穷小平面的姿态估计），但它仅限于平面物体。

尽管这个函数涉及很多变量，但是我们将看到，该函数是第 6 章中介绍的关键点匹配问题以及本章将要介绍的 3D 和投影问题的一个自然延伸。清楚了这些之后，我们开始探索本章的示例代码。

9.3 实现 demo 应用程序

我们将在脚本 ImageTrackingDemo.py 中实现 demo，它将包含以下组件：

（1）导入语句。

（2）用于自定义灰度转换的辅助函数。

（3）将关键点从 2D 转换到 3D 空间的辅助函数。

（4）一个应用程序类 ImageTrackingDemo，将封装摄像头和镜头的模型、参考图像模型、卡尔曼滤波器、6DOF 跟踪结果以及跟踪图像并绘制简单增强现实可视化效果的应用程序循环。

（5）启动应用程序的 main 函数。

该脚本将依赖于另一个文件 reference_image.png，该文件将表示我们想要跟踪的图像。

话不多说，我们马上来深入研究该脚本的实现。

9.3.1 导入模块

在 Python 标准库中，我们将使用 math 模块进行三角计算，使用 timeit 模块进行精确的时间测量（这将使我们能够更有效地使用卡尔曼滤波器）。和往常一样，我们也将使用 NumPy 和 OpenCV。因此，ImageTrackingDemo.py 的实现以以下 import 语句开始：

```
import math
import timeit

import cv2
import numpy
```

现在，我们继续实现辅助函数。

9.3.2 执行灰度转换

在本书中，我们使用如下代码执行灰度转换：

```
gray_img = cv2.cvtColor(bgr_img, cv2.COLOR_BGR2GRAY)
```

也许早就该问这样一个问题：此函数究竟是如何将 BGR 值映射为灰度值的？答案是，每个输出像素的灰度值是对应输入像素 B、G、R 值的加权平均值，如下所示：

```
gray = (0.114 * blue) + (0.587 * green) + (0.299 * red)
```

权重的用法非常广。权重来自 1982 年发布的电信行业标准 CCIR 601。它们与人类视觉的特征基本一致。当看到明亮的场景时，我们的眼睛对黄绿色的光最敏感。此外，这些权重应该在淡黄色光、淡蓝色阴影的场景（例如晴天的室外场景）中产生高对比度。这些是我们使用 CCIR 601 权重的合理理由吗？不，它们不是，没有科学证据表明：在计算机视觉中 CCIR 601 转换权重产生特殊用途的最佳灰度输入。

事实上，就图像跟踪而言，有证据支持其他灰度转换算法。Samuel Macêdo、Givânio Melo 和 Judith Kelner 在他们的论文"A comparative study of grayscale conversion techniques applied to SIFT descriptors"（*SBC Journal on Interactive Systems*，vol. 6，no. 2，2015）中讨论了这个主题。他们测试了各种转换算法，包括：

- 加权平均转换：`gray = (0.07 * blue) + (0.71 * green)+ (0.21 * red)`，有点类似于 CCIR 601。
- 非加权平均转换：`gray = (blue + green + red) /3`。
- 仅基于单一颜色通道的转换，如 `gray = green`。
- 伽马校正转换，如 `gray = 255 * (green / 255) ^(1/2.2)`，其中灰度值随输入呈指数（而不是线性）变化。

根据这篇论文，加权平均转换产生的结果相对不稳定——对于某些图像的匹配和单应性很好，但是对于其他图像的匹配和单应性就不是很好。非加权平均转换和单通道转换产生更一致的结果。对于某些图像，伽马校正转换产生最佳结果，但是这些转换的计算成本更昂贵。

就示例 demo 而言，我们将使用简单的每个像素的 B、G、R 值的（非加权）平均值执行灰度转换。这种方法的计算成本很低（这在实时跟踪中是可取的），而且我们希望它能比 OpenCV 中默认的加权平均转换产生更一致的跟踪结果。下面是执行自定义转换的辅助函数的实现：

```
def convert_to_gray(src, dst=None):
    weight = 1.0 / 3.0
```

```
    m = numpy.array([[weight, weight, weight]], numpy.float32)
    return cv2.transform(src, m, dst)
```

请注意 cv2.transform 函数的使用。这是由 OpenCV 提供的一个经过良好优化的通用矩阵变换函数。我们可以使用它来执行这样的操作：像素的输出通道值是输入通道值的线性组合。在 BGR 到灰度转换中，有 1 个输出通道和 3 个输入通道，所以变换矩阵 m 有 1 行 3 列。

在编写了用于灰度转换的辅助函数后，我们继续考虑用于 2D 到 3D 空间转换的辅助函数。

9.3.3　执行 2D 到 3D 的空间转换

请记住，我们有一幅参考图像 reference_image.png，且我们希望增强现实应用程序跟踪这幅参考图像的一个打印副本。就 3D 跟踪而言，我们可以将打印出来的图像表示为 3D 空间中的一个平面。我们定义局部坐标系，通常情况下（当 6DOF 姿态的元素都为 0 时），这个平面物体就像挂在墙上的画一样直立着，它的正面是有图像的一面，它的原点是图像的中心。

现在，假设我们想要将参考图像中的给定像素映射到这个 3D 平面上。给定 2D 像素坐标、图像的像素维数以及从像素转换为想要在 3D 空间中使用的某些测量单位的缩放因子，我们可以使用以下辅助函数将像素映射到平面上：

```
def map_point_onto_plane(point_2D, image_size, image_scale):
    x, y = point_2D
    w, h = image_size
    return (image_scale * (x - 0.5 * w),
            image_scale * (y - 0.5 * h),
            0.0)
```

缩放因子取决于打印图像的真实尺寸和我们选择的单位。例如，我们可能知道打印图像高 20 厘米，也可能不关心绝对尺度，在这种情况下，可以定义任意单位，使打印图像的高是一个单位。无论如何，给定 2D 像素坐标列表、参考图像的大小以及参考图像在任何单位（绝对的或相对的）中的高度，我们可以使用下面的辅助函数来获得平面上相应的 3D 坐标列表：

```
def map_points_to_plane(points_2D, image_size, image_real_height):

    w, h = image_size
    image_scale = image_real_height / h
    points_3D = [map_point_onto_plane(
                     point_2D, image_size, image_scale)
                 for point_2D in points_2D]
    return numpy.array(points_3D, numpy.float32)
```

注意，我们有用于多个点的辅助函数 map_points_to_plane，它会调用用于每个点的辅助函数 map_point_to_plane。

稍后，在 9.3.4 节中，我们将生成参考图像的 ORB 关键点描述符，使用 map_points_to_plane 辅助函数将关键点坐标从 2D 转换为 3D。我们也将转换图像的 4 个 2D 顶点（即其左上角、右上角、右下角和左下角）来获得平面的 4 个 3D 顶点。执行增强现实绘图时，会用到这些顶点。与绘制有关的函数（在 OpenCV 和许多其他框架中）期望 3D 形状的每个面按顺时针顺序指定（从正面的角度来看）顶点。为了解决这个需求，我们实现特定于映射顶点的另一个辅助函数，如下所示：

```
def map_vertices_to_plane(image_size, image_real_height):

    w, h = image_size

    vertices_2D = [(0, 0), (w, 0), (w, h), (0, h)]
    vertex_indices_by_face = [[0, 1, 2, 3]]

    vertices_3D = map_points_to_plane(
        vertices_2D, image_size, image_real_height)
    return vertices_3D, vertex_indices_by_face
```

请注意，顶点映射辅助函数 map_vertices_to_plane 调用 map_points_to_plane 辅助函数，而 map_points_to_plane 又调用 map_point_to_plane。因此，所有的映射函数都共享一个公共核。

当然，除了平面，2D 到 3D 关键点映射和顶点映射也可以应用于其他类型的 3D 形状。要了解方法如何扩展到 3D 长方体和 3D 圆柱体，请参阅约瑟夫·豪斯的“Visualizing the Invisible”demo 项目（见 https://github.com/JoeHowse/VisualizingTheInvisible）。

我们已经完成了辅助函数的实现。现在，我们来看代码的面向对象部分。

9.3.4 实现应用程序类

我们将在名为 ImageTrackingDemo 的类中实现应用程序，该类具有以下方法：

- __init__(self, capture, diagonal_fov_degrees, target_fps, reference_image_path, reference_image_real_height)：初始化器将为参考图像设置采集设备、摄像头矩阵、卡尔曼滤波器以及 2D 和 3D 关键点。
- run(self)：此方法将运行应用程序的主循环，采集、处理并显示帧，直到用户按下 Esc 键退出。每一帧的处理是在其他方法的帮助下进行的，这些方法将在下面的项中介绍。
- _track_object(self)：该方法将执行 6DOF 跟踪并绘制跟踪结果的增强现实可视化效果。
- _init_kalman_transition_matrix(self, fps)：该方法将配置卡尔曼滤波器，以确保加速度和速度在指定的帧率下得到正确的模拟。
- _apply_kalman(self)：该方法通过应用卡尔曼滤波器使 6DOF 跟踪结果更稳定。

从 `__init__` 开始，我们来逐一介绍方法的实现。

1. 初始化跟踪器

`__init__` 方法将初始化摄像头矩阵、ORB 描述符提取器、卡尔曼滤波器、参考图像的 2D 和 3D 关键点，以及其他与算法相关的变量，因此涉及很多步：

（1）首先，我们来看 `__init__` 接受的参数，包括一个 `cv2.VideoCapture` 对象，称为 `capture`（摄像头），以度为单位的摄像头对角线视角、以每秒帧数（Frames Per Second，FPS）为单位的期望帧率、包含参考图像的文件路径，以及参考图像的真实高度的测量数据（任何单位）：

```
class ImageTrackingDemo():


    def __init__(self, capture, diagonal_fov_degrees=70.0,
                 target_fps=25.0,
                 reference_image_path='reference_image.png',
                 reference_image_real_height=1.0):
```

（2）尝试从摄像头捕捉一帧以便确定其像素维度，如果失败，就从摄像头属性中获取：

```
self._capture = capture
success, trial_image = capture.read()
if success:
    # Use the actual image dimensions.
    h, w = trial_image.shape[:2]
else:
    # Use the nominal image dimensions.
    w = capture.get(cv2.CAP_PROP_FRAME_WIDTH)
    h = capture.get(cv2.CAP_PROP_FRAME_HEIGHT)
self._image_size = (w, h)
```

（3）现在，给定以像素为单位的帧的维度以及摄像头和镜头的视角，我们可以用三角函数计算以像素当量单位为单位的焦距长度（公式见 9.2.1）。此外，利用焦距长度和帧的中心点可以构造摄像头矩阵。以下是相关代码：

```
diagonal_image_size = (w ** 2.0 + h ** 2.0) ** 0.5
diagonal_fov_radians = \
    diagonal_fov_degrees * math.pi / 180.0
focal_length = 0.5 * diagonal_image_size / math.tan(
    0.5 * diagonal_fov_radians)
self._camera_matrix = numpy.array(
    [[focal_length, 0.0, 0.5 * w],
     [0.0, focal_length, 0.5 * h],
     [0.0, 0.0, 1.0]], numpy.float32)
```

（4）为了简单起见，假设镜头没有经历任何畸变：

```
self._distortion_coefficients = None
```

（5）一开始我们并没有跟踪物体，所以我们没有对它的旋转和位置估计结果，因而只将相关变量定义为None：

```
self._rotation_vector = None
self._translation_vector = None
```

（6）构建卡尔曼滤波器：

```
self._kalman = cv2.KalmanFilter(18, 6)

self._kalman.processNoiseCov = numpy.identity(
    18, numpy.float32) * 1e-5
self._kalman.measurementNoiseCov = numpy.identity(
    6, numpy.float32) * 1e-2
self._kalman.errorCovPost = numpy.identity(
    18, numpy.float32)

self._kalman.measurementMatrix = numpy.array(
    [[1.0, 0.0, 0.0, 0.0, 0.0, 0.0, 0.0, 0.0, 0.0,
      0.0, 0.0, 0.0, 0.0, 0.0, 0.0, 0.0, 0.0, 0.0],
     [0.0, 1.0, 0.0, 0.0, 0.0, 0.0, 0.0, 0.0, 0.0,
      0.0, 0.0, 0.0, 0.0, 0.0, 0.0, 0.0, 0.0, 0.0],
     [0.0, 0.0, 1.0, 0.0, 0.0, 0.0, 0.0, 0.0, 0.0,
      0.0, 0.0, 0.0, 0.0, 0.0, 0.0, 0.0, 0.0, 0.0],
     [0.0, 0.0, 0.0, 0.0, 0.0, 0.0, 0.0, 0.0, 0.0,
      1.0, 0.0, 0.0, 0.0, 0.0, 0.0, 0.0, 0.0, 0.0],
     [0.0, 0.0, 0.0, 0.0, 0.0, 0.0, 0.0, 0.0, 0.0,
      0.0, 1.0, 0.0, 0.0, 0.0, 0.0, 0.0, 0.0, 0.0],
     [0.0, 0.0, 0.0, 0.0, 0.0, 0.0, 0.0, 0.0, 0.0,
      0.0, 0.0, 1.0, 0.0, 0.0, 0.0, 0.0, 0.0, 0.0]],
    numpy.float32)

self._init_kalman_transition_matrix(target_fps)
```

如上代码cv2.KalmanFilter(18, 6)所示，该卡尔曼滤波器将基于6个输入变量（或测量值）跟踪18个输出变量（或预测）。具体来说，输入变量是6DOF跟踪结果的元素：t_x、t_y、t_z、r_x、r_y和r_z。输出变量是经过稳定的6DOF跟踪结果的元素，加上它们的一阶导数（速度）和二阶导数（加速度），顺序如下：t_x、t_y、t_z、t'_x、t'_y、t'_z、t''_x、t''_y、t''_z、r_x、r_y、r_z、r'_x、r'_y、r'_z、r''_x、r''_y和r''_z。卡尔曼滤波器的测量矩阵有18列（表示输出变量）和6行（表示输入变量）。在每一行中，我们将1.0放入对应于匹配输出变量的索引中，在其他地方放入0.0。我们还初始化了一个转移矩阵，它定义了输出变量之间随时间变化的关系。初始化的这一部分由辅助方法_init_kalman_transition_matrix(target_fps)处理，稍后，我们将对此进行研究。

并不是所有的卡尔曼滤波器矩阵都由__init__方法初始化。在跟踪过程中，因为实际帧率（以及时间步长）可能会改变，所以每一帧的转移矩阵都会更新。每次开始跟踪一个物体时，都会初始化状态矩阵。我们稍后将介绍卡尔曼滤波器的用法的这几个方面。

（7）我们需要一个布尔变量（初始化为 False）来显示是否成功跟踪了上一帧中的物体：

```
self._was_tracking = False
```

（8）我们需要定义某些3D图形的顶点，我们将每一帧绘制为增强现实可视化的一部分。具体来说，图形将是表示物体 *X*、*Y* 和 *Z* 轴的一组箭头。这些图形的尺度与真实物体（也就是要跟踪的打印图像）的尺度相关。请记住，__init__ 方法的参数之一是图像的尺度（具体地说是它的高度），并且测量值可以是任何单位的。我们将3D轴箭头的长度定义为打印图像高度的一半：

```
self._reference_image_real_height = \
    reference_image_real_height
reference_axis_length = 0.5 * reference_image_real_height
```

（9）利用刚刚定义的长度，定义相对于打印图像中心 [0.0, 0.0, 0.0] 的轴箭头的顶点：

```
self._reference_axis_points_3D = numpy.array(
    [[0.0, 0.0, 0.0],
     [-reference_axis_length, 0.0, 0.0],
     [0.0, -reference_axis_length, 0.0],
     [0.0, 0.0, -reference_axis_length]], numpy.float32)
```

注意，OpenCV 的坐标系有非标准轴向，如下所示：

- +*X* 是物体的左手方向，或者在物体的正面视图中是观察者右手方向。
- +*Y* 表示向下。
- +*Z* 是物体的后向方向，或者在物体正面视图中是观察者的前向方向。

我们必须对上述所有方向取反，以获得下述标准的右手坐标系，就像 OpenGL 等许多3D图形框架中所使用的那样：

- +*X* 是物体的右手方向，或者在物体的正面视图中是观察者的左手方向。
- +*Y* 表示向上。
- +*Z* 是物体的前向方向，或者在物体的正面视图中是观察者的后向方向。

> 就本书而言，我们使用 OpenCV 绘制3D图形，因此，我们可以简单地保持 OpenCV 的非标准轴方向，即使在绘制可视化图像时也是如此。可是，将来如果你要完成进一步的增强现实工作，你可能需要将计算机视觉代码与 OpenGL 和其他使用右手坐标系的3D图形框架集成到一起。为了更好地应对这种可能的情况，我们将在以 OpenCV 为中心的 demo 中转换轴方向。

（10）我们将使用3个数组来保存3种类型的图像：BGR 视频帧（用于绘制 AR 图）、帧的灰度版本（用于关键点匹配）和掩模（绘制被跟踪物体的轮廓）。最初，数组全都为 None：

```
self._bgr_image = None
self._gray_image = None
self._mask = None
```

（11）我们将使用 cv2.ORB 对象来检测关键点并计算参考图像及摄像头帧的描述符。初始化 cv2.ORB 对象，如下所示：

```
# Create and configure the feature detector.
patchSize = 31
self._feature_detector = cv2.ORB_create(
    nfeatures=250, scaleFactor=1.2, nlevels=16,
    edgeThreshold=patchSize, patchSize=patchSize)
```

关于 ORB 算法及其在 OpenCV 中的用法，请参阅 6.6 节。

这里，我们已经为 cv2.ORB 的构造函数指定了几个可选参数。描述符覆盖的直径是 31 个像素，图像金字塔有 16 层（连续层之间的尺度因子为 1.2），而且我们希望每次检测尝试最多 250 个关键点和描述符。

（12）从文件加载参考图像，对其进行缩放，将其转换为灰度，并创建空的掩模：

```
bgr_reference_image = cv2.imread(
    reference_image_path, cv2.IMREAD_COLOR)
reference_image_h, reference_image_w = \
    bgr_reference_image.shape[:2]
reference_image_resize_factor = \
    (2.0 * h) / reference_image_h
bgr_reference_image = cv2.resize(
    bgr_reference_image, (0, 0), None,
    reference_image_resize_factor,
    reference_image_resize_factor, cv2.INTER_CUBIC)
gray_reference_image = convert_to_gray(bgr_reference_image)
reference_mask = numpy.empty_like(gray_reference_image)
```

调整参考图像的大小时，我们选择将其设置为摄像头帧高的两倍。具体倍数可随意，可是，总体思路是想要用覆盖各种放大倍数的图像金字塔执行关键点检测及描述。金字塔底部（也就是调整后的参考图像）应该比摄像头帧大，这样即使当目标物体离摄像头很近以致目标物体不能完全放入摄像头帧时，也可以用合适的尺度匹配关键点。相反，金字塔的顶部应该比摄像头帧小，这样即使当目标物体太远而不能填满整个摄像头帧时，也可以以合适的尺度匹配关键点。

举个例子。假设原始参考图像是 4000 × 3000 像素，摄像头帧是 1280 × 720 像素。我们将参考图像调整为 1920 × 1440 像素（摄像头帧高的两倍，并与原始参考图像具有相同的宽高比）。因此，图像金字塔的底部也是 1920 × 1440 像素。因为 cv2.ORB 对象配置为使用 16 个金字塔层以及 1.2 的尺度因子，所以图像金字塔的顶部宽度为 $1920/(1.2^{16-1})$ =124 像素、高度为 $1440/(1.2^{16-1})$ =93 像素，即 124 × 93 像素。因此，我们可以潜在地匹配关键点并跟踪物体，即使物体很远，只占摄像头帧宽度或高度的 10%。实际上，要在这个尺度上进行有用的关键点匹配，我们需要好的镜头，物体需要聚焦，光线也需要很好。

（13）在这个阶段，我们有一个合适大小的BGR彩色和灰度参考图像，也有这幅图像的一个空掩模。我们将（在6×6的网格中）把图像分割成36个大小相等的感兴趣区域，对于每个区域，尝试生成多达250个关键点和描述符（因为cv2.ORB对象配置为使用最多250个关键点和描述符）。这种划分模式有助于确保在每个区域都有一些关键点和描述符，因此即使在给定帧中物体的大部分不可见的情况下，也可以潜在地匹配关键点并跟踪物体。下面的代码块展示了如何遍历感兴趣区域，并就每个区域创建掩模、执行关键点检测和描述符提取，将关键点和描述符添加到主列表：

```
# Find keypoints and descriptors for multiple segments of
# the reference image.
reference_keypoints = []
self._reference_descriptors = numpy.empty(
    (0, 32), numpy.uint8)
num_segments_y = 6
num_segments_x = 6
for segment_y, segment_x in numpy.ndindex(
        (num_segments_y, num_segments_x)):
    y0 = reference_image_h * \
        segment_y // num_segments_y - patchSize
    x0 = reference_image_w * \
        segment_x // num_segments_x - patchSize
    y1 = reference_image_h * \
        (segment_y + 1) // num_segments_y + patchSize
    x1 = reference_image_w * \
        (segment_x + 1) // num_segments_x + patchSize
    reference_mask.fill(0)
    cv2.rectangle(
        reference_mask, (x0, y0), (x1, y1), 255, cv2.FILLED)
    more_reference_keypoints, more_reference_descriptors = \
        self._feature_detector.detectAndCompute(
            gray_reference_image, reference_mask)
    if more_reference_descriptors is None:
        # No keypoints were found for this segment.
        continue
    reference_keypoints += more_reference_keypoints
    self._reference_descriptors = numpy.vstack(
        (self._reference_descriptors,
         more_reference_descriptors))
```

（14）在灰度参考图像上绘制关键点的可视化图：

```
cv2.drawKeypoints(
    gray_reference_image, reference_keypoints,
    bgr_reference_image,
    flags=cv2.DRAW_MATCHES_FLAGS_DRAW_RICH_KEYPOINTS)
```

（15）将可视化图保存到文件名称后附加了_keypoints的文件中。例如，如果参考图像的文件名是reference_image.png，则将可视化图文件保存为reference_image_keypoints.png。以下是相关代码：

```
ext_i = reference_image_path.rfind('.')
```

```
reference_image_keypoints_path = \
    reference_image_path[:ext_i] + '_keypoints' + \
    reference_image_path[ext_i:]
cv2.imwrite(
    reference_image_keypoints_path, bgr_reference_image)
```

（16）使用自定义参数初始化基于 FLANN 的匹配器：

```
FLANN_INDEX_LSH = 6
index_params = dict(algorithm=FLANN_INDEX_LSH,
                    table_number=6, key_size=12,
                    multi_probe_level=1)
search_params = dict()
self._descriptor_matcher = cv2.FlannBasedMatcher(
    index_params, search_params)
```

这些参数指定我们正在使用多探头 LSH（Locality-Sensitive Hashing，位置敏感哈希）索引算法，该算法有 6 个哈希表、12 位的哈希键以及 1 个多探头层。

关于多探头 LSH 算法的描述，请参见 Qin Lv、William Josephson、Zhe Wang、Moses Charikar 和 Kai Li 的论文“Multi-Probe LSH: Efficient Indexing for High-Dimensional Similarity Search”（VLDB，2007），论文网址为 https://www.cs.princeton.edu/cass/papers/mplsh_vldb07.pdf。

（17）通过向匹配器提供参考描述符对其进行训练：

```
self._descriptor_matcher.add([self._reference_descriptors])
```

（18）取关键点的 2D 坐标，并送入 `map_points_to_plane` 辅助函数，以便获取物体平面表面上的等价 3D 坐标：

```
reference_points_2D = [keypoint.pt
                       for keypoint in reference_keypoints]
self._reference_points_3D = map_points_to_plane(
    reference_points_2D, gray_reference_image.shape[::-1],
    reference_image_real_height)
```

（19）类似地，调用 `map_vertices_to_plane` 函数，以获取平面的 3D 顶点和 3D 面：

```
(self._reference_vertices_3D,
 self._reference_vertex_indices_by_face) = \
   map_vertices_to_plane(
           gray_reference_image.shape[::-1],
           reference_image_real_height)
```

这就是 `__init__` 方法的实现。接下来，我们来看 `run` 方法，它表示应用程序的主循环。

2. 实现主循环

通常，主循环的主要任务是捕捉和处理帧，直到用户按下 Esc 键。每一帧的处理——

包括3D跟踪和增强现实绘图——都委托给一个名为_track_object的辅助方法，稍后将探究这个内容。主循环还有一个次要任务：通过测量帧率并相应更新卡尔曼滤波器的转移矩阵来实现计时。这个更新任务将委托给另一个辅助方法_init_kalman_transition_matrix，也将在稍后进行探究。记住这些任务，就可以在run方法中实现主循环，如下所示：

```
def run(self):

    num_images_captured = 0
    start_time = timeit.default_timer()

    while cv2.waitKey(1) != 27:  # Escape
        success, self._bgr_image = self._capture.read(
            self._bgr_image)
        if success:
            num_images_captured += 1
            self._track_object()
            cv2.imshow('Image Tracking', self._bgr_image)
        delta_time = timeit.default_timer() - start_time
        if delta_time > 0.0:
            fps = num_images_captured / delta_time
            self._init_kalman_transition_matrix(fps)
```

请注意Python标准库中timeit.default_timer函数的使用。此函数提供了以秒（浮点数，因此可以表示小数秒）为单位的当前系统时间的一种精确度量。正如名称timeit所暗示的那样，这个模块包含了一些有用的功能，适用于对时间敏感的代码以及想要计时的情况。

我们继续讨论_track_object的实现，因为这个辅助函数代表run执行了应用程序的大部分工作。

3. 跟踪3D图像

_track_object方法直接负责关键点匹配、关键点可视化并解决PnP问题。此外，还调用其他方法来处理卡尔曼滤波、增强现实绘制以及掩模跟踪物体：

（1）要开始_track_object的实现，我们调用convert_to_gray辅助函数将帧转换为灰度：

```
def _track_object(self):

    self._gray_image = convert_to_gray(
        self._bgr_image, self._gray_image)
```

（2）使用cv2.ORB对象检测关键点并计算灰度图像掩模区域的描述符：

```
if self._mask is None:
    self._mask = numpy.full_like(self._gray_image, 255)

keypoints, descriptors = \
    self._feature_detector.detectAndCompute(
```

```
            self._gray_image, self._mask)
```

如果我们已经正在跟踪上一帧中的物体，掩模将覆盖之前发现物体的区域。否则，掩模会覆盖整个帧，因为我们不知道物体可能在哪里。稍后，我们将介绍如何创建掩模。

（3）使用 FLANN 匹配器寻找参考图像关键点和帧关键点之间的匹配项，并根据比率检验过滤匹配项：

```
# Find the 2 best matches for each descriptor.
matches = self._descriptor_matcher.knnMatch(descriptors, 2)

# Filter the matches based on the distance ratio test.
good_matches = [
    match[0] for match in matches
    if len(match) > 1 and \
    match[0].distance < 0.6 * match[1].distance
]
```

关于 FLANN 匹配和比率检验的详细信息，请参阅第 6 章。

（4）在这个阶段，我们有了一个通过比率检验的良好匹配列表。选择与这些良好匹配相对应的帧关键点的子集，在帧上绘制红色圆圈，可视化这些关键点：

```
# Select the good keypoints and draw them in red.
good_keypoints = [keypoints[match.queryIdx]
                  for match in good_matches]
cv2.drawKeypoints(self._gray_image, good_keypoints,
                  self._bgr_image, (0, 0, 255))
```

（5）找到了良好匹配后，显然就知道了有多少这样的匹配项。如果数量很少，那么，总的来说，可以认为这组匹配是可疑的，不适合跟踪。针对良好匹配的最小数量定义两个不同的阈值：如果只是刚开始跟踪（即没有跟踪上一帧的物体），则设置较高的阈值，如果继续跟踪（已经跟踪上一帧中的物体之后），则设置较低的阈值：

```
min_good_matches_to_start_tracking = 8
min_good_matches_to_continue_tracking = 6
num_good_matches = len(good_matches)
```

（6）如果连最低阈值都达不到，那么就表示在这一帧中无法跟踪物体，重新设置掩模让它覆盖整个帧：

```
if num_good_matches < min_good_matches_to_continue_tracking:
    self._was_tracking = False
    self._mask.fill(255)
```

（7）如果有足够的匹配，满足合适的阈值，则继续努力跟踪物体。在这一步，首先选择帧中好的匹配的 2D 坐标以及 `reference` 对象模型中这些匹配的 3D 坐标：

```
elif num_good_matches >= \
        min_good_matches_to_start_tracking or \
            self._was_tracking:
```

```
    # Select the 2D coordinates of the good matches.
    # They must be in an array of shape (N, 1, 2).
    good_points_2D = numpy.array(
    [[keypoint.pt] for keypoint in good_keypoints],
    numpy.float32)

# Select the 3D coordinates of the good matches.
# They must be in an array of shape (N, 1, 3).
good_points_3D = numpy.array(
    [[self._reference_points_3D[match.trainIdx]]
     for match in good_matches],
    numpy.float32)
```

（8）准备使用9.2.2节中介绍的各种参数调用cv2.solvePnPRansac。值得注意的是，我们只使用良好匹配的3D参考关键点和2D场景关键点：

```
# Solve for the pose and find the inlier indices.
(success, self._rotation_vector,
 self._translation_vector, inlier_indices) = \
    cv2.solvePnPRansac(good_points_3D, good_points_2D,
                       self._camera_matrix,
                       self._distortion_coefficients,
                       self._rotation_vector,
                       self._translation_vector,
                       useExtrinsicGuess=False,
                       iterationsCount=100,
                       reprojectionError=8.0,
                       confidence=0.99,
                       flags=cv2.SOLVEPNP_ITERATIVE)
```

（9）求解器可能会也可能不会收敛于PnP问题的解。如果不收敛，那么在这个方法中我们不做进一步的处理。如果它确实收敛，接下来要做的就是检查是否已经跟踪了上一帧中的物体。如果还没有跟踪，或者说如果我们开始重新跟踪这一帧中的物体，那么就调用辅助方法_init_kalman_state_matrices重新初始化卡尔曼滤波器：

```
if success:

    if not self._was_tracking:
        self._init_kalman_state_matrices()
```

（10）现在，不管怎样，我们正在跟踪这一帧中的物体，因此可以调用另一个辅助方法_apply_kalman来应用卡尔曼滤波器：

```
self._was_tracking = True

self._apply_kalman()
```

（11）在这个阶段，我们有一个卡尔曼滤波器的6DOF姿态，还有一个来自cv2.solvePnPRansac的内部关键点列表。为了帮助用户可视化结果，我们用绿色画出内部的关键点：

```
# Select the inlier keypoints.
```

```
inlier_keypoints = [good_keypoints[i]
                    for i in inlier_indices.flat]

# Draw the inlier keypoints in green.
cv2.drawKeypoints(self._bgr_image, inlier_keypoints,
                  self._bgr_image, (0, 255, 0))
```

请记住，在这个方法初期，我们把所有关键点都绘制成红色。现在我们已经把内部关键点绘制成绿色，只有异常关键点仍然是红色的。

（12）最后，调用另外两个辅助方法：self._draw_object 轴（绘制跟踪的物体 3D 轴）和 self._make_and_draw_object_mask（生成并绘制包含该物体的区域的掩模）：

```
# Draw the axes of the tracked object.
self._draw_object_axes()

# Make and draw a mask around the tracked object.
self._make_and_draw_object_mask()
```

至此，_track_object 方法就实现了。我们已经大致了解了跟踪算法的实现，但是仍然需要实现与卡尔曼滤波器、掩模和增强现实绘制相关的辅助方法。

4. 初始化和应用卡尔曼滤波器

我们在前面讨论了卡尔曼滤波器初始化的一些内容。但是，在那部分中，我们注意到卡尔曼滤波器的一些矩阵需要多次初始化或重新初始化，因为应用程序根据各种帧以及各种跟踪或者不跟踪的状态运行。具体地说，下列矩阵将会改变：

- 转移矩阵：该矩阵表示了所有输出变量之间的时间关系。例如，该矩阵可以模拟加速度对速度以及速度对位置的影响。我们将在每一帧重新初始化转移矩阵，因为帧率（以及帧间的时间步长）是可变的。实际上，这是调整先前的加速度和速度预测以匹配新的时间步长的一种方法。
- 校正前和校正后的状态矩阵：这些矩阵包含输出变量的预测。校正前矩阵中的预测只考虑了前一状态和转移矩阵。校正后矩阵中的预测还考虑了新的输入和卡尔曼滤波器的其他矩阵。每次从非跟踪状态到跟踪状态（或者说，当未能跟踪上一帧中的物体，但是在当前帧中成功地跟踪了这个物体时），都将重新初始化状态矩阵。实际上，这是清除过时预测，并从新的度量重新开始的一种方法。

我们先来看转移矩阵。它的初始化方法有一个参数 fps，即以帧 / 秒为单位的帧率。我们可以通过 3 个步骤实现该方法：

（1）首先，验证 fps 参数。如果不是正的，立刻返回未更新的转移矩阵：

```
def _init_kalman_transition_matrix(self, fps):

    if fps <= 0.0:
        return
```

（2）确定了 fps 是正的，我们继续计算速度和加速度的转换率。我们希望转换率与时间步长（即每帧时间）成比例。因为 fps（帧 / 秒）是时间步长（即秒 / 帧）的倒数，所以速度转换率与 fps 成反比。加速度转换率与速度转换率的平方成正比（因此，加速度转换率与 fps 的平方成反比）。选择 1.0 作为速度转换率的基本比率，0.5 作为加速度转换率的基本比率，我们可以对其进行计算，代码如下：

```
# Velocity transition rate
vel = 1.0 / fps

# Acceleration transition rate
acc = 0.5 * (vel ** 2.0)
```

（3）接下来，填充转移矩阵。因为有 18 个输出变量，所以转移矩阵有 18 行、18 列。首先，我们来看矩阵的内容，然后，将考虑如何对其进行解释：

```
self._kalman.transitionMatrix = numpy.array(
    [[1.0, 0.0, 0.0, vel, 0.0, 0.0, acc, 0.0, 0.0,
      0.0, 0.0, 0.0, 0.0, 0.0, 0.0, 0.0, 0.0, 0.0],
     [0.0, 1.0, 0.0, 0.0, vel, 0.0, 0.0, acc, 0.0,
      0.0, 0.0, 0.0, 0.0, 0.0, 0.0, 0.0, 0.0, 0.0],
     [0.0, 0.0, 1.0, 0.0, 0.0, vel, 0.0, 0.0, acc,
      0.0, 0.0, 0.0, 0.0, 0.0, 0.0, 0.0, 0.0, 0.0],
     [0.0, 0.0, 0.0, 1.0, 0.0, 0.0, vel, 0.0, 0.0,
      0.0, 0.0, 0.0, 0.0, 0.0, 0.0, 0.0, 0.0, 0.0],
     [0.0, 0.0, 0.0, 0.0, 1.0, 0.0, 0.0, vel, 0.0,
      0.0, 0.0, 0.0, 0.0, 0.0, 0.0, 0.0, 0.0, 0.0],
     [0.0, 0.0, 0.0, 0.0, 0.0, 1.0, 0.0, 0.0, vel,
      0.0, 0.0, 0.0, 0.0, 0.0, 0.0, 0.0, 0.0, 0.0],
     [0.0, 0.0, 0.0, 0.0, 0.0, 0.0, 1.0, 0.0, 0.0,
      0.0, 0.0, 0.0, 0.0, 0.0, 0.0, 0.0, 0.0, 0.0],
     [0.0, 0.0, 0.0, 0.0, 0.0, 0.0, 0.0, 1.0, 0.0,
      0.0, 0.0, 0.0, 0.0, 0.0, 0.0, 0.0, 0.0, 0.0],
     [0.0, 0.0, 0.0, 0.0, 0.0, 0.0, 0.0, 0.0, 1.0,
      0.0, 0.0, 0.0, 0.0, 0.0, 0.0, 0.0, 0.0, 0.0],
     [0.0, 0.0, 0.0, 0.0, 0.0, 0.0, 0.0, 0.0, 0.0,
      1.0, 0.0, 0.0, vel, 0.0, 0.0,acc, 0.0, 0.0],
     [0.0, 0.0, 0.0, 0.0, 0.0, 0.0, 0.0, 0.0, 0.0,
      0.0, 1.0, 0.0, 0.0, vel, 0.0, 0.0, acc, 0.0],
     [0.0, 0.0, 0.0, 0.0, 0.0, 0.0, 0.0, 0.0, 0.0,
      0.0, 0.0, 1.0, 0.0, 0.0, vel, 0.0, 0.0, acc],
     [0.0, 0.0, 0.0, 0.0, 0.0, 0.0, 0.0, 0.0, 0.0,
      0.0, 0.0, 0.0, 1.0, 0.0, 0.0, vel, 0.0, 0.0],
     [0.0, 0.0, 0.0, 0.0, 0.0, 0.0, 0.0, 0.0, 0.0,
      0.0, 0.0, 0.0, 0.0, 1.0, 0.0, 0.0, vel, 0.0],
     [0.0, 0.0, 0.0, 0.0, 0.0, 0.0, 0.0, 0.0, 0.0,
      0.0, 0.0, 0.0, 0.0, 0.0, 1.0, 0.0, 0.0, vel],
     [0.0, 0.0, 0.0, 0.0, 0.0, 0.0, 0.0, 0.0, 0.0,
      0.0, 0.0, 0.0, 0.0, 0.0, 0.0, 1.0, 0.0, 0.0],
     [0.0, 0.0, 0.0, 0.0, 0.0, 0.0, 0.0, 0.0, 0.0,
      0.0, 0.0, 0.0, 0.0, 0.0, 0.0, 0.0, 1.0, 0.0],
     [0.0, 0.0, 0.0, 0.0, 0.0, 0.0, 0.0, 0.0, 0.0,
      0.0, 0.0, 0.0, 0.0, 0.0, 0.0, 0.0, 0.0, 1.0]],
    numpy.float32)
```

每一行表示一个公式，用于根据前一帧的输出值计算新的输出值。以第一行为例，可以将其解释为：

$$t_x \leftarrow 1(t_x) + 0(t_y) + 0(t_z) + v(t'_x) + 0(t'_y) + 0(t'_z) + a(t''_x) + 0(t''_y) + 0(t''_z) = t_x + v(t'_x) + a(t''_x)$$

新的 t_x 值取决于旧的 t_x、t'_x 和 t''_x 值，以及速度转换率 v 和加速度转换率 a。正如我们在前面的函数中所看到的，由于时间步长可能不同，这些转换率也可能不同。

这就完成了初始化或更新转移矩阵的辅助方法的实现。请记住，每帧都会调用这个函数，因为帧率（以及时间步长）可能发生了变化。

我们还需要一个辅助函数来初始化状态矩阵。请记住，每次从非跟踪状态转换到跟踪状态时，我们都会调用这个方法。这个转换是清除之前所有预测的合适时机，我们正在重新开始，相信物体的 6DOF 姿态就是 PnP 求解器所说的那样。此外，假设物体静止，速度和加速度为零。下面是辅助方法的实现：

```
def _init_kalman_state_matrices(self):

    t_x, t_y, t_z = self._translation_vector.flat
    r_x, r_y, r_z = self._rotation_vector.flat

    self._kalman.statePre = numpy.array(
        [[t_x], [t_y], [t_z],
         [0.0], [0.0], [0.0],
         [0.0], [0.0], [0.0],
         [r_x], [r_y], [r_z],
         [0.0], [0.0], [0.0],
         [0.0], [0.0], [0.0]], numpy.float32)
    self._kalman.statePost = numpy.array(
        [[t_x], [t_y], [t_z],
         [0.0], [0.0], [0.0],
         [0.0], [0.0], [0.0],
         [r_x], [r_y], [r_z],
         [0.0], [0.0], [0.0],
         [0.0], [0.0], [0.0]], numpy.float32)
```

注意，状态矩阵有 1 行、18 列，因为有 18 个输出变量。

既然已经介绍了初始化和重新初始化卡尔曼滤波器矩阵的过程，我们接着来看如何应用该滤波器。正如在第 8 章中看到的，我们可以让卡尔曼滤波器估计物体的新姿态（校正前的输出状态变量），然后让卡尔曼滤波器根据最新的不稳定跟踪结果（输入变量）调整其估计（从而产生校正后状态），最后从调整后的估计中提取变量作为稳定跟踪结果。与之前的工作相比，这次唯一的不同是我们有更多的输入和输出变量。下面的代码展示了如何实现在 6DOF 跟踪器环境中应用卡尔曼滤波器的方法：

```
def _apply_kalman(self):

    self._kalman.predict()

    t_x, t_y, t_z = self._translation_vector.flat
    r_x, r_y, r_z = self._rotation_vector.flat
```

```
        estimate = self._kalman.correct(numpy.array(
            [[t_x], [t_y], [t_z],
             [r_x], [r_y], [r_z]], numpy.float32))

        self._translation_vector = estimate[0:3]
        self._rotation_vector = estimate[9:12]
```

注意，estimate[0:3] 对应于 t_x、t_y 和 t_z，而 estimate[9:12] 对应于 r_x、r_y 和 r_z。estimate 数组的其余部分对应于一阶导数（速度）和二阶导数（加速度）。

至此，我们几乎已经充分探讨了 3D 跟踪算法的实现问题，包括使用卡尔曼滤波器来稳定 6DOF 姿态以及速度和加速度。现在，我们把注意力转向 ImageTrackingDemo 类的最后两个实现细节：基于跟踪结果的增强现实绘制方法和掩模的创建。

5. 绘制跟踪结果并对跟踪的物体进行掩模处理

我们将实现辅助方法 _draw_object_axes，来可视化绘制跟踪物体的 *X*、*Y* 和 *Z* 轴。我们还将实现另一个辅助方法 _make_and_draw_object_mask，把物体顶点从 3D 投影到 2D，根据物体轮廓创建掩模，并把掩模区域染成黄色作为可视化效果。

我们从 _draw_object_axes 的实现开始，分 3 个阶段来考虑：

（1）首先，沿着坐标轴取一组 3D 点，并将这些点投影到 2D 图像空间。请记住，我们在 __init__ 方法中定义了 3D 轴点。它们只是作为要画的轴箭头的端点。使用 cv2.projectPoints 函数、6DOF 跟踪结果以及摄像头矩阵，我们可以找到 2D 投影点，如下所示：

```
    def _draw_object_axes(self):

        points_2D, jacobian = cv2.projectPoints(
            self._reference_axis_points_3D, self._rotation_vector,
            self._translation_vector, self._camera_matrix,
            self._distortion_coefficients)
```

除了返回 2D 投影点，cv2.projectPoints 还返回雅可比矩阵（Jacobian matrix），表示用于计算 2D 点的函数（有关输入参数）的偏导数。这一信息对于摄像头校准可能很有用，但是本示例中没有使用它。

（2）投影点采用浮点格式，但是我们需要将整数传递给 OpenCV 的绘图函数。因此，执行以下整数格式的转换：

```
    origin = (int(points_2D[0, 0, 0]), int(points_2D[0, 0, 1]))
    right = (int(points_2D[1, 0, 0]), int(points_2D[1, 0, 1]))
    up = (int(points_2D[2, 0, 0]), int(points_2D[2, 0, 1]))
    forward = (int(points_2D[3, 0, 0]), int(points_2D[3, 0, 1]))
```

（3）计算完端点后，我们可以绘制 3 个带箭头的线，表示 *X*、*Y* 和 *Z* 轴：

```
# Draw the X axis in red.
cv2.arrowedLine(self._bgr_image, origin, right, (0, 0, 255))

# Draw the Y axis in green.
cv2.arrowedLine(self._bgr_image, origin, up, (0, 255, 0))

# Draw the Z axis in blue.
cv2.arrowedLine(
    self._bgr_image, origin, forward, (255, 0, 0))
```

这就完成了 _draw_object_axes 的实现。现在，我们把注意力转向 _make_and_draw_object_mask，同样也可以按 3 个步骤来考虑：

（1）与之前的函数类似，此函数也先把点从 3D 投影到 2D。只不过这一次，我们投影的是 __init__ 方法中定义的参考对象的顶点。以下是投影代码：

```
def _make_and_draw_object_mask(self):

    # Project the object's vertices into the scene.
    vertices_2D, jacobian = cv2.projectPoints(
        self._reference_vertices_3D, self._rotation_vector,
        self._translation_vector, self._camera_matrix,
        self._distortion_coefficients)
```

（2）同样，将投影点从浮点格式转换为整数格式（因为 OpenCV 的绘图函数需要整数）：

```
vertices_2D = vertices_2D.astype(numpy.int32)
```

（3）投影的顶点形成一个凸多边形。我们可以把掩模绘制为黑色（作为背景），然后将凸多边形绘制为白色：

```
# Make a mask based on the projected vertices.
self._mask.fill(0)
for vertex_indices in \
        self._reference_vertex_indices_by_face:
    cv2.fillConvexPoly(
        self._mask, vertices_2D[vertex_indices], 255)
```

请记住，_track_object 方法在处理下一帧时将使用这个掩模。具体来说，_track_object 将只在掩模区域中寻找关键点。因此，它将尝试在最近发现该物体的区域寻找它。

> TIP 有可能，我们可以通过应用形态学膨胀操作扩展掩模区域来改进这一技术。通过这种方式，我们不仅可以在最近发现该物体的区域搜索，还可以在该区域周围的区域进行搜索。

（4）现在，在 BGR 帧中用黄色突出显示掩模区域，以便可视化跟踪物体的形状。为了使区域的黄色更清楚，我们可以从蓝色通道中减去一个值。cv2.subtract 函数可实现我们的目标，因为它接受一个可选的掩模参数。下面是它的用法：

```
# Draw the mask in semi-transparent yellow.
```

```
cv2.subtract(
    self._bgr_image, 48, self._bgr_image, self._mask)
```

当我们告诉 cv2.subtract 从图像中减去一个诸如 48 之类的标量值时，它只从图像的第一个通道减去这个值，在本例（大多数情况）中，就是从 BGR 图像的蓝色通道减去标量值。这可能是一个 bug，但它可以方便地把东西染成黄色！

以上就是 ImageTrackingDemo 类中的最后一个方法。现在，通过实例化这个类并调用它的 run 方法，我们来实现 demo！

9.3.5 运行和测试应用程序

为了完成 ImageTrackingDemo.py 的实现，我们编写一个 main 函数，使用指定的采集设备、视角和目标帧率启动应用程序：

```
def main():

    capture = cv2.VideoCapture(0)
    capture.set(cv2.CAP_PROP_FRAME_WIDTH, 1280)
    capture.set(cv2.CAP_PROP_FRAME_HEIGHT, 720)
    diagonal_fov_degrees = 70.0
    target_fps = 25.0

    demo = ImageTrackingDemo(
        capture, diagonal_fov_degrees, target_fps)
    demo.run()

if __name__ == '__main__':
    main()
```

这里，我们使用的采集分辨率为 1280 × 720，对角线视角为 70°，目标帧率为 25 帧 / 秒。大家应该选择适合摄像头和镜头以及系统速度的参数。

我们假设运行这个应用程序，它从 reference_image.png 加载的图像如图 9-3 所示。

当然，这是 *OpenCV 4 for Secret Agents*⊖（Packt 出版社 2019 年出版，作者为约瑟夫·豪斯）的封面。它不仅是一个知识宝库，而且是一个很好的图像跟踪目标推荐大家购买印刷版图书！

在初始化期间，应用程序将图 9-4 中参考关键点的可视化效果图保存到名为 reference_image_keypoints.png 的新文件中。

我们在第 6 章已经见过这种可视化效果。大圆圈代表可以在小尺度（例如，当从远距离或低分辨率摄像头查看打印图像时）上匹配的关键点。小圆圈代表可以在大尺度（例如，

⊖ 本书第 2 版的中文版《OpenCV 项目开发实战（原书第 2 版）》（ISBN 978-7-111-65234-2）已于 2020 年由机械工业出版社出版。——编辑注

当从近距离或用高分辨率摄像头查看打印图像时）上匹配的关键点。最佳关键点是那些用许多同心圆标记的关键点，因为这表示可以在各种尺度上进行匹配。在每个圆内，径向线代表关键点的法线方向。

图 9-3　加载的图像

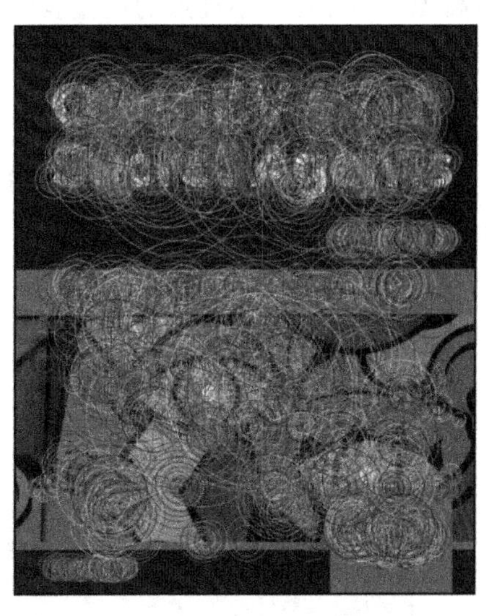

图 9-4　参考关键点的可视化效果

研究这种可视化，我们可以推断出这幅图像的最佳关键点集中在图像顶部的高对比度文本（白色与深灰色）。在很多区域都可以找到其他有用的关键点，包括图像底部的高对比度线条（黑色与饱和颜色）。

接下来，我们看到一个摄像头回传信号。在摄像头前放一个打印的参考图像，我们可以看到跟踪结果的增强现实可视化效果，如图 9-5 所示。

图 9-5　跟踪结果的增强现实可视化效果

当然，图 9-5 显示了书封面的较近的正面视图。轴的方向按预期绘制。*X* 轴指向书封面的右侧（观察者的左侧）。*Y* 轴指向上。*Z* 轴从书的封面指向前方（指向观察者）。作为增强现实效果，在跟踪的书封面上（包括被约瑟夫·豪斯食指和中指覆盖的部分）叠加一个半透明的黄色高光。小绿点和小红点的位置表明，在这一帧中，好的关键点匹配集中在书的标题区域，这些好的匹配大部分是 `cv2.solvePnPRansac` 的内点。

> 如果你正在阅读这本书的印刷版，会发现截图是用灰度再现的。为了在灰度打印版中更容易区分 *X*、*Y* 和 *Z* 轴，文本标签已手动添加到图 9-5 中，这些文本标签不是程序输出的一部分。

因为我们小心地在图像的几个区域中寻找好的关键点，即使跟踪的图像大部分处于阴影、遮挡或帧外，也能成功地跟踪。例如，在图 9-6 中，轴的方向和突出显示的区域是正确的，即使封面的大部分（包括几乎所有具有最佳关键点的书名）都在画面之外。

图 9-6　大部分封面不在画面中的跟踪结果

继续使用各种参考图像、摄像头和观看条件自行进行实验。尝试不同分辨率的参考图像和摄像头。记得测量摄像头的视角，并相应地调整视角参数。研究关键点的可视化和跟踪结果。在示例 demo 中，哪些类型的输入产生好的（或糟糕的）跟踪结果？

> TIP 如果你觉得使用打印图像进行跟踪不方便，那么可以将摄像头对准正在显示想要跟踪图像的屏幕（比如智能手机屏幕）。因为屏幕是背光的（也可能是光滑的），在任何给定场景中它可能无法忠实地表示出打印图像的样子，但是就跟踪器而言，它通常工作得很好。

一旦你已经尝试过满意的结果，我们就来考虑可以改进 3D 跟踪器的一些方法。

9.4 改进 3D 跟踪算法

我们的 3D 跟踪算法基本上结合了 3 种方法：

（1）基于 PnP 求解器寻找 6DOF 姿态，求解器的输入取决于基于 FLANN 的 ORB 描述符匹配。

（2）使用卡尔曼滤波器稳定 6DOF 跟踪结果。

（3）如果在前一帧中跟踪了物体，那么可以利用掩模将搜索区域限制到现在最有可能发现该物体的位置。

通常，3D 跟踪的商业解决方案会涉及其他方法。我们已经成功地使用了描述符匹配器和 PnP 求解器来处理每一帧，可是，更复杂的算法可能提供一些替代方案，作为后备或交叉检查机制。这是为了防止描述符匹配器和 PnP 求解器丢失某些帧中的物体，或者将它们用于每帧的计算成本太大。以下是广泛使用的替代方案：

- 基于光流更新之前的关键点匹配，并（根据光流）基于关键点新旧位置之间的单应性更新之前的 6DOF 位姿。
- 基于陀螺仪和磁力仪（罗盘）更新 6DOF 姿态的旋转分量。通常，即使在消费设备中，这些传感器也可以成功地测量旋转中的大小变化。
- 基于气压计和 GPS 更新 6DOF 姿态的位置分量。通常，在消费设备中，气压计可以测量海拔的变化，精度约为 10 厘米，而 GPS 可以测量经纬度的变化，精度约为 10 米。根据用例，这些可能是也可能不是可用的精度级别。如果我们试图在大而远的地貌上执行增强现实——例如，如果我们想在真实的山顶上画一条虚拟的龙——那么 10 米的精度可能足够了。对于精细工作，例如，如果我们想在一根真实的手指上画一个虚拟的戒指，那么 10 厘米的精度也都不可用。
- 基于加速度计更新卡尔曼滤波器的位置加速度分量。通常，在消费设备中，加速度计会受到漂移（误差倾向于在一个或另一个方向表现出迅猛增长）的影响，所以应该谨慎对待。

这些可供选择的技术超出了本书的讨论范围——事实上，其中一些并不是计算机视觉技术——所以请读者自行研究。

有时，改变预处理算法（而非跟踪算法本身），可以显著提升跟踪结果。9.3.2 节提到了 Macêdo、Melo 和 Kelner 有关灰度转换算法和 SIFT 描述符的论文。你可能希望阅读这篇论文并自行进行实验，以确定在使用 ORB 描述符或其他类型的描述符时，灰度转换算法的选择如何影响跟踪内点的数量。

9.5 本章小结

本章介绍了增强现实技术，以及一套解决 3D 空间中图像跟踪问题的鲁棒方法。

首先，我们学习了6DOF跟踪的概念。我们认识到，ORB描述符、基于FLANN的匹配以及卡尔曼滤波等熟悉工具在这类跟踪问题中很有用，但是为了解决PnP问题，我们还需要使用摄像头和镜头参数。

接下来，我们讨论了实际问题：如何最好地以灰度图像、一组2D关键点以及一组3D关键点的形式来表示参考对象（比如书籍封面或照片打印）。

接着，我们实现了一个类，封装了3D空间中的图像跟踪demo，使用3D高亮效果作为增强现实的一种基本形式。我们的实现解决了需要根据帧率波动更新卡尔曼滤波器转移矩阵等实时考虑因素。

最后，我们考虑使用额外的计算机视觉技术或其他基于传感器的技术来潜在地提升3D跟踪算法的性能。

现在，我们即将进入本书的最后一章，这一章将针对迄今为止所解决的许多问题提供不同的视角。我们可以（暂时）把摄像头和几何图形放在一边，转而以统计学家的身份进行思考，因为我们将通过研究人工神经网络（Artificial Neural Network，ANN）来加深对机器学习的了解。

CHAPTER 10

第10章

基于 OpenCV 的神经网络导论

本章介绍名为人工神经网络（Artificial Neural Network，ANN，有时简称神经网络）的一系列机器学习模型。这些模型的一个关键特征是它们试图以多层方式学习变量之间的关系，学习多个函数来预测中间结果，然后才将这些函数组合成一个函数来预测一些有意义的内容（比如物体所属的类别）。OpenCV 的最新版本包含越来越多与人工神经网络（尤其是名为深度神经网络（Deep Neural Network，DNN）的多层神经网络）相关的功能。本章中，我们将对浅层人工神经网络（shallower ANN）和深度神经网络（DNN）进行实验。

通过其他章节，我们已经对机器学习有了一定的了解——特别是在第 7 章，我们利用 SURF 描述符、BoW 和 SVM 开发了汽车 / 非汽车分类器。有了这个比较基础，你可能会想：人工神经网络有什么特别之处？为什么本书的最后一章专门用来讲解人工神经网络？

人工神经网络的目标是在以下情况中提供更好的准确率：

- 有多个输入变量，各输入变量之间可能存在复杂的非线性关系。
- 有多个输出变量，与输入变量可能存在复杂的非线性关系（通常，分类问题中的输出变量是类的置信度，因此如果有很多类，那么就会有多个输出变量）。
- 有多个可能与输入变量和输出变量存在复杂非线性关系的隐藏（未指明的）变量。深度神经网络旨在针对多个隐藏变量层进行建模，这些隐藏变量主要是彼此相互关联，而不是主要与输入变量或输出变量关联。

这些情况会出现在许多（也可能是大多数）实际问题中。因此，人工神经网络和深度神经网络的优势对人们来说很有吸引力。另外，众所周知人工神经网络（尤其是深度神经网络）是不透明的模型，因为它们的工作原理是预测可能与所有内容有关的、任意数量的匿名隐藏变量的存在。

本章将介绍以下主题：

- 将人工神经网络理解为一个统计模型以及监督机器学习的一种工具。
- 理解人工神经网络拓扑结构，或者将人工神经网络组织成相互连接的神经元层。特别是，我们将考虑使人工神经网络作为分类器的拓扑结构，即多层感知器（Multi-Layer Perceptron，MLP）。

- 在 OpenCV 中训练和使用人工神经网络作为分类器。
- 构建检测和识别手写数字（0 到 9）的应用程序。为此，我们将基于广泛使用的名为 MNIST 的数据集（包含手写数字样本）训练人工神经网络。
- 在 OpenCV 中，加载并使用预训练深度神经网络。我们将介绍基于深度神经网络的物体分类、人脸检测以及性别分类的示例。

本章的最后，你将熟练掌握在 OpenCV 中训练和使用人工神经网络，利用各种源的预训练深度神经网络，并开始探索允许训练自己的深度神经网络的其他库。

10.1　技术需求

本章使用了 Python、OpenCV 以及 NumPy。安装说明请参阅第 1 章。

本章的完整代码和示例视频可以在本书的 GitHub 库（https://github.com/PacktPublishing/Learning-OpenCV-4-Computer-Vision-with-Python-Third-Edition）的 `chapter10` 文件夹中找到。

10.2　理解人工神经网络

我们根据人工神经网络的基本作用和组成部分来定义人工神经网络。虽然很多关于人工神经网络的文献都强调人工神经网络是受生物学上大脑神经元连接方式启发的，但是我们不需要成为生物学家或神经科学家就能理解神经网络的基本概念。

首先，人工神经网络是一个**统计模型**。什么是统计模型呢？统计模型是一对元素，即空间 S（一组观测数据）和概率 P，其中 P 是近似于 S 的一个分布（或者说是一个函数，会产生一系列和 S 非常相似的观测结果）。

这里有两种理解 P 的方法：

- P 是对复杂场景的简化。
- 起初，P 是生成 S 的函数，或者至少是非常类似于 S 的一组观测结果。

因此，人工神经网络是将复杂的现实问题进行简化，并推导出函数的一种模型，使推导函数以数学形式（近似地）表示我们期望从那个现实问题中得到的统计观测结果。

人工神经网络和其他类型的机器学习模型一样，可以通过以下方式中的一种从观测结果进行学习：

- **监督学习**：在这种方法下，我们希望模型的训练过程产生一个函数，将一组已知的输入变量映射到一组已知的输出变量。我们事先知道预测问题的本质，并委托人工神经网络寻找解决此问题的函数。为了训练模型，必须提供输入样本以及正确的、相应的输出。对于分类问题，输出变量可以是一个或多个类的置信度。
- **无监督学习**：在这种方法下，输出变量的集合是未知的。模型的训练过程必须产生一组输出变量，以及将输入变量映射到这些输出变量的函数。对于分类问题，无监督学习可以发现以前未知的类，例如在医学数据的背景下发现以前未知的疾病。无监督学习可以使用包括（但不限于）聚类（见第 7 章）在内的技术。

- **强化学习**：这种方法颠覆了经典的预测问题。在训练模型之前，我们已经有了一个系统，当为一组已知的输入变量输入值时，它就会为一组已知的输出变量输出值。我们知道，一种先验方法可以根据输出的好坏（可取性）对输出序列进行评分。但是，我们可能不知道将输入映射到输出的真实函数，或者即使知道这个函数，但太复杂了，以致无法求解出最优的输入。因此，我们希望模型的训练过程产生一个函数，该函数根据最后的输出，预测序列中下一个最优的输入。在训练过程中，模型最终根据其动作（它选择的输入）所产生的得分进行学习。本质上，模型必须学会在特定的奖惩制度背景下成为好的决策者。

在本章的其余部分，我们将只讨论监督学习，因为这是计算机视觉环境下最常见的机器学习方法。

我们理解人工神经网络的下一步是了解人工神经网络如何改进简单的统计模型以及其他类型的机器学习的概念。

生成数据集的函数是否可能需要大量（未知的）输入?

人工神经网络采用的策略是将工作委派给一些神经元、节点或单元，每个神经元、节点或单元都能够近似产生输入的函数。在数学中，近似是定义更简单的函数的过程，使简单函数的输出与一个更复杂的函数的输出相似，至少在某些输入范围内是这样的。

近似函数输出与原始函数输出的差值称为误差。神经网络的一个定义特征是神经元必须能够近似非线性函数。

我们来仔细研究下神经元。

10.2.1 理解神经元和感知器

通常，为了解决分类问题，会将人工神经网络设计成**多层感知器**（Multi-Layer Perceptron，MLP），其中每个神经元作为一种称为**感知器**的二值分类器。感知器概念可以追溯到 20 世纪 50 年代。简单地说，感知器是一个函数，它接受多个输入并产生单个值。每个输入都有一个相关的权重，表示该输入在**激活函数**中的重要性。激活函数应具有非线性响应，例如常见的 sigmoid 函数（有时也称为 S 曲线）。阈值函数（称为**判别函数**）被应用到激活函数的输出，将其转换成 0 或 1 的二值分类。图 10-1 是这个序列的可视化图，左边是输入，中间是激活函数，右边是判别函数。

输入权重代表什么，如何确定这些权重?

神经元之间是相互连接的，因为一个神经元的输出可以成为许多其他神经元的输入。输入权重定义了两个神经元之间的连接强度。这些权重是自适应的，这意味着权重会根据学习算法随时间而变化。

由于神经元的互联性，网络有多层。现在，我们来看这些层通常是如何组织的。

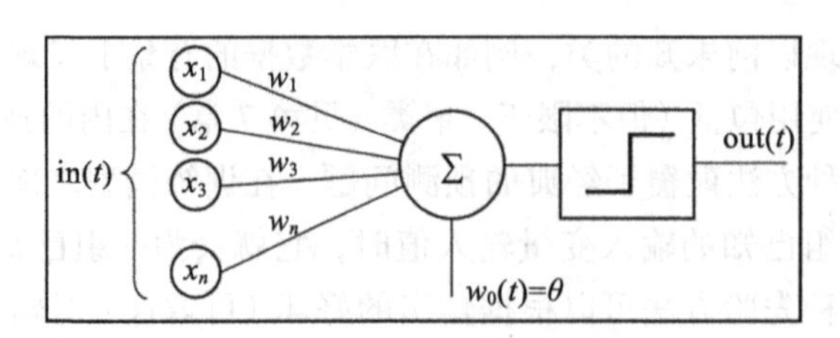

图 10-1　神经元和感知器结构

10.2.2　理解神经网络的层

图 10-2 是神经网络的可视化表示。

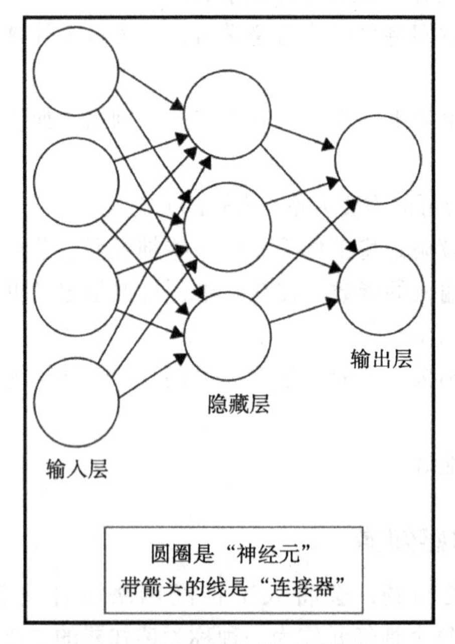

图 10-2　神经网络的可视化表示

如图 10-2 所示，神经网络中至少有 3 个不同的层：输入层、隐藏层和输出层。虽然可以有多个隐藏层，但是，往往一个隐藏层就足以解决许多现实生活中的问题。有时将拥有多个隐藏层的神经网络称为深度神经网络（Deep Neural Network，DNN）。

如果将人工神经网络作为分类器，那么每个输出节点的输出值就是一个类的置信度。对于给定样本（即给定的一组输入值），我们想知道哪个输出节点产生的输出值最高。得分最高的输出节点对应于预测的类。

如何确定网络的拓扑结构，每一层需要创建多少个神经元？我们逐层来确定。

1. 选择输入层大小

根据定义，输入层的节点数量就是网络的输入数量。例如，假设你想创建一个人工神经网络帮助你根据动物物理属性的度量来确定该动物的种类。原则上，可以选择任何可度量的属性。如果选择根据重量、长度和牙齿数量对动物进行分类，那么输入集包含 3 个属性，因此网络需要包含 3 个输入节点。

这 3 个输入节点是否足以作为物种分类的基础？在现实生活问题中，当然不是，但是在玩具问题中，这取决于要实现的输出，这是我们接下来要考虑的。

2. 选择输出层大小

对于分类器来说，输出层节点的数量定义为网络能够区分的类的数量。继续以前面的动物分类网络为例，如果我们知道要分类的动物有：狗、秃鹰、海豚和龙，那么可以使用有 4 个节点的输出层。如果试图对不属于这些类别的动物数据进行分类，网络可能将这个未知动物预测为最有可能与之相似的类别。

现在，我们来解决难题——隐藏层的大小。

3. 选择隐藏层大小

对于隐藏层大小的选择，并没有统一的经验法则，必须在实验的基础上进行选择。对于想要应用人工神经网络的每个实际问题，都需要对人工神经网络进行训练、测试、再训练，直到找到可以获得可接受准确率的隐藏节点。

当然，即使在通过实验选择参数值时，也都希望有专家可以推荐一个起始值或者值的范围。可是，在这些问题上专家们也没有达成共识。一些专家根据下列宽泛的建议（对这些建议应持保留态度）提供了一些经验法则：

- 如果输入层很大，隐藏神经元的数量应该介于输入层和输出层之间，而且通常更接近输出层的大小。
- 如果输入层和输出层都很小，那么隐藏层应该是最大的层。
- 如果输入层小而输出层大，那么隐藏层应该更接近输入层的大小。

其他专家建议，训练样本数量也需要考虑进来，更多的训练样本意味着更多可能有用的隐藏节点。

要记住的一个关键因素是过拟合。与训练数据实际提供的信息相比，隐含层中包含的伪信息过多时，就会发生过拟合，导致分类不是很有意义。隐藏层越大，为了正确学习，需要的训练数据会更多。当然，随着训练数据集规模的增大，训练时间也会增加。

在本章的一些人工神经网络示例项目中，我们将使用大小为 60 的隐藏层作为起点。给定一个大的训练集，对于各种分类问题，60 个隐藏节点可以产生相当好的准确率。

既然我们已经对人工神经网络有了一个大概的了解，那么就来看看 OpenCV 如何实现人工神经网络，以及如何更好地使用人工神经网络。我们将从一个最小的代码示例开始。然后，我们将充实前面讨论过的动物主题分类器。最后，我们将逐步开发一个更实际的应用程序，这个应用将根据图像数据对手写数字进行分类。

10.3　用 OpenCV 训练基本人工神经网络

OpenCV 提供了 cv2.ml_ANN_MLP 类，以多层感知器（Multi-Layer Perceptron，MLP）的形式实现人工神经网络（见 10.2.1 节）。

要创建 cv2.ml_ANN_MLP 的实例，并格式化用于该人工神经网络训练和使用的数据，需要依赖 OpenCV 机器学习模块 cv2.ml 中的功能。你可能还记得，这与我们在第 7 章中用于支持向量机（SVM）相关功能的模块相同。此外，cv2.ml_ANN_MLP 和 cv2.ml_SVM 共享名为 cv2.ml_StatModel 的公共基类。因此，你会发现 OpenCV 为人工神经网络和支持向量机提供了类似的应用程序接口（API）。

我们来看一个虚拟的例子，作为对人工神经网络的入门介绍。这个示例将使用完全没有意义的数据，但是它将展示用于训练和使用 OpenCV 中人工神经网络的基本应用程序接口：

（1）首先，像往常一样导入 OpenCV 和 NumPy：

```
import cv2
import numpy as np
```

（2）创建一个未训练的人工神经网络：

```
ann = cv2.ml.ANN_MLP_create()
```

（3）人工神经网络创建完成之后，配置它的层数和节点数：

```
ann.setLayerSizes(np.array([9, 15, 9], np.uint8))
```

层的大小由传递给 setLayerSizes 方法的 NumPy 数组定义。第 1 个元素是输入层的大小，最后一个元素是输出层的大小，所有的中间元素定义隐藏层的大小。例如，[9,15,9] 指定 9 个输入节点、9 个输出节点以及包含 15 个节点的一个隐藏层。如果将其改成 [9, 15,13,9]，将指定两个隐藏层，分别有 15 个节点和 13 个节点。

（4）还可以配置激活函数、训练方法以及训练终止标准：

```
ann.setActivationFunction(cv2.ml.ANN_MLP_SIGMOID_SYM, 0.6, 1.0)
ann.setTrainMethod(cv2.ml.ANN_MLP_BACKPROP, 0.1, 0.1)
ann.setTermCriteria(
    (cv2.TERM_CRITERIA_MAX_ITER | cv2.TERM_CRITERIA_EPS, 100, 1.0))
```

这里，我们使用对称 sigmoid 激活函数（cv2.ml.ANN_MLP_SIGMOID_SYM）和反向传播训练方法（cv2.ml.ANN_MLP_BACKPROP）。反向传播是一种在输出层计算预测误差的算法，通过之前的层回溯错误的来源，并更新权重以减少误差。

（5）训练人工神经网络。我们需要指定训练的输入（在 OpenCV 的术语中是 samples）、对应的正确输出（或者 responses）以及数据的格式（或 layout）是每个样本 1 行还是每个样本 1 列。下面是如何用单个样本训练模型的一个例子：

```
training_samples = np.array(
    [[1.2, 1.3, 1.9, 2.2, 2.3, 2.9, 3.0, 3.2, 3.3]], np.float32)
```

```
layout = cv2.ml.ROW_SAMPLE
training_responses = np.array(
    [[0.0, 0.0, 0.0, 0.0, 0.0, 1.0, 0.0, 0.0, 0.0]], np.float32)
data = cv2.ml.TrainData_create(
    training_samples, layout, training_responses)
ann.train(data)
```

实际上，我们希望用包含远远不止一个样本的更大数据集来训练任意人工神经网络。为此，可以扩展 training_samples 和 training_responses，使它们包含多个行，以代表多个样本及其对应的响应。也可以每次都用新的数据，但需多次调用人工神经网络的 train 方法。对于后者，train 方法需要一些额外的参数，10.2.4 节将对此进行说明。

注意，在本例中，我们训练人工神经网络作为分类器。每个响应都是一个类的置信度，在本例中，有 9 个类。我们将通过以 0 为起点的索引对其进行引用，即类 0 到类 8。训练样本在这种情况下的响应为 [0.0,0.0,0.0,0.0,0.0,1.0,0.0,0.0,0.0]，这意味着它是类 5 的一个实例（置信度为 1.0），绝对不是任何其他类的实例（因为对应其他类的置信度都是 0.0）。

（6）为了完成对人工神经网络应用程序接口的简单介绍，我们取另一个样本，对其进行分类，并打印结果：

```
test_samples = np.array(
    [[1.4, 1.5, 1.2, 2.0, 2.5, 2.8, 3.0, 3.1, 3.8]], np.float32)
prediction = ann.predict(test_samples)
print(prediction)
```

这将打印以下结果：

```
(5.0, array([[-0.08763029, -0.01616517, 0.13196233, 0.0402631 , 0.05711843,
        1.1642447 , 0.18130444, 0.1857026 , -0.07486832]],
      dtype=float32))
```

这意味着提供的输入属于类 5。同样，这只是虚拟的例子，分类是没有意义的，但是，它证明网络的行为是正确的。在前面的代码中，我们只提供了一个训练记录（类 5 的一个样本），所以网络将新的输入分类为类 5。（就我们有限的训练数据集而言，除了类 5 之外的其他类可能永远不会出现。）

如你所想，预测的输出是一个元组，第一个值是类别，第二个值是包含每个类的概率的一个数组。预测的类将具有最高的概率值。

我们继续看一个更可信的例子——动物分类。

10.4 训练多阶段人工神经网络分类器

我们创建一个人工神经网络，尝试根据 3 种度量（重量、长度和牙齿的数量）对动物进行分类。当然，这是一个模拟场景。实际上，没有人会只用这 3 类数据来描述一种动物。

这里的目的是在开始将人工神经网络应用于图像数据之前，提高对人工神经网络的理解。

与 10.3 节的入门示例相比，动物分类模型将因以下因素而更加复杂：

- 我们将增加隐藏层的神经元数量。
- 我们将使用更大的训练数据集。为了方便起见，我们将伪随机地生成这个数据集。
- 我们将多阶段训练人工神经网络，这意味着将用相同的数据集对其进行多次训练和再训练。

TIP 隐藏层神经元的数量是一个需要测试的重要参数，以优化神经网络的准确率。你会发现更大的隐藏层可以将准确率提高到一定程度，然后就会过拟合，除非再用一个更庞大的训练数据集进行补偿。同样，在一定程度上，阶段越多，准确率越高，但是阶段过多会导致过拟合。

我们来一步一步地分析这个实现：

（1）首先，像往常一样导入 OpenCV 和 NumPy。然后，从 Python 标准库导入 randint 函数生成伪随机整数，导入 uniform 函数生成伪随机浮点数：

```
import cv2
import numpy as np
from random import randint, uniform
```

（2）接下来，创建并配置人工神经网络。这次，我们使用 3 个神经元的输入层、50 个神经元的隐藏层以及 4 个神经元的输出层，如下面的代码中粗体部分所示：

```
animals_net = cv2.ml.ANN_MLP_create()
animals_net.setLayerSizes(np.array([3, 50, 4]))
animals_net.setActivationFunction(cv2.ml.ANN_MLP_SIGMOID_SYM, 0.6,
1.0)
animals_net.setTrainMethod(cv2.ml.ANN_MLP_BACKPROP, 0.1, 0.1)
animals_net.setTermCriteria(
    (cv2.TERM_CRITERIA_MAX_ITER | cv2.TERM_CRITERIA_EPS, 100, 1.0))
```

（3）现在，我们需要一些数据。我们对代表动物的准确度不感兴趣，只是需要一堆记录数据作为训练数据。因此，定义 4 个函数来生成不同类的随机样本，以及另外 4 个函数为训练目标生成正确的分类结果：

```
"""Input arrays
weight, length, teeth
"""

"""Output arrays
dog, condor, dolphin, dragon
"""

def dog_sample():
    return [uniform(10.0, 20.0), uniform(1.0, 1.5),
        randint(38, 42)]
```

```
def dog_class():
    return [1, 0, 0, 0]

def condor_sample():
    return [uniform(3.0, 10.0), randint(3.0, 5.0), 0]

def condor_class():
    return [0, 1, 0, 0]

def dolphin_sample():
    return [uniform(30.0, 190.0), uniform(5.0, 15.0),
        randint(80, 100)]

def dolphin_class():
    return [0, 0, 1, 0]

def dragon_sample():
    return [uniform(1200.0, 1800.0), uniform(30.0, 40.0),
        randint(160, 180)]

def dragon_class():
    return [0, 0, 0, 1]
```

（4）我们还定义了下列辅助函数，以便将样本和分类结果转换为一对 NumPy 数组：

```
def record(sample, classification):
    return (np.array([sample], np.float32),
            np.array([classification], np.float32))
```

（5）继续创建虚假动物数据。为每个类创建 20 000 个样本：

```
RECORDS = 20000
records = []
for x in range(0, RECORDS):
    records.append(record(dog_sample(), dog_class()))
    records.append(record(condor_sample(), condor_class()))
    records.append(record(dolphin_sample(), dolphin_class()))
    records.append(record(dragon_sample(), dragon_class()))
```

（6）现在来训练人工神经网络。正如本节开始时讨论的那样，我们将使用多个训练阶段。每个阶段都是循环的一次迭代，如下面的代码所示：

```
EPOCHS = 10
for e in range(0, EPOCHS):
    print("epoch: %d" % e)
    for t, c in records:
        data = cv2.ml.TrainData_create(t, cv2.ml.ROW_SAMPLE, c)
        if animals_net.isTrained():
            animals_net.train(data, cv2.ml.ANN_MLP_UPDATE_WEIGHTS |
cv2.ml.ANN_MLP_NO_INPUT_SCALE | cv2.ml.ANN_MLP_NO_OUTPUT_SCALE)
        else:
            animals_net.train(data, cv2.ml.ANN_MLP_NO_INPUT_SCALE |
cv2.ml.ANN_MLP_NO_OUTPUT_SCALE)
```

TIP 对于现实世界中存在的大量且多样的训练数据集问题，人工神经网络可以从数百个训练阶段中获益。为了得到最好的结果，你可能希望继续训练和测试神经网络，直到达到收敛，这意味着以后的阶段在结果的准确率方面不再产生明显的提升。

注意，必须把cv2.ml.ANN_MLP_UPDATE_WEIGHTS标志传递给人工神经网络的train函数，以更新以前训练过的模型，而不是从头训练一个新的模型。这是需要记住的一个关键点，无论在任何情况下，当逐步训练模型时，都要像我们在这里所完成的过程一样。

（7）训练好人工神经网络后，我们就应该对其进行测试。对于每个类，生成100个新的随机样本，使用人工神经网络对其进行分类，并记录正确分类的数量：

```
TESTS = 100

dog_results = 0
for x in range(0, TESTS):
    clas = int(animals_net.predict(
        np.array([dog_sample()], np.float32))[0])
    print("class: %d" % clas)
    if clas == 0:
        dog_results += 1

condor_results = 0
for x in range(0, TESTS):
    clas = int(animals_net.predict(
        np.array([condor_sample()], np.float32))[0])
    print("class: %d" % clas)
    if clas == 1:
        condor_results += 1

dolphin_results = 0
for x in range(0, TESTS):
    clas = int(animals_net.predict(
        np.array([dolphin_sample()], np.float32))[0])
    print("class: %d" % clas)
    if clas == 2:
        dolphin_results += 1

dragon_results = 0
for x in range(0, TESTS):
    clas = int(animals_net.predict(
        np.array([dragon_sample()], np.float32))[0])
    print("class: %d" % clas)
    if clas == 3:
        dragon_results += 1
```

（8）最后，打印准确率统计数据：

```
print("dog accuracy: %.2f%%" % (100.0 * dog_results / TESTS))
print("condor accuracy: %.2f%%" % (100.0 * condor_results / TESTS))
print("dolphin accuracy: %.2f%%" % \
    (100.0 * dolphin_results / TESTS))
print("dragon accuracy: %.2f%%" % (100.0 * dragon_results / TESTS))
```

运行脚本时，前面的代码块应该产生以下输出：

```
dog accuracy: 100.00%
condor accuracy: 100.00%
dolphin accuracy: 100.00%
dragon accuracy: 100.00%
```

因为处理的是随机数据，所以每次运行脚本的结果都可能不同。通常，因为我们建立的是简单分类问题，输入的数据范围不重叠，所以准确率应该很高，甚至是完美的。（狗的随机权重值的范围与龙的随机权重值的范围不重叠，等等。）

推荐大家花一些时间对以下修改进行实验（一次一个），这样就能看到这些修改对人工神经网络准确率的影响：

- 通过修改 `RECORDS` 变量的值来更改训练样本的数量。
- 通过修改 `EPOCHS` 变量的值来更改训练阶段的数量。
- 通过编辑 `dog_sample`、`condor_sample`、`dolphin_sample` 和 `dragon_sample` 函数中 `uniform` 函数和 `randint` 函数调用的参数，使输入数据的范围部分重叠。

准备好之后，我们将使用包含真实图像数据的示例。有了这个示例，我们将训练人工神经网络来识别手写数字。

10.5 基于人工神经网络识别手写数字

手写数字是用钢笔或铅笔手写的 10 个阿拉伯数字（0 ～ 9）中的任意一个，而不是用机器打印的。手写数字的外观可能会有很大的差异。不同的人有不同的笔迹，可能除了熟练的书法家，人们书写的数字不可能每次都相同。对于机器学习来说，这种变化意味着手写数字的视觉识别是一个重要的问题。事实上，机器学习领域的学生和研究人员经常通过训练准确识别手写数字的识别器来测试他们的技能和新算法。我们将以以下方式应对这一挑战：

（1）从 MNIST 数据库的 Python 友好版本加载数据。这是一个广泛使用的数据库，包含手写数字图像。

（2）利用 MNIST 数据，对人工神经网络进行多阶段训练。

（3）加载有许多手写数字的纸的图像。

（4）基于轮廓分析，检测纸上的单个数字。

（5）使用人工神经网络对检测到的数字进行分类。

（6）审查结果，确定检测器以及基于人工神经网络的分类器的准确率。

在深入研究实现之前，我们先回顾一下有关 MNIST 数据库的一些信息。

10.5.1 理解手写数字的 MNIST 数据库

可在 http://yann.lecun.com/exdb/mnist 上公开获取 MNIST（Modified National Institute of Standards and Technology）数据库。该数据库包括 60 000 幅手写数字图像的训练集。其

中一半是美国人口普查局（United States Census Bureau）的雇员写的，另一半是美国的高中生写的。

该数据库还包括10 000幅图像的一个测试集，这些图像来自相同的作者。所有的训练和测试图像都是灰度格式，尺寸为28×28像素。在黑色背景下，手写数字都是白色（或灰色阴影）的。图10-3是3个MNIST训练样本。

图10-3　MNIST训练样本示例

> TIP 当然，除了使用MNIST，你也可以自己构建一个类似的数据库。这需要收集大量手写数字的图像，将图像转换为灰度，对其进行裁剪，这样每幅图像都在某个标准位置上包含单个数字，并缩放图像使这些图像都具有相同的大小。你还需要对图像进行标记，使程序能够读取正确的分类，用于训练和测试分类器。

许多作者提供了如何基于各种机器学习库和算法（不仅仅是OpenCV和人工神经网络）使用MNIST数据库的例子。Michael Nielsen，免费在线图书*Neural Networks and Deep Learning*的作者，在http://neuralnetworksanddeeplearning.com/chap1.html专门用一章来描述MNIST和人工神经网络。他展示了如何只使用NumPy从头开始实现人工神经网络，如果你想更加深入地了解OpenCV所涉及的高级功能之外的内容，这是一本非常好的读物。可以在https://github.com/mnielsen/neural-networks-and-deep-learning的GitHub上免费获得他的代码。

Nielsen以`PKL.GZ`（gzip压缩的Pickle）文件提供了MNIST的一个版本，该文件可以很容易地加载到Python中。为了编写本书的OpenCV示例，作者使用了Nielsen的`PKL.GZ`版本的MNIST，根据本书示例目的重新对其进行组织，并将其放入本书GitHub库中的`chapter10/digits_data/mnist.pkl.gz`。

既然我们了解了MNIST数据库，那么就来考虑一下哪些人工神经网络参数适合这个训练集。

10.5.2　为MNIST数据库选择训练参数

每个MNIST样本都是一个包含784像素（即28×28像素）的图像。因此，我们的人工神经网络输入层将有784个节点。输出层将有10个节点，因为有10类数字（0到9）。

我们可以自由选择其他参数的值，如隐含层中的节点数、要使用的训练样本数、训练阶段数等。通常，实验可以帮助我们找到提供可接受训练时间和准确率的参数值，而不会于训练数据上将模型过拟合。基于本书作者所做的一些实验，我们将使用60个隐藏节点、50 000个训练样本、10个阶段。这些参数足以进行初步测试，将训练时间控制在几分钟之内（取决于计算机的处理能力）。

10.5.3　实现模块来训练人工神经网络

在未来的项目中，你可能也希望基于MNIST来训练人工神经网络。为了使代码更具可重用性，我们编写一个 Python 模块，专门用于这个训练过程。然后，我们将把这个训练模块导入主模块，在主模块中实现数字检测和分类的演示（见 10.5.5 节）。

我们在名为 digits_ann.py 的文件中实现训练模块：

（1）首先，从 Python 标准库中导入 gzip 和 pickle 模块。像往常一样，也需要导入 OpenCV 和 NumPy：

```
import gzip
import pickle

import cv2
import numpy as np
```

我们将使用 gzip 和 pickle 模块从 mist.pkl.gz 文件中加载并解压 MNIST 数据。我们在 10.5.1 节已简要地介绍了这个文件。该文件以嵌套元组的方式包含 MNIST 数据，格式如下：

```
((training_images, training_ids),
 (test_images, test_ids))
```

这些元组的元素依次采用以下格式：

- training_images 是一个 NumPy 数组，由 60 000 幅图像组成，其中每幅图像都是由 784 个像素值组成的向量（从 28 × 28 像素的原始形状展平而来）。像素值是 0.0（黑色）到 1.0（白色）范围内（含边界值）的浮点数。
- training_ids 是一个 NumPy 数组，包含 60 000 个数字 ID，其中每个 ID 是范围为 0 到 9（包括边界值）的一个数字。training_ids[i] 对应于 training_images[i]。
- test_images 是由 10 000 幅图像组成的 NumPy 数组，其中每幅图像都是由 784 个像素值组成的向量（从原始形状 28 × 28 像素展平而来）。像素值是 0.0（黑色）到 1.0（白色）范围内（含边界值）的浮点数。
- test_ids 是一个 NumPy 数组，包含 10 000 个数字 ID，其中每个 ID 都是范围为 0 到 9（包括边界值）的一个数字。test_ids[i] 对应于 test_images[i]。

（2）编写以下辅助函数，加载并解压 mnist.pkl.gz 的内容：

```
def load_data():
    mnist = gzip.open('./digits_data/mnist.pkl.gz', 'rb')
    training_data, test_data = pickle.load(mnist)
    mnist.close()
    return (training_data, test_data)
```

注意，在前面的代码中，training_data 是一个元组，相当于 (training_images, training_ids)，而且 test_data 也是一个元组，相当于 (test_images, test_ids)。

（3）我们必须重新格式化原始数据，以匹配 OpenCV 所期望的格式。具体来说，当提供样本输出来训练人工神经网络时，它必须是一个有 10 个元素（对于 10 类数字）的向量，而不是单个数字 ID。为了方便起见，我们还将应用 Python 内置的 zip 函数来重新组织数据，这样就可以以元组的形式遍历输入和输出向量的匹配对。我们编写以下辅助函数，重新格式化数据：

```
def wrap_data():
    tr_d, te_d = load_data()
    training_inputs = tr_d[0]
    training_results = [vectorized_result(y) for y in tr_d[1]]
    training_data = zip(training_inputs, training_results)
    test_data = zip(te_d[0], te_d[1])
    return (training_data, test_data)
```

（4）请注意，前面的代码调用 load_data 和另一个辅助函数 vectorized_result。函数 vectorized_result 将 ID 转换为一个分类向量，如下所示：

```
def vectorized_result(j):
    e = np.zeros((10,), np.float32)
    e[j] = 1.0
    return e
```

例如，把 ID 1 转换为 NumPy 数组，包含值 [0.0, 1.0, 0.0, 0.0, 0.0, 0.0, 0.0, 0.0, 0.0 0.0]。如你所想，10 个元素的数组对应于人工神经网络的输出层，在训练人工神经网络时，可以将其作为正确输出的一个样本。

前面的函数（load_data、wrap_data 和 vectorized_result）是从 Nielsen 代码改编而来的，用于加载 mnist.pkl.gz。有关 Nielsen 研究的更多内容，请参阅 10.5.1 节。

（5）到目前为止，我们已经编写了加载和重新格式化 MNIST 数据的函数。现在，我们来编写一个函数，用于创建未训练的人工神经网络：

```
def create_ann(hidden_nodes=60):
    ann = cv2.ml.ANN_MLP_create()
    ann.setLayerSizes(np.array([784, hidden_nodes, 10]))
    ann.setActivationFunction(cv2.ml.ANN_MLP_SIGMOID_SYM, 0.6, 1.0)
    ann.setTrainMethod(cv2.ml.ANN_MLP_BACKPROP, 0.1, 0.1)
    ann.setTermCriteria(
        (cv2.TERM_CRITERIA_MAX_ITER | cv2.TERM_CRITERIA_EPS,
         100, 1.0))
    return ann
```

注意，我们根据 MNIST 数据的性质，硬编码了输入和输出层的大小。但是，我们允许这个函数的调用者指定隐藏层中的节点数量。

参数的深入讨论，请参阅 10.5.2 节。

（6）现在，我们需要一个训练函数，允许调用者指定 MNIST 训练样本数量和阶段数。很多训练功能应该与之前的人工神经网络样本相似，因此，我们先看一下完整的实现，然后再讨论一些细节：

```
def train(ann, samples=50000, epochs=10):

    tr, test = wrap_data()

    # Convert iterator to list so that we can iterate multiple
    # times in multiple epochs.
    tr = list(tr)

    for epoch in range(epochs):
        print("Completed %d/%d epochs" % (epoch, epochs))
        counter = 0
        for img in tr:
            if (counter > samples):
                break
            if (counter % 1000 == 0):
                print("Epoch %d: Trained on %d/%d samples" % \
                      (epoch, counter, samples))
            counter += 1
            sample, response = img
            data = cv2.ml.TrainData_create(
                np.array([sample], dtype=np.float32),
                cv2.ml.ROW_SAMPLE,
                np.array([response], dtype=np.float32))
            if ann.isTrained():
                ann.train(data, cv2.ml.ANN_MLP_UPDATE_WEIGHTS |
cv2.ml.ANN_MLP_NO_INPUT_SCALE | cv2.ml.ANN_MLP_NO_OUTPUT_SCALE)
            else:
                ann.train(data, cv2.ml.ANN_MLP_NO_INPUT_SCALE |
cv2.ml.ANN_MLP_NO_OUTPUT_SCALE)
    print("Completed all epochs!")

    return ann, test
```

请注意，我们加载数据，再通过遍历指定的训练阶段数，以及每个阶段中指定的样本数量，增量地训练人工神经网络。对于我们处理的每 1000 个训练样本，打印一条关于训练进展的消息。最后，返回训练好的人工神经网络和 MNIST 测试数据。本来我们可以直接返回人工神经网络，但是如果想要查看人工神经网络的准确率，返回测试数据是很有用的。

（7）当然，训练人工神经网络的目标是进行预测，因此我们会提供以下 `predict` 函数，以便封装人工神经网络自己的 `predict` 方法：

```
def predict(ann, sample):
    if sample.shape != (784,):
        if sample.shape != (28, 28):
            sample = cv2.resize(sample, (28, 28),
                                interpolation=cv2.INTER_LINEAR)
        sample = sample.reshape(784,)
    return ann.predict(np.array([sample], dtype=np.float32))
```

该函数采用经过训练的人工神经网络和样本图像，它通过确保样本图像是 28 × 28 并通过调整大小（如果不是 28 × 28 的话）来执行最小数量的数据清理。然后，它将图像数据展平成向量，再交给人工神经网络进行分类。

以上就是支持演示应用程序所需的所有人工神经网络相关的功能。但是，我们还要再实现一个test函数，对一组给定的测试数据（如MNIST测试数据）进行分类，测量经过训练的人工神经网络的准确率。以下是相关的代码：

```
def test(ann, test_data):
    num_tests = 0
    num_correct = 0
    for img in test_data:
        num_tests += 1
        sample, correct_digit_class = img
        digit_class = predict(ann, sample)[0]
        if digit_class == correct_digit_class:
            num_correct += 1
    print('Accuracy: %.2f%%' % (100.0 * num_correct / num_tests))
```

现在，我们利用所有之前的代码和MNIST数据集，编写一个简单的测试，然后继续实现演示应用程序的主模块。

10.5.4　实现简单测试模块

我们编写另一个脚本test_digits_ann.py，以测试digits_ann模块中的函数。测试脚本非常简单，以下是相关代码：

```
from digits_ann import create_ann, train, test


ann, test_data = train(create_ann())
test(ann, test_data)
```

请注意，我们没有指定隐藏节点的数量，因此create_ann将使用默认的60个隐藏节点。类似地，train将使用默认的50 000个样本和10个阶段。

运行这个脚本时，它应该打印类似如下的训练和测试信息：

```
Completed 0/10 epochs
Epoch 0: Trained on 0/50000 samples
Epoch 0: Trained on 1000/50000 samples
... [more reports on progress of training] ...
Completed all epochs!
Accuracy: 95.39%
```

可以看到，在分类MNIST数据集中的10 000个测试样本时，人工神经网络的准确率达到了95.39%。这是一个令人鼓舞的结果，我们来看看人工神经网络的泛化性能如何。它能对完全不同来源且与MNIST无关的数据进行准确的分类吗？我们的主应用程序（从一页手写数字纸的图像中检测数字）将为分类器迎接这类挑战。

10.5.5　实现主模块

演示主脚本使用本章中关于人工神经网络和MNIST的所有知识，并将其与前几章中介绍过的一些物体检测技术相结合。因此，在许多方面，这是我们的终极项目。

我们在名为 detect_and_classify_digits.py 的新文件中实现主脚本：

（1）首先，导入 OpenCV、NumPy 以及 digits_ann 模块：

```
import cv2
import numpy as np

import digits_ann
```

（2）编写两个辅助函数，分析并调整数字和其他轮廓的矩形框。正如我们在前面章节中看到的，一个常见的问题是重叠检测。下面的函数名为 inside，将帮助我们确定边框是否完全包含在另一个边框中：

```
def inside(r1, r2):
    x1, y1, w1, h1 = r1
    x2, y2, w2, h2 = r2
    return (x1 > x2) and (y1 > y2) and (x1+w1 < x2+w2) and \
           (y1+h1 < y2+h2)
```

在 inside 函数的帮助下，我们可以很容易地选择每个数字最外层的边框。这一点很重要，因为我们不希望检测器漏掉数字的任何末端，在检测中，这样的错误可能会使分类器不能工作。例如，如果只检测到数字 8 的下半部分，分类器可以理所当然地将该区域视为 0。

为了进一步确保矩形框满足分类器的需要，我们将使用名为 wrap_digit 的辅助函数，将紧密拟合的矩形框转换为包围数字的填充正方形。请记住，MNIST 数据包含 28 × 28 像素的数字图像，所以在尝试使用 MNIST 训练的人工神经网络进行分类之前，必须将任何感兴趣的区域重新缩放到这个大小。通过使用填充的边框而不是紧密拟合的矩形边框，我们可以确保瘦数字（如 1）和胖数字（如 0）的拉伸不会不同。

（3）我们分多步来看 wrap_digit 的实现。首先，修改矩形的较短边（不管是宽还是高），使其等于较长的边，修改矩形的 x 或 y 位置，使中心保持不变：

```
def wrap_digit(rect, img_w, img_h):

    x, y, w, h = rect
x_center = x + w//2
y_center = y + h//2
if (h > w):
    w = h
    x = x_center - (w//2)
else:
    h = w
    y = y_center - (h//2)
```

（4）接下来，在四周添加 5 个像素：

```
padding = 5
x -= padding
```

```
y -= padding
w += 2 * padding
h += 2 * padding
```

此时，修改的矩形可能会延伸到图像的外部。

（5）为了避免越界的问题，我们裁剪矩形使矩形完全位于图像内。在这些边缘情况下，我们可能会得到非正方形矩形，但是这是可以接受的。我们更喜欢使用感兴趣的非正方形区域，而不是仅因为检测到的数字在图像的边缘处就必须完全丢弃它。下面是边界检查和裁剪矩形的代码：

```
if x < 0:
    x = 0
elif x > img_w:
    x = img_w

if y < 0:
    y = 0
elif y > img_h:
    y = img_h

if x+w > img_w:
    w = img_w - x

if y+h > img_h:
    h = img_h - y
```

（6）最后，返回修改后的矩形坐标：

```
return x, y, w, h
```

这就是 wrap_digit 辅助函数的实现。

（7）现在，我们进入主程序部分。首先，创建人工神经网络，并在 MNIST 数据上对其进行训练：

```
ann, test_data = digits_ann.train(
    digits_ann.create_ann(60), 50000, 10)
```

请注意，我们使用的是 digits_ann 模块中的 create_ann 和 train 函数。正如前面介绍的（见 10.5.2 节），我们使用 60 个隐藏节点、50 000 个训练样本以及 10 个阶段。尽管这些是函数的默认参数值，但是我们还是在这里指定这些参数值，以便在以后用其他值进行实验时，更容易看到和修改这些参数值。

（8）现在，加载一幅测试图像（一页白纸上包含许多手写数字的图像）：

```
img_path = "./digit_images/digits_0.jpg"
img = cv2.imread(img_path, cv2.IMREAD_COLOR)
```

我们使用的是 Joe Minichino 的笔迹（当然，如果你愿意的话，也可以用另一幅图像替代），如图 10-4 所示。

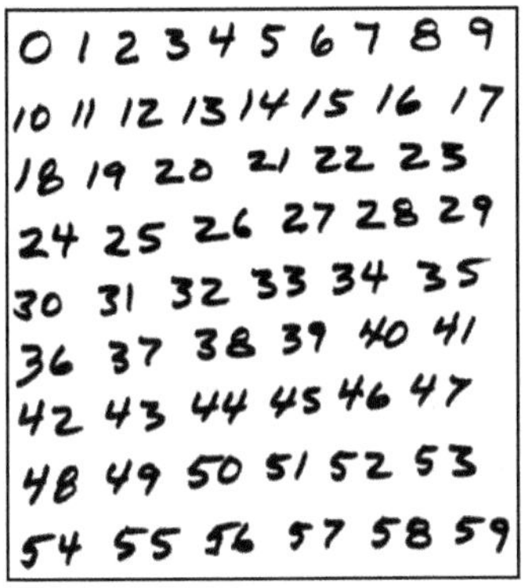

图 10-4　手写数字图像

（9）把图像转换成灰度图像并对其进行模糊，以便去除噪声，并使墨水的颜色均匀一些：

```
gray = cv2.cvtColor(img, cv2.COLOR_BGR2GRAY)
cv2.GaussianBlur(gray, (7, 7), 0, gray)
```

（10）既然有了平滑的灰度图像，我们可以应用阈值以及形态学运算，确保数字从背景中脱颖而出，而且轮廓相对不规则，这可能会干扰预测。以下是相关的代码：

```
ret, thresh = cv2.threshold(gray, 127, 255, cv2.THRESH_BINARY_INV)
erode_kernel = np.ones((2, 2), np.uint8)
thresh = cv2.erode(thresh, erode_kernel, thresh, iterations=2)
```

请注意，阈值标志为 cv2.THRESH_BINARY_INV，用于逆二值阈值。因为 MNIST 数据库中的样本是黑底白字（而不是白底黑字），我们将图像转换为黑色背景和白色数字。我们使用阈值化图像进行检测和分类。

（11）形态学运算之后，分别检测图片中的每个数字。为了实现这一任务，首先需要找到轮廓：

```
contours, hier = cv2.findContours(thresh, cv2.RETR_TREE,
                                  cv2.CHAIN_APPROX_SIMPLE)
```

（12）然后，遍历轮廓并找到它们的矩形框。丢弃所有太大或太小而不能视为数字的矩形，同时丢弃所有完全包含在其他矩形中的矩形。把其余的矩形添加到好的矩形列表中，（我们认为）这些矩形包含单个的数字。我们来看下面的代码片段：

```
rectangles = []

img_h, img_w = img.shape[:2]
img_area = img_w * img_h
for c in contours:

    a = cv2.contourArea(c)
    if a >= 0.98 * img_area or a <= 0.0001 * img_area:
        continue
```

```
        r = cv2.boundingRect(c)
        is_inside = False
        for q in rectangles:
            if inside(r, q):
                is_inside = True
                break
        if not is_inside:
            rectangles.append(r)
```

（13）既然有了好的矩形列表，那么就可以遍历它们，使用 wrap_digit 函数对该列表进行清理，并对其内的图像数据进行分类：

```
    for r in rectangles:
        x, y, w, h = wrap_digit(r, img_w, img_h)
        roi = thresh[y:y+h, x:x+w]
        digit_class = int(digits_ann.predict(ann, roi)[0])
```

（14）此外，在对每个数字进行分类后，绘制经过清理处理的矩形框及分类结果：

```
    cv2.rectangle(img, (x,y), (x+w, y+h), (0, 255, 0), 2)
    cv2.putText(img, "%d" % digit_class, (x, y-5),
                cv2.FONT_HERSHEY_SIMPLEX, 1, (255, 0, 0), 2)
```

（15）在处理完所有感兴趣的区域后，保存阈值化图像以及完全注释的图像，并显示这些图像，直到用户按下任意键结束程序：

```
    cv2.imwrite("detected_and_classified_digits_thresh.png", thresh)
    cv2.imwrite("detected_and_classified_digits.png", img)
    cv2.imshow("thresh", thresh)
    cv2.imshow("detected and classified digits", img)
    cv2.waitKey()
```

以上就是全部脚本。当运行它时，我们应该看到阈值化图像以及检测和分类结果的可视化效果。（这两个窗口最初可能会重叠，所以可能需要移动窗口才能看到另一个窗口。）图 10-5 是阈值化图像。

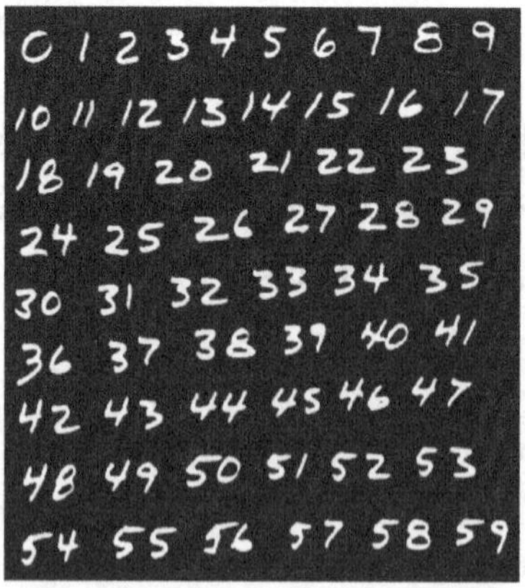

图 10-5　手写数字的阈值化图像

图 10-6 是结果的可视化效果。

图 10-6　手写数字分类识别结果的可视化效果

这幅图像包含 110 个样本数字：10 个 0 到 9 的单个数字，100 个从 10 到 59 的两位数字。在这 110 个样本中，正确检测到 108 个样本的边界，这意味着检测器的准确率是 98.18%。在这 108 个正确检测到的样本中，有 80 个样本的分类结果是正确的，这意味着人工神经网络分类器的准确率为 74.07%。这比随机分类器要好得多，随机分类器只在 10% 的情况下能正确地对数字进行分类。

因此，通常人工神经网络显然能够学习对手写体数字进行分类，而不仅仅是对 MNIST 训练和测试数据集中的数字进行分类。我们来考虑一些方法来提升它的学习。

10.5.6　试着提升人工神经网络训练性能

我们可以应用一些潜在的改进措施来训练人工神经网络。我们已经介绍了一些潜在改进措施，我们在这里回顾一下：

- 可以用不同数据集大小、隐藏节点的数量以及阶段数进行实验，直到找到准确率的峰值水平。
- 可以修改 `digits_ann.create_ann` 函数，使其支持多个隐藏层。
- 还可以尝试不同的激活函数。我们使用了 `cv2.ml.ANN_MLP_SIGMOID_SYM`，但是这并不是唯一的选择，其他的包括 `cv2.ml.ANN_MLP_IDENTITY`、`cv2.ml.ANN_MLP_GAUSSIAN`、`cv2.ml.ANN_MLP_RELU` 以及 `cv2.ml.ANN_MLP_LEAKYRELU`。
- 同样，也可以尝试不同的训练方法。我们使用了 `cv2.ml.ANN_MLP_BACKPROP`。其他的包括 `cv2.ml.ANN_MLP_RPROP` 和 `cv2.ml.ANN_MLP_ANNEAL`。

有关 OpenCV 中人工神经网络相关参数的更多信息，请参阅 https://docs.opencv.org/master/d0/dce/classcv_1_1ml_1_1ANN_MLP.html 上的官方文档。

除了实验参数之外，还要仔细考虑应用程序的需求。例如，在哪里以及谁将使用分类器？不是每个人都以相同的方式书写数字。实际上，不同国家的人书写数字的方式往往会略有不同。

MNIST 数据库是在美国编制的，在美国，手写的数字 7 和打字机打印出来的字符 7 一样。但是，在欧洲，手写的数字 7 通常在数字对角线的中间部分有一个小水平线。引入这个笔画是为了帮助区分手写数字 7 和手写数字 1。

想要更详细地了解不同地区的笔迹变化，请查看 https://en.wikipedia.org/wiki/Regional_handwriting_variation 维基百科上关于这个主体的文章，那里有很好的介绍。

这种变化意味着，在 MNIST 数据库上训练的人工神经网络应用于欧洲手写数字分类时可能不那么准确。为了避免这种结果，你可以选择创建自己的训练数据集。在几乎所有情况下，最好使用属于当前应用程序领域的训练数据。

最后，请记住，只要你对分类器的准确率感到满意，你就可以保存并重新加载这个分类器，这样就可以在应用程序中使用分类器，而不必每次都训练人工神经网络。

这个接口类似于 7.7.3 节中的接口。具体来说，可以使用如下代码将经过训练的人工神经网络保存到 XML 文件中：

```
ann = cv2.ml.ANN_MLP_create()
data = cv2.ml.TrainData_create(
    training_samples, layout, training_responses)
ann.train(data)
ann.save('my_ann.xml')
```

随后，使用如下代码重新加载经过训练的人工神经网络：

```
ann = cv2.ml.ANN_MLP_create()
ann.load('my_ann.xml')
```

既然我们已经学习了如何针对手写数字分类创建可重用的人工神经网络，那么我们来考虑这样一个分类器的用例。

10.5.7　寻找其他潜在应用程序

前面的演示只是笔迹识别应用程序的基础。你可以很容易地将该方法扩展到视频并实时检测手写数字，或者可以训练人工神经网络识别完整的光学字符识别（Optical Character Recognition，OCR）系统的全部字母表。

汽车登记号牌的检测和识别将是我们迄今学到的经验的另一个有用的扩展。车牌上的字符（至少在给定的国家内）拥有一致的外观，这应该是 OCR 部分问题的一个简化因素。

你还可以尝试将人工神经网络应用于我们之前使用支持向量机的问题，反之亦然。通过这种方式，可以看到它们在不同数据类型下的准确率。回想一下，在第 7 章，我们使用 SIFT 描述符作为支持向量机的输入。同样，人工神经网络能够处理高级描述符，而不仅仅是处理普通的像素数据。

正如我们所看到的，`cv2.ml_ANN_MLP` 类非常通用，但是实际上，它只涵盖了人工神经网络设计方法的一小部分。接下来，我们将学习 OpenCV 对更复杂的深度神经网络（Deep Neural Network，DNN）的支持，DNN 可以用各种其他框架训练。

10.6 在 OpenCV 中使用其他框架的深度神经网络

OpenCV 可以加载和使用以下任意一个框架中经过训练的深度神经网络：

- Caffe（http://caffe.berkeleyvision.org/）。
- TensorFlow（https://www.tensorflow.org/）。
- Torch（http://torch.ch/）。
- Darknet（https://pjreddie.com/darknet/）。
- ONNX（https://onnx.ai/）。
- DLDT（https://github.com/opencv/dldt/）。

深度学习部署工具包（Deep Learning Deployment Toolkit，DLDT）是英特尔 OpenVINO 计算机视觉工具包的一部分（https://software.intel.com/openvino-toolkit/）。深度学习部署工具包提供了用于优化来自其他框架的深度神经网络并将其转换为通用格式的工具。可以在名为开放模型组（Open Model Zoo）的库中（https://github.com/opencv/open_model_zoo/）免费获得深度学习部署工具包兼容模型的一个集合。深度学习部署工具包、开放模型组以及 OpenCV 开发团队都有一些相同的人员，这 3 个项目都是由英特尔赞助的。

这些框架使用各种文件格式来存储经过训练的深度神经网络。这些框架中有几个使用了两种文件格式的组合：描述模型参数的文本文件以及存储模型本身的二进制文件。下面的代码片段显示了与从每个框架加载模型相关的文件类型和 OpenCV 函数：

```
caffe_model = cv2.dnn.readNetFromCaffe(
    'my_model_description.protext', 'my_model.caffemodel')

tensor_flow_model = cv2.dnn.readNetFromTensorflow(
    'my_model.pb', 'my_model_description.pbtxt')

# Some Torch models use the .t7 extension and others use
# the .net extension.
torch_model_0 = cv2.dnn.readNetFromTorch('my_model.t7')
torch_model_1 = cv2.dnn.readNetFromTorch('my_model.net')
```

```
darknet_model = cv2.dnn.readNetFromDarket(
    'my_model_description.cfg', 'my_model.weights')
onnx_model = cv2.dnn.readNetFromONNX('my_model.onnx')

dldt_model = cv2.dnn.readNetFromModelOptimizer(
    'my_model_description.xml', 'my_model.bin')
```

在加载模型之后，我们需要对数据进行预处理，然后将这些数据与模型一起使用。必要的预处理是特定于深度神经网络的设计和训练方式的，所以在使用第三方深度神经网络时，必须了解该深度神经网络是如何设计和训练的。OpenCV 提供了一个函数 `cv2.dnn.blobFromImage`，可以执行一些常见的预处理步骤，具体取决于传递给它的参数。在将数据传递给这个函数之前，也可以手动执行其他预处理步骤。

神经网络的输入向量有时被称为张量或者二进制大对象（blob）——函数的名字 `cv2.dnn.blobFromImage` 由此而来。

我们继续看一个实际的例子，在这个例子中我们将看到一个运行中的第三方深度神经网络。

10.7 基于第三方深度神经网络的物体检测和分类

对于这个演示，我们将从网络摄像头实时捕捉帧，并使用深度神经网络检测和分类任何给定帧中可能存在的20类物体。是的，在程序员可能会使用的一台典型笔记本电脑上，深度神经网络可以实时完成所有这些工作！

在深入研究代码之前，我们先介绍一下将要使用的深度神经网络。这是名为 MobileNet-SSD 模型的 Caffe 版本，它使用谷歌名为 MobileNet 的混合框架以及另一个名为单帧检测器（Single Shot Detector，SSD）多箱框架。单帧检测器多箱框架在 https://github.com/weiliu89/caffe/tree/ssd/ 上有一个 GitHub 库。MobileNet-SSD 的 Caffe 版本的训练技术是由 https://github.com/chuanqi305/ MobileNet-SSD/ 上 GitHub 库的一个项目提供的。下列 MobileNet-SSD 文件副本可以在本书库的 `chapter10/objects_data` 文件夹中找到：

- `MobileNetSSD_deploy.caffemodel`：模型。
- `MobileNetSSD_deploy.prototxt`：描述模型参数的文本文件。

随着我们对示例代码的深入了解，这个模型的功能和正确用法将很快变得清晰起来：

（1）像往常一样，首先导入 OpenCV 和 NumPy：

```
import cv2
import numpy as np
```

（2）以上一节中介绍的方式用 OpenCV 加载 Caffe 模型：

```
model = cv2.dnn.readNetFromCaffe(
```

```
    'objects_data/MobileNetSSD_deploy.prototxt',
    'objects_data/MobileNetSSD_deploy.caffemodel')
```

（3）我们需要定义一些特定于这个模型的预处理参数。它期望输入的图像是300个像素高。此外，它希望图像中的像素值在 -1.0 到 1.0 之间。这意味着，相对于通常从 0 到 255 的范围，需要减去 127.5，再除以 127.5。我们定义的参数如下：

```
blob_height = 300
color_scale = 1.0/127.5
average_color = (127.5, 127.5, 127.5)
```

（4）我们还定义了一个置信度阈值，表示所需要的最小置信度，以接受检测作为真实的对象：

```
confidence_threshold = 0.5
```

（5）该模型支持检测分类20类物体，ID从1到20（而不是0到19）。这些类的标签定义如下：

```
labels = ['airplane', 'bicycle', 'bird', 'boat', 'bottle', 'bus',
    'car', 'cat', 'chair', 'cow', 'dining table', 'dog',
    'horse', 'motorbike', 'person', 'potted plant', 'sheep',
    'sofa', 'train', 'TV or monitor']
```

稍后，当使用类ID在列表中查找标签时，必须记住从ID中减去1，以便获得0到19（而不是1到20）范围内的索引。

有了模型和参数，就可以准备开始采集帧。

（6）对于每一帧，首先计算长宽比。请记住，深度神经网络期望输入是300像素高的图像，可是，可以改变宽度，以匹配原始的长宽比。下面的代码片段展示了如何采集一帧，并计算适当的输入大小：

```
cap = cv2.VideoCapture(0)

success, frame = cap.read()
while success:

    h, w = frame.shape[:2]
    aspect_ratio = w/h

    # Detect objects in the frame.

    blob_width = int(blob_height * aspect_ratio)
    blob_size = (blob_width, blob_height)
```

（7）此时，我们可以简单地使用 cv2.dnn.blobFromImage 函数及它的几个可选参数，执行必要的预处理（包括调整帧的大小并将其像素数据转换到 -1.0 到 1.0 的范围）：

```
blob = cv2.dnn.blobFromImage(
```

```
    frame, scalefactor=color_scale, size=blob_size,
    mean=average_color)
```

（8）将生成的二进制大对象（blob）送入深度神经网络，并获得模型的输出：

```
model.setInput(blob)
results = model.forward()
```

结果是一个数组，其格式特定于我们所使用的模型。

（9）对于该物体检测深度神经网络以及其他基于 SSD 框架的经过训练的深度神经网络，结果包括检测到的物体的一个子数组，每个物体都有自己的置信度、矩形坐标和类 ID。下面的代码展示了如何访问这些标签以及如何使用 ID 查找之前定义的列表中的标签：

```
# Iterate over the detected objects.
for object in results[0, 0]:
    confidence = object[2]
    if confidence > confidence_threshold:

        # Get the object's coordinates.
        x0, y0, x1, y1 = (object[3:7] * [w, h, w, h]).astype(int)

        # Get the classification result.
        id = int(object[1])
        label = labels[id - 1]
```

（10）当访问检测到的物体时，绘制检测矩形以及分类标签和置信度：

```
# Draw a blue rectangle around the object.
cv2.rectangle(frame, (x0, y0), (x1, y1),
              (255, 0, 0), 2)

# Draw the classification result and confidence.
text = '%s (%.1f%%)' % (label, confidence * 100.0)
cv2.putText(frame, text, (x0, y0 - 20),
    cv2.FONT_HERSHEY_SIMPLEX, 1, (255, 0, 0), 2)
```

（11）我们最后要做的就是对其进行显示。接下来，如果用户按下 Esc 键，就退出，否则，采集另一帧，继续循环的下一次迭代：

```
cv2.imshow('Objects', frame)

k = cv2.waitKey(1)
if k == 27: # Escape
    break

success, frame = cap.read()
```

如果插入一个网络摄像头并运行脚本，应该看到实时更新的检测和分类结果的可视化效果。图 10-7 是约瑟夫 · 豪斯和名为 Sanibel Delphinium Andromeda 的猫在加拿大渔村中的家里的客厅里的图像。

深度神经网络能够正确识别和分类一个人（置信度为 99.4%）、一只猫（85.4%）、一个装饰瓶（72.1%）、沙发的一部分（61.2%）以及一幅编织的船（52.0%）的图片。显然，这款深度神经网络设备齐全，可以很好地对客厅环境中的物品分类！

图 10-7　约瑟夫·豪斯和他的猫

这只是深度神经网络所能完成的第一步，而且是实时的！接下来，我们来看将 3 个深度神经网络组合在一个应用程序中可以实现什么。

10.8　基于第三方深度神经网络的人脸检测和分类

在这个演示中，我们将使用一个深度神经网络来检测人脸，使用另外两个深度神经网络对每个检测到的人脸进行年龄和性别分类。具体来说，我们将使用预训练的 Caffe 模型，该模型存储在本书 GitHub 库的 `chapter10/faces_data` 文件夹的下列文件中。

下面是这个文件夹中的文件清单以及这些文件的来源：

- `detection/res10_300x300_ssd_iter_140000.caffemodel`：这是用于人脸检测的深度神经网络。OpenCV 团队在 https://github.com/opencv/opencv_3rdparty/blob/dnn_samples_face_detector_20170830/res10_300x300_ssd_iter_140000.caffemodel 上提供了这个文件。Caffe 模型是用 SSD 框架训练的（https://github.com/weiliu89/caffe/tree/ssd/）。因此，它的拓扑结构类似于前面小节示例中所使用的 MobileNet-SSD 模型。
- `detection/deploy.prototxt`：这是描述前面用于人脸检测的深度神经网络参数的文本文件。OpenCV 团队在 https://github.com/opencv/opencv/blob/master/samples/dnn/face_detector/deploy.prototxt 上提供了这个文件。

`chapter10/faces_data/age_gender_classification` 文件夹包含以下文件，都是 Gil Levi 和 Tal Hassner 在 GitHub 库（https://github.com/GilLevi/AgeGenderDeepLearning/）及其年龄和性别分类的项目页（https://talhassner.github.io/home/publication/2015_CVPR）中

提供的：

- age_net.caffemodel：用于年龄分类的深度神经网络。
- age_net_deploy.protext：描述用于年龄分类的深度神经网络参数的文本文件。
- gender_net.caffemodel：用于性别分类的深度神经网络。
- gender_net_deploy.protext：描述用于性别分类的深度神经网络参数的文本文件。
- average_face.npy 和 average_face.png：代表分类器训练数据集中的普通人脸。李维（Levi）和哈斯纳（Hassner）的原始文件名为 mean.binaryproto，但是我们已经将其转换为 NumPy 可读格式以及标准图像格式，这对我们的目标来说更方便。

我们来看如何在代码中使用这些文件：

（1）为了开始示例程序，我们加载人脸检测深度神经网络，定义它的参数以及置信度阈值。我们完成这一任务的方式与上一节示例中实现物体检测深度神经网络的方式非常相似：

```
import cv2
import numpy as np
face_model = cv2.dnn.readNetFromCaffe(
    'faces_data/detection/deploy.prototxt',
'faces_data/detection/res10_300x300_ssd_iter_140000.caffemodel')
face_blob_height = 300
face_average_color = (104, 177, 123)
face_confidence_threshold = 0.995
```

我们不需要定义标签，因为它不执行任何分类，它只预测人脸矩形的坐标。

（2）现在，加载年龄分类器并定义它的类标签：

```
age_model = cv2.dnn.readNetFromCaffe(
    'faces_data/age_gender_classification/age_net_deploy.prototxt',
    'faces_data/age_gender_classification/age_net.caffemodel')
age_labels = ['0-2', '4-6', '8-12', '15-20',
              '25-32', '38-43', '48-53', '60+']
```

请注意，在这个模型中，年龄标签之间有间隔。例如，'0-2' 后面跟着 '4-6'。因此，如果某个人实际上是 3 岁，分类器对此没有合适的标签，最多，它可以选择一个相邻的范围，'0-2' 或 '4-6'。据推测，模型的作者故意选择了不连贯的范围，以确保类相对于输入是可分离的。我们来考虑另一种选择。根据脸部图像数据，有可能把一组 4 岁的人和差一天才到 4 岁的一组人分开吗？当然不能，因为他们看上去是一样的。因此，根据连续的年龄范围来制定分类问题是错误的。可以训练一个深度神经网络将年龄作为连续变量（例如浮点年数）来预测，但是这与分类器完全不同，分类器预测各种类的置信度。

（3）现在，加载性别分类器并定义它的标签：

```
gender_model = cv2.dnn.readNetFromCaffe(
'faces_data/age_gender_classification/gender_net_deploy.prototxt',
```

```
    'faces_data/age_gender_classification/gender_net.caffemodel')
gender_labels = ['male', 'female']
```

（4）年龄和性别分类器使用相同大小的二进制大对象（blob）以及相同的平均值。它们不使用单一颜色作为平均值，而是使用脸部图像的平均值，我们将从 NPY 文件加载该图像（作为浮点格式的 NumPy 数组）。随后，我们将从实际的脸部图像中减去这个平均的脸部图像，然后再进行分类。下面是二进制大对象（blob）大小和平均图像的定义：

```
age_gender_blob_size = (256, 256)
age_gender_average_image = np.load(
    'faces_data/age_gender_classification/average_face.npy')
```

如果想看平均脸是什么样子的，那么打开 chapter10/faces_data/age_gender_classification/average_face.png 文件，其中包含了标准图像格式的相同数据，如图 10-8 所示。

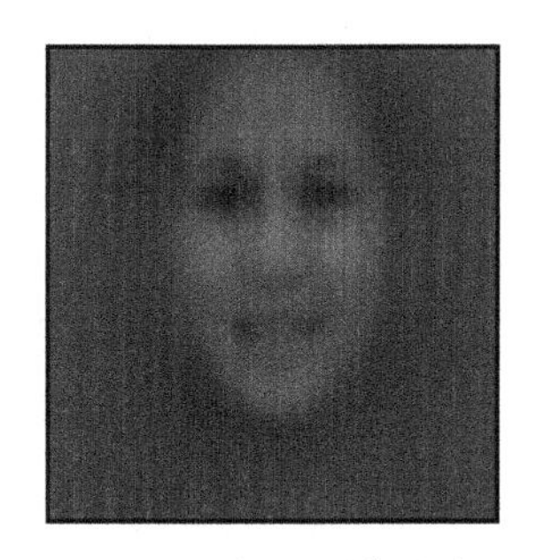
图 10-8　标准图像格式的平均脸

当然，这只是特定训练数据集的平均脸，它并不代表世界人口或任何特定国家或社区的真实平均脸。即便如此，我们可以看到由许多张面孔模糊合成的一张脸，它不包含关于年龄或性别的明显线索。请注意，图像是正方形的，它以鼻尖为中心，垂直地从前额顶部延伸到脖子底部。为了获得准确的分类结果，我们应该注意将此分类器应用于以相同方式裁剪的脸部图像。

（5）在建立了模型及其参数之后，我们继续采集并处理来自摄像头的帧。对于每一帧，首先创建与帧具有相同长宽比的二进制大对象（blob），然后将它用于人脸检测深度神经网络：

```
cap = cv2.VideoCapture(0)

success, frame = cap.read()
while success:
h, w = frame.shape[:2]
aspect_ratio = w/h

# Detect faces in the frame.

face_blob_width = int(face_blob_height * aspect_ratio)
face_blob_size = (face_blob_width, face_blob_height)

face_blob = cv2.dnn.blobFromImage(
    frame, size=face_blob_size, mean=face_average_color)

face_model.setInput(face_blob)
face_results = face_model.forward()
```

（6）就像上一节示例中使用的物体检测器一样，人脸检测器提供了置信度及其矩形坐标作为结果的一部分。对于每个检测到的人脸，我们需要查看置信度是否达到可以接受的值，如果是，我们将得到人脸矩形的坐标：

```
# Iterate over the detected faces.
for face in face_results[0, 0]:
    face_confidence = face[2]
    if face_confidence > face_confidence_threshold:

        # Get the face coordinates.
        x0, y0, x1, y1 = (face[3:7] * [w, h, w, h]).astype(int)
```

（7）这种人脸检测深度神经网络产生的矩形的高度大于宽度。但是，年龄和性别分类深度神经网络期望正方形的脸部。我们扩大检测到的人脸矩形，使其成为正方形：

```
# Classify the age and gender of the face based on a
# square region of interest that includes the neck.

y1_roi = y0 + int(1.2*(y1-y0))
x_margin = ((y1_roi-y0) - (x1-x0)) // 2
x0_roi = x0 - x_margin
x1_roi = x1 + x_margin
if x0_roi < 0 or x1_roi > w or y0 < 0 or y1_roi > h:
    # The region of interest is partly outside the
    # frame. Skip this face.
    continue
```

请注意，如果正方形的一部分落在图像边界之外，那么就跳过这个检测结果，继续下一个检测结果。

（8）此时，可以选择正方形的感兴趣区域（ROI），它包含我们将用于年龄和性别分类的图像数据。将 ROI 缩放到分类器的二进制大对象（blob）大小，将其转换为浮点格式，并减去平均脸。根据缩放的结果和归一化的脸，创建二进制大对象：

```
age_gender_roi = frame[y0:y1_roi, x0_roi:x1_roi]
scaled_age_gender_roi = cv2.resize(
    age_gender_roi, age_gender_blob_size,
    interpolation=cv2.INTER_LINEAR).astype(np.float32)
scaled_age_gender_roi[:] -= age_gender_average_image
age_gender_blob = cv2.dnn.blobFromImage(
    scaled_age_gender_roi, size=age_gender_blob_size)
```

（9）将二进制大对象送入年龄分类器，选取最高置信度的类 ID，然后记下这个 ID 的标签和置信度：

```
age_model.setInput(age_gender_blob)
age_results = age_model.forward()
age_id = np.argmax(age_results)
age_label = age_labels[age_id]
age_confidence = age_results[0, age_id]
```

（10）同样，对性别进行分类：

```
gender_model.setInput(age_gender_blob)
gender_results = gender_model.forward()
gender_id = np.argmax(gender_results)
```

```
gender_label = gender_labels[gender_id]
gender_confidence = gender_results[0, gender_id]
```

(11) 绘制检测到的人脸矩形、扩大后的正方形感兴趣区域，以及分类结果的可视化图：

```
# Draw a blue rectangle around the face.
cv2.rectangle(frame, (x0, y0), (x1, y1),
              (255, 0, 0), 2)

# Draw a yellow square around the region of interest
# for age and gender classification.
cv2.rectangle(frame, (x0_roi, y0), (x1_roi, y1_roi),
              (0, 255, 255), 2)

# Draw the age and gender classification results.
text = '%s years (%.1f%%), %s (%.1f%%)' % (
    age_label, age_confidence * 100.0,
    gender_label, gender_confidence * 100.0)
cv2.putText(frame, text, (x0_roi, y0 - 20),
    cv2.FONT_HERSHEY_SIMPLEX, 1, (0, 255, 255), 2)
```

(12) 最后，显示带标注的帧，并且继续采集更多的帧，直到用户按下 Esc 键：

```
cv2.imshow('Faces, age, and gender', frame)

k = cv2.waitKey(1)
if k == 27: # Escape
    break

success, frame = cap.read()
```

有关约瑟夫·豪斯的这个项目的报告情况，如图 10-9 所示。

图 10-9　项目的运行结果

首先，我们来考虑人脸的检测和感兴趣区域的选择。已经准确地检测出人脸。感兴趣区域已经正确地扩展到正方形区域，包括脖子——或者，在本例的情况下包括大胡子，这可能是一个用于分类年龄和性别的重要区域。

其次，我们来考虑分类结果。事实是约瑟夫·豪斯是男性，在拍这张照片的时候大约35.8岁。其他看到约瑟夫·豪斯脸部的人能够完全自信地判断出他是男性，但是对他年龄的估计相差很大。性别分类深度神经网络非常确信（100.0%）约瑟夫·豪斯是男性。年龄分类深度神经网络认为他很有可能（96.6%）是25～32岁。也许我们应该取这个范围的中间值28.5，并假设预测误差是-7.3岁，这在主观上大大低估了实际年龄约20.4%。可是，这种类型的评估是对预测意义的延伸。

请记住，深度神经网络是一个年龄分类器，而不是连续年龄值的预测器，深度神经网络的年龄类别被标记为不连贯的范围，`'25-32'`之后的下一个年龄范围是`'38-43'`。因此，该模型预测的与约瑟夫·豪斯的真实年龄有一定的差距，但是至少它成功地在这两个类中选择了相接近的一个类。

至此，我们对人工神经网络和深度神经网络的介绍就结束了。我们简单回顾一下学过的和完成的任务。

10.9 本章小结

本章涉及浩瀚迷人的人工神经网络领域。我们学习了人工神经网络结构，以及如何根据应用需求设计网络拓扑结构。接着，我们聚焦于多层人工神经网络的OpenCV实现，以及OpenCV所支持的在其他框架下训练的各种深度神经网络。

我们将神经网络应用于实际问题，尤其是手写数字识别、物体检测和分类以及人脸检测、年龄分类和性别分类的实时结合。即使在这些入门演示中，我们看到了神经网络在通用性、准确率以及速度方面所表现出来的巨大潜力。希望这将鼓励你尝试来自不同作者的预训练模型，并学会在各种框架下训练自己的高级模型。

带着这种想法和美好的愿望，现在我们就要告一段落了。

本书作者希望你能够通过OpenCV 4的Python绑定享受我们一起学习的旅程。尽管要涵盖OpenCV 4的所有功能以及所有绑定可能需要一系列书籍，但是我们已经探讨了大量引人入胜的概念，我们鼓励你与我们以及OpenCV社区保持联系，让我们知道你在计算机视觉领域中的下一个突破性的项目！

APPENDIX

附　录

基于曲线滤波器弯曲颜色空间

从第 3 章开始，Cameo 演示应用程序就包含了一个名为“曲线”的图像处理效果，用来模拟某些照片胶片的色彩偏差。本附录介绍了曲线的概念及其 SciPy 实现。

曲线是重新映射色彩的一种技术。对于曲线，在目标像素处的通道值（仅）是源像素处同一通道值的函数。此外，我们并没有直接定义函数，而是为每个函数定义了一组控制点，函数必须通过插值方法拟合这组控制点。在伪代码中，对于 BGR 图像，我们有以下代码：

```
dst.b = funcB(src.b) where funcB interpolates pointsB
dst.g = funcG(src.g) where funcG interpolates pointsG
dst.r = funcR(src.r) where funcR interpolates pointsR
```

这种类型的插值在不同的实现中可能会有所不同，应该避免在控制点处出现不连续的斜率，而是应该产生曲线。只要控制点数量足够多，我们就会使用三次样条插值。

首先，我们来看如何实现插值。

绘制曲线

基于曲线的滤波器的第一步是将控制点转换成函数。大部分工作是由名为 `sciPy.interp1d` 的 SciPy 函数完成的，该函数接受两个数组（x 和 y 坐标），并返回插值这些点的函数。作为 `scipy.interp1d` 的可选参数，我们可以指定 `kind` 插值，支持的选项包括 `'linear'`（线性的）、`'nearest'`（最近的）、`'zero'`（零）、`'slinear'`（球面线性的）、`'quadratic'`（二次的）及 `'cubic'`（三次的）。另一个可选参数 `bounds_error` 可以设置为 `False`，允许外插法和内插法。

我们编辑 Cameo 演示中使用的 `utils.py` 脚本，并添加一个函数，用稍微简单的接口封装 `scipy.interp1d`：

```
def createCurveFunc(points):
    """Return a function derived from control points."""
    if points is None:
        return None
```

```
    numPoints = len(points)
    if numPoints < 2:
        return None
    xs, ys = zip(*points)
    if numPoints < 3:
        kind = 'linear'
    elif numPoints < 4:
        kind = 'quadratic'
    else:
        kind = 'cubic'
    return scipy.interpolate.interp1d(xs, ys, kind,
                                      bounds_error = False)
```

与两个独立的坐标数组不同，该函数接受（x，y）对数组，这可能是一种更易读的指定控制点的方式。数组必须是有序的，以便 x 从一个下标到下一个下标递增。通常，要想效果看起来自然逼真，y 值也应该增加，并且第一个和最后一个控制点应该是（0，0）和（255，255）以保存黑色和白色。请注意，我们将把 x 作为通道的输入值，y 作为相应的输出值。例如，（128，160）将使通道的中间色调变亮。

请注意，三次插值至少需要 4 个控制点。如果只有 3 个控制点，就用二次插值，如果只有 2 个控制点，就用线性插值。为了让效果看起来自然逼真，应该避免这些备用情况。

在本章余下的部分中，我们力图以一种高效且组织良好的方式使用 createCurveFunc 函数生成的曲线。

缓存和应用曲线

现在，我们可以得到插值任意控制点的曲线函数。但是，这个函数可能会开销很大。我们不希望每个通道、每个像素都运行一次（例如，如果应用到 640 × 480 视频的 3 个通道，则每帧运行 921 600 次）。幸运的是，我们通常只处理 256 个可能的输入值（每个通道 8 位），而且可以以更低的成本预计算和存储许多输出值。然后，每个通道、每个像素成本就只是对缓存输出值的查找。

我们编辑 utils.py 文件，并添加一个函数来为给定的函数创建查找数组：

```
def createLookupArray(func, length=256):
    """Return a lookup for whole-number inputs to a function.

    The lookup values are clamped to [0, length - 1].

    """
    if func is None:
        return None
    lookupArray = numpy.empty(length)
    i = 0
    while i < length:
        func_i = func(i)
        lookupArray[i] = min(max(0, func_i), length - 1)
        i += 1
    return lookupArray
```

我们还添加一个函数，该函数将查找数组（如之前函数的结果）应用到另一个数组（如图像）：

```
def applyLookupArray(lookupArray, src, dst):
    """Map a source to a destination using a lookup."""
    if lookupArray is None:
        return
    dst[:] = lookupArray[src]
```

请注意，createLookupArray 中的方法仅限于整数（非负整数）的输入值，因为输入值被用作数组的索引。applyLookupArray 函数使用源数组的值作为查找数组的索引。Python 的切片符号（[:]）用于将查找到的值复制到目标数组中。

我们来考虑另一种优化。如果连续应用两条或多条曲线会怎样？执行多个查找效率很低，可能会导致精度下降。我们可以在创建查找数组之前将两个曲线函数组合为一个函数来避免这些问题。我们再次编辑 utils.py，并添加以下函数以返回两个给定函数的组合：

```
def createCompositeFunc(func0, func1):
    """Return a composite of two functions."""
    if func0 is None:
        return func1
    if func1 is None:
        return func0
    return lambda x: func0(func1(x))
```

createCompositeFunc 中的方法仅限于只有一个参数的输入函数。参数必须是兼容的类型。请注意，使用 Python 的 lambda 关键字可以创建匿名函数。

下面是最后一个优化问题。如果想把同样的曲线应用到图像的所有通道呢？在这种情况下，分割和重新合并通道是一种浪费，因为我们不需要区分通道。我们只需要一维索引，类似于 applyLookupArray 使用的。为此，我们可以使用 numpy.ravel 函数，返回一个预先存在的给定数组的一维接口，这个给定的数组可能是多维的。返回类型是 numpy.view，它与 numpy.array 具有相同的接口。除了 numpy.view，只拥有对数据的引用，而不是数据的副本。

NumPy 数组有一个 flatten 方法，但是这会返回一个副本。

numpy.ravel 适用于任何通道数的图像。因此，当希望对所有通道都进行相同处理时，它允许我们提取灰度图像和彩色图像之间的差异。

既然我们已经讨论了关于曲线使用的几个重要优化问题，我们来考虑如何组织代码，为应用程序（比如 Cameo）提供一个简单可重用的接口。

设计面向对象曲线滤波器

因为我们为每条曲线缓存了一个查找数组，所以基于曲线的滤波器有与之相关联的数据。因此，我们将把它们作为类来实现，而不仅仅是函数。我们创建一对曲线滤波器类，以及一些相应的可以应用任何函数的高级类，而不仅仅是曲线函数：

- VFuncFilter：用函数实例化的类，然后可以使用 apply 将函数应用到图像。该函数适用于灰度图像的 V（值）通道或者彩色图像的所有通道。
- VCurveFilter：VFuncFilter 的子类。它不是用函数实例化的，而是用一组控制点实例化的，它在内部使用控制点来创建曲线函数。
- BGRFuncFilter：最多由 4 个函数实例化的类，然后可以使用 apply 将这些函数应用到 BGR 图像中。其中一个函数适用于所有通道，而其他 3 个函数分别适用于单个通道。首先应用整体函数，然后应用每个通道的函数。
- BGRCurveFilter：BGRFuncFilter 的子类。它不是用 4 个函数实例化的，而是用 4 组控制点实例化的，它在内部使用控制点来创建曲线函数。

此外，所有这些类都接受一个数值类型的构造函数参数，如 numpy.uint8，每个通道 8 位。此类型用于确定查找数组中应该有多少项。数值类型应该是整数类型，查找数组涵盖的范围从 0 到该类型最大值（包括）。

首先，我们来看 VFuncFilter 和 VCurveFilter 的实现，它们都可以添加到 filters.py 中：

```
class VFuncFilter(object):
    """A filter that applies a function to V (or all of BGR)."""

    def __init__(self, vFunc=None, dtype=numpy.uint8):
        length = numpy.iinfo(dtype).max + 1
        self._vLookupArray = utils.createLookupArray(vFunc, length)

    def apply(self, src, dst):
        """Apply the filter with a BGR or gray source/destination."""
        srcFlatView = numpy.ravel(src)
        dstFlatView = numpy.ravel(dst)
        utils.applyLookupArray(self._vLookupArray, srcFlatView,
                               dstFlatView)

class VCurveFilter(VFuncFilter):
    """A filter that applies a curve to V (or all of BGR)."""

    def __init__(self, vPoints, dtype=numpy.uint8):
        VFuncFilter.__init__(self, utils.createCurveFunc(vPoints),
                             dtype)
```

这里，我们内化了前面几个函数（utils.createCurveFunc、utils.createLookupArray 和 utils.applyLookupArray）。我们也使用 numpy.iinfo，以根据给定的数字类型确定查找值的相关范围。

现在，我们来看 BGRFuncFilter 和 BGRCurveFilter 的实现，它们也都可以添加到 filters.py 中：

```
class BGRFuncFilter(object):
    """A filter that applies different functions to each of BGR."""

    def __init__(self, vFunc=None, bFunc=None, gFunc=None,
                 rFunc=None, dtype=numpy.uint8):
        length = numpy.iinfo(dtype).max + 1
        self._bLookupArray = utils.createLookupArray(
            utils.createCompositeFunc(bFunc, vFunc), length)
        self._gLookupArray = utils.createLookupArray(
            utils.createCompositeFunc(gFunc, vFunc), length)
        self._rLookupArray = utils.createLookupArray(
            utils.createCompositeFunc(rFunc, vFunc), length)

    def apply(self, src, dst):
        """Apply the filter with a BGR source/destination."""
        b, g, r = cv2.split(src)
        utils.applyLookupArray(self._bLookupArray, b, b)
        utils.applyLookupArray(self._gLookupArray, g, g)
        utils.applyLookupArray(self._rLookupArray, r, r)
        cv2.merge([b, g, r], dst)

class BGRCurveFilter(BGRFuncFilter):
    """A filter that applies different curves to each of BGR."""

    def __init__(self, vPoints=None, bPoints=None,
                 gPoints=None, rPoints=None, dtype=numpy.uint8):
        BGRFuncFilter.__init__(self,
                               utils.createCurveFunc(vPoints),
                               utils.createCurveFunc(bPoints),
                               utils.createCurveFunc(gPoints),
                               utils.createCurveFunc(rPoints), dtype)
```

同样，我们内化了前面几个函数（utils.createCurveFunc、utils.createCompositeFunc、utils.createLookupArray 和 utils.applyLookupArray）。我们也使用 numpy.iinfo、cv2.split 和 cv2.merge。

这 4 个类可以按原样使用，在实例化时将自定义函数或控制点作为参数传递。另外，我们还可以进一步创建子类来硬编码某些函数或控制点。这样的子类可以在没有任何参数的情况下进行实例化。

现在，我们来看一些子类的例子。

模拟照片胶片

曲线的一个常见用途是模拟调色板，这是常见的前置数码摄影。每一种类型的照片胶片都有其独特的颜色（或灰色）再现，但是我们可以概括出数字传感器的一些区别。胶片往往会在阴影处失去细节和饱和度，而数码往往会在高光处出现这些缺陷。此外，胶片在光谱的不同部分有不均匀的饱和度，所以每个胶片都有特定的颜色。

因此，当想到那些好看的胶片照片时，我们可能会想到那些明亮且具有一定主色调的场景（或再现）。在另一个极端，也许我们还记得，一卷曝光不足的胶片，即使通过实验室技术人员的努力，也无法改善它的模糊外观。

在本节中，我们将使用曲线创建 4 个不同的胶片效果滤波器。其灵感来自 3 类胶片和一种处理技术：

- 柯达胶片（Kodak Portra），最适合拍摄肖像和婚礼现场的胶片系列。
- 富士胶片（Fuji Provia），通用胶片系列。
- 富士维尔维亚胶片（Fuji Velvia），最适合拍摄风景的胶片系列。
- 交叉处理，一种非标准的胶片处理技术，有时用来在时尚和乐队摄影中产生一种邋遢的外观。

每个胶片模拟效果都是作为 `BGRCurveFilter` 的非常简单的一个子类来实现的。这里，我们只需要重写构造函数，为每个通道指定一组控制点。根据摄影师 Petteri Sulonen 的推荐选择控制点。你可以在 http://www.prime-junta.net/pont/How_ to/100_Curves_and_Films/_Curves_and_films.html 上浏览有关类胶片曲线文章的更多内容。

Portra、Provia 和 Velvia 的效果应该会产生正常的图像。除非进行前后对比，否则这些影响应该不是很明显。

我们从 Portra 滤波器开始，研究这 4 种胶片模拟滤波器的实现。

模拟柯达胶片

Portra 有一个广泛的高光范围，倾向于暖色（琥珀色），而阴影是冷色（蓝色）。作为肖像胶片，它往往会使人们的肤色更白。此外，它还会夸大乳白色（比如婚纱）和深蓝色（比如西装或牛仔裤）等某些常见的服装颜色。我们将 Portra 滤波器的实现添加到 `filters.py` 中：

```
class BGRPortraCurveFilter(BGRCurveFilter):
    """A filter that applies Portra-like curves to BGR."""

    def __init__(self, dtype=numpy.uint8):
        BGRCurveFilter.__init__(
            self,
            vPoints = [(0,0),(23,20),(157,173),(255,255)],
            bPoints = [(0,0),(41,46),(231,228),(255,255)],
            gPoints = [(0,0),(52,47),(189,196),(255,255)],
            rPoints = [(0,0),(69,69),(213,218),(255,255)],
            dtype = dtype)
```

从柯达到富士，接下来我们来模拟富士胶片（Provia）。

模拟富士胶片

普罗维亚（Provia）有强烈的对比度，大部分色调都有轻微的冷色调（蓝色）。天空、水和阴影比太阳更强。我们来将 Provia 滤波器的实现添加到 filters.py 中：

```
class BGRProviaCurveFilter(BGRCurveFilter):
    """A filter that applies Provia-like curves to BGR."""

    def __init__(self, dtype=numpy.uint8):
        BGRCurveFilter.__init__(
            self,
            bPoints = [(0,0),(35,25),(205,227),(255,255)],
            gPoints = [(0,0),(27,21),(196,207),(255,255)],
            rPoints = [(0,0),(59,54),(202,210),(255,255)],
            dtype = dtype)
```

接下来是富士维尔威亚胶片（Velvia）滤波器。

模拟富士维尔威亚胶片

维尔威亚胶片（Velvia）有很深的阴影和鲜艳的色彩。它经常能创造出白天时湛蓝的天空以及日落时的红云。虽然这种效果很难模拟，但是我们可以尝试将其添加到 filters.py 中：

```
class BGRVelviaCurveFilter(BGRCurveFilter):
    """A filter that applies Velvia-like curves to BGR."""

    def __init__(self, dtype=numpy.uint8):
        BGRCurveFilter.__init__(
            self,
            vPoints = [(0,0),(128,118),(221,215),(255,255)],
            bPoints = [(0,0),(25,21),(122,153),(165,206),(255,255)],
            gPoints = [(0,0),(25,21),(95,102),(181,208),(255,255)],
            rPoints = [(0,0),(41,28),(183,209),(255,255)],
            dtype = dtype)
```

现在，我们来看交叉处理的效果！

模拟交叉处理

交叉处理在暗影中产生强烈的蓝色或蓝绿色，在高光处产生强烈的黄色或绿黄色，并不一定要保留黑色与白色。此外，对比度也很高。交叉处理过的照片看起来令人作呕。人看起来像患了黄疸病，而无生命的物体看起来像染了色。编辑 filters.py 并添加下面交叉处理滤波器的实现：

```
class BGRCrossProcessCurveFilter(BGRCurveFilter):
    """A filter that applies cross-process-like curves to BGR."""

    def __init__(self, dtype=numpy.uint8):
        BGRCurveFilter.__init__(
            self,
            bPoints = [(0,20),(255,235)],
```

```
            gPoints = [(0,0),(56,39),(208,226),(255,255)],
            rPoints = [(0,0),(56,22),(211,255),(255,255)],
            dtype = dtype)
```

既然我们已经学习了如何实现胶片模拟滤波器的几个示例，我们将结束该附录，你可以回到第 3 章中 Cameo 应用程序的主实现。

小结

在 scipy.interp1d 函数的基础上，我们实现了一组高效（由于使用了查找数组）且易于扩展（由于采用了面向对象的设计）的曲线滤波器，包括特殊用途的曲线滤波器，它可以使数字图像看起来更像胶卷照片。这些滤波器可以很容易地集成到 Cameo 之类的应用程序中，正如在第 3 章中使用 Portra 胶片模拟滤波器所演示的那样。

推荐阅读

机器学习：使用OpenCV和Python进行智能图像处理

作者：Michael Beyeler ISBN：978-7-111-61151-6 定价：69.00元

OpenCV 3和Qt5计算机视觉应用开发

作者：Amin Ahmaditazehkandi ISBN：978-7-111-61470-8 定价：89.00元

计算机视觉算法：基于OpenCV的计算机应用开发

作者：Amin Ahmadi 等 ISBN：978-7-111-62315-1 定价：69.00元

Java图像处理：基于OpenCV与JVM

作者：Nicolas Modrzyk ISBN：978-7-111-62388-5 定价：99.00元

推荐阅读

聊天机器人
入门、进阶与实战

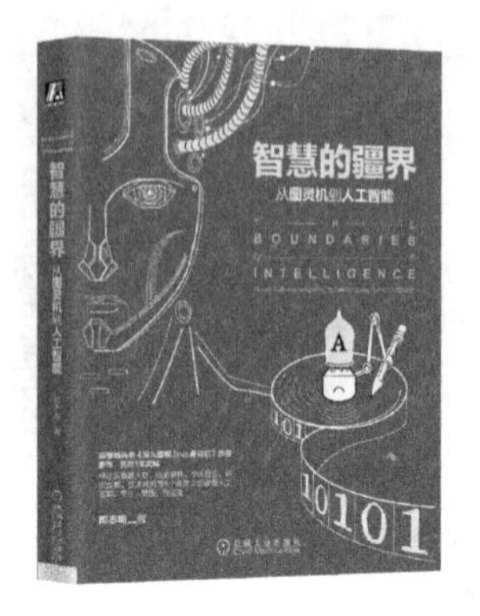
智慧的疆界
从图灵机到人工智能
BOUNDARIES
INTELLIGENCE
10101

Apress
深度学习
基于案例理解深度神经网络

移动平台
深度神经网络实战
原理、架构与优化

Convolutional Neural
Networks in Visual Computing
卷积神经网络
与视觉计算

A Guide to Convolutional Neural
Networks for Computer Vision
卷积神经网络
与计算机视觉

深度学习之
图像识别
核心技术与案例实战

O'REILLY
深度学习实战

Keras深度学习实战